当代世界中的数学

数学之路

朱惠霖 田廷彦○编

哈爾濱工業大學出版社
HARBIN INSTITUTE OF TECHNOLOGY PRESS

内 容 提 要

本书详细介绍了数学在各领域的精华应用，同时收集了数学中典型的问题并予以解答，本书共分两编，分别为回顾与展望、当代数学人物.

本书可供高等院校师生及数学爱好者阅读.

图书在版编目(CIP)数据

当代世界中的数学. 数学之路/朱惠霖，田廷彦编. —哈尔滨：哈尔滨工业大学出版社，2019.1(2020.11 重印)
ISBN 978－7－5603－7388－1

Ⅰ.①当… Ⅱ.①朱… ②田… Ⅲ.①数学－普及读物
Ⅳ.①O1－49

中国版本图书馆 CIP 数据核字(2018)第 108844 号

策划编辑 刘培杰 张永芹
责任编辑 张永芹 杜莹雪
封面设计 孙茵艾
出版发行 哈尔滨工业大学出版社
社 址 哈尔滨市南岗区复华四道街 10 号 邮编 150006
传 真 0451－86414749
网 址 http://hitpress.hit.edu.cn
印 刷 哈尔滨市工大节能印刷厂
开 本 787mm×1092mm 1/16 印张 16.25 字数 317 千字
版 次 2019 年 1 月第 1 版 2020 年 11 月第 3 次印刷
书 号 ISBN 978－7－5603－7388－1
定 价 38.00 元

序　言

如今，许多人都知道，国际科学界有两本顶级的跨学科学术性杂志，一本是《自然》（*Nature*），一本是《科学》（*Science*）.

恐怕有许多人还不知道，在我们中国，有两本与之同名的杂志[①]，而且也是跨学科的学术性杂志，只是通常又被定位为“高级科普”.

国际上的《自然》和《科学》，一家在英国，一家在美国[②]. 它们之间，按维基百科上的说法，是竞争关系[③].

我国的《自然》和《科学》，都在上海，它们之间，却有着某种历史上的“亲缘”关系. 确切地说，从 1985 年（那年《科学》复刊）到 1994 年（那年《自然》休刊）这段时期，这两家杂志的主要编辑人员，原本是在同一个单位、同一幢楼、同一个部门，甚至是在同一个办公室里朝夕相处的同事！

这是怎么回事呢？

这本《自然》杂志，创刊于 1978 年 5 月. 那个年代，被称为“科学的春天”. 3 月，全国科学大会召开. 科学工作者、教育工作者，乃至莘莘学子，意气风发. 在这样的氛围下，《自然》的创刊，是一件大事. 全国各主要媒体，都报道了.

这本《自然》杂志，设在上海科学技术出版社，由刚刚复出的资深出版家贺崇寅任主编，又调集精兵强将，组成了一个业务水平高、工作能力强、自然科学各分支齐备的编辑班子. 正是这个编辑班子，使得《自然》杂志甫一问世，便不同凡响；没有几年，便蜚声科学界和教育界[④].

1983 年，当这个班子即将一分为二的时候，上海市出版局经办此事的一位副局长不无遗憾地说，在上海出版界，还从未有过如此整齐的编辑班子呢！

一分为二？没错. 1983 年，中共上海市委宣传部发文，将《自然》杂志调住上海交通大学. 为什么？此处不必说. 我只想说，这次强制性的调动，却有一项

---

① 其中的《自然》杂志，在创刊注册时，不知什么原因，将“杂志”两字放进了刊名之中，因此正式名称是《自然杂志》. 但在本文中，仍称其为《自然》或《自然》杂志. 此外，应该说明，在我国台湾，也有两本与之同名的杂志，均由民间（甚至个人）资金维持. 台湾的《自然》，创刊于 1977 年，系普及性刊物，内容以动植物为主，兼及天文、地理、考古、人类、古生物等，1996 年终因财力不济而停办. 台湾的《科学》，正式名称《科学月刊》，创刊于 1970 年，以介绍新知识为主，“深度以高中及大一学生看得懂为原则”，创刊至今，从未脱期，令人赞叹.

② 英国的《自然》，创刊于 1869 年，现属自然出版集团（Nature Publishing Group），总部在伦敦. 美国的《科学》，创刊于 1880 年，属美国科学促进会（American Association for the Advancement of Science），总部在华盛顿.

③ 可参见 http://en.wikipedia.org/wiki/Science_(journal).

④ 可参见《瞭望东方周刊》2008 年第 51 期上的“一本科普杂志的 30 年‘怪现象’”一文.

十分温情的举措，即编辑部每个成员都有选择去或不去的权利. 结果是，大约一半人选择去交通大学，大约一半人选择不去，留在了上海科学技术出版社.

我属去的那一半. 留下的那一半，情况如何，一时不得而知. 但是到 1985 年，便知道了：他们组成了《科学》编辑部，《科学》杂志复刊了！

《科学》，创刊于 1915 年 1 月，是中国历时最长、影响最大的综合性科学期刊，对于中国现代科学的萌发和成长，有着独特的贡献. 中国现代数学史上有一件一直让人津津乐道的事：华罗庚先生当年就是在这本杂志上发表文章而崭露头角的.《科学》于 1950 年 5 月停刊，1957 年复刊，1960 年又停刊. 1985 年的这次复刊，其启动和运作，外人均不知其详，但我相信，留下的原《自然》杂志资深编辑，特别是吴智仁先生和潘友星先生，无疑是起了很大的甚至是主要的作用的. 复刊后的《科学》，由时为中国科学院副院长的周光召任主编，上海科学技术出版社出版.

于是，原来是一个编辑班子，结果分成两半（各自又招了些人马），一半随《自然》杂志披荆斩棘，一半在《科学》杂志辛勤劳作.

《自然》杂志去交通大学后，命运多舛. 1987 年，中共上海市委宣传部又发文：将《自然》杂志从交通大学调出，“挂靠”到上海市科学技术协会，属自收自支编制. 至 1993 年底，这本杂志终因入不敷出，编辑流失殆尽（整个编辑部，只剩我一人），不得不休刊了. 1994 年，上海大学接手. 原有人员，先后各奔前程.《自然》与《科学》的那种“亲缘”关系，至此结束.

这段多少有点辛酸的历史，在我编这本集子的过程中，时时在脑海里浮现，让我感慨，让我回味，也让我思索……

好了，不管怎么说，眼前这件事还是让人欣慰的：在近 20 年之后，《自然》与《科学》的数学部分，竟然在这本集子里“久别重逢”了！

说起这次“重逢”，首先要感谢原在上海教育出版社任副编审的叶中豪先生. 是他，多次劝说我将《自然》杂志上的数学文章结集成册；是他，了解《自然》和《科学》的这段“亲缘”关系，建议将《科学》杂志上的数学文章也收集进来，实现了这次“重逢”；又是他，在上海教育出版社申报这一选题，并获得通过.

其次，要感谢哈尔滨工业大学出版社的刘培杰先生. 是他，当这本集子在上海教育出版社的出版遇到困难时，毅然伸手相助，接下了这项出版任务[①].

当然，还要感谢与我共同编这本集子的《科学》杂志数学编辑田廷彦先生. 是他，精心为这本集子选编了《科学》杂志上的许多数学文章.

他们三人，加上我，用时下很流行的说法，都是不折不扣的“数学控”. 我们

① 说来有趣，我与刘培杰先生从未谋面，却似乎有“缘”已久. 这次选编这本集子，发觉他早年曾向《自然》杂志投稿，且被我录用，即收入本集子的《费马数》一文. 屈指算来，那该是 20 年前的事了.

以我们对数学的热爱和钟情，为广大数学研究者、教育者、普及者、学习者和爱好者（相信其中也有不少的“数学控”）献上这本集子，献上这些由国内外数学家、数学史家和数学普及作家撰写的精彩数学文章.

这里所说的“数学文章”，不是指数学上的创造性论文，而是指综述性文章、阐释性文章、普及性文章，以及关于人物和史实的介绍性文章. 其实，这些文章，都是可让大学本科水平的读者基本上看得懂的数学普及文章.

按美国物理学家、科学普及作家杰里米·伯恩斯坦（Jeremy Bernstein，1929— ）的说法，在与公众交流方面，数学家排在最后一名[①]. 大概是由于这个原因，国际上的《自然》和《科学》，数学文章所占的份额，相当有限.

然而，在我们的《自然》和《科学》上，情况并非如此. 在《自然》杂志上，从1984年起就常设“数林撷英”专栏，专门刊登数学中有趣的论题；在《科学》杂志上，则有类似的“科学奥林匹克”专栏. 许多德高望重的数学大师，愿意在这两本杂志上发表总结性、前瞻性的综述；许多正在从事前沿研究的数学家，乐于将数学顶峰上的无限风光传达给我们的读者. 在数学这个需要人类第一流智能的领域，流传着说不完道不尽的趣事佳话，繁衍着想不到料不及的奇花异卉. 这些，都在这两本杂志上得到了充分的反映.

在编这本集子的时候，我们发觉，《自然》（在下文所说的时期内）和《科学》上的数学好文章是如此之多，多得简直令人苦恼：囿于篇幅，我们必须屡屡面对“熊掌与鱼”的两难，最终又不得不忍痛割爱. 即使这样，篇幅仍然宏大，最终不得不考虑分册出版.

现在这本集子中的近200篇文章，几乎全部选自从1978年创刊至1993年年底休刊前夕这段时期的《自然》杂志，和从1985年复刊至2010年年底这段时期的《科学》杂志. 它们被分成12个版块，每个版块中的文章，基本上以发表时间为序，但少数文章被提到前面，与内容相关的文章接在一起.

还要说明的是，在“数学的若干重大问题”版块中，破例从《世界科学》杂志上选了两篇本人的译作，以全面反映当时国际数学界的大事；在“数学中的有趣话题”版块中，破例从台湾《科学月刊》上选了一篇“天使与魔鬼”，田廷彦先生对这篇文章钟爱有加；在“当代数学人物”版块中，所介绍的数学人物则以20世纪以来为限.

这本集子中的文章，在当初发表时，有些作者和译者用了笔名. 这次选入，仍然不动. 只是交代：在这些笔名中，有一位叫“淑生”的，即本人也.

照说，选用这些文章，应事先联系作译者，征求意见，得到授权. 但有些作译

---

① 参见 Mathematics Today: Twelve Informal Essays, Springer-Verlag (1978) p. 2. Edited by Lynn Arthur Steen.

者，他们的联系方式，早已散失；不少作译者，由于久未联系，目前的通信地址也不得而知；还有少数作译者，已经作古，我们不知与谁联系．在这种情况下，我们只能表示深深的歉意．更有许多作译者，可说是我们的老朋友了，相信不会有什么意见，不过在此还是要郑重地说一声：请多多包涵．

在这些文章中，也融入了我们编辑的不少心血．极端的情况是：有一两篇文章是编辑根据作者的演讲提纲，再参考作者已发表的论文，越俎代庖地写成的．尽管我们做编辑这一行的，“为他人作嫁衣裳”，似乎是份内的事，但在这本集子出版的时候，我还是将要为这些文章付出过劳动、做出过贡献的编辑，一一介绍如下，并对其中我的师长和同仁、同行，诚致谢忱．

《自然》上的数学文章，在我 1982 年 2 月从复旦大学数学系毕业到《自然》杂志工作之前，基本上由我的恩师陈以鸿先生编辑；在这之后到 1987 年先生退休，是他自己以及我在他指导下的编辑劳动的成果．此后，又有张昌政先生承担了大量编辑工作；而计算机方面的有关文章，在很大程度上则仰仗于徐民祥先生．

《科学》上的数学文章，在复刊后，先是由黄华先生负责编辑，直至 1996 年他出国求学；此后便是由田廷彦先生悉心雕琢，直到现在；其间静晓英女士也完成了一些工作．当然，《科学》杂志负责复审和终审的编审，如潘友星先生、段韬女士，也是付出了心血的．

回顾往事，感悟颇多．但作为这两本杂志的编辑，应该有这样的共同感受：一是荣幸，二是艰辛．荣幸方面就不说了，而说到艰辛，无论是随《自然》杂志流离，还是在《科学》杂志颠沛，都可用八个字来概括：“筚路蓝缕，以启山林”．

是的，筚路蓝缕，以启山林！

如今，蓦然回首，我看到了：

一座巍巍的山，一片苍苍的林！

《自然》杂志原副主编兼编辑部主任
朱惠霖
2017 年 5 月于沪西半半斋

目录

第一编

回顾与展望

对中国数学的展望*

数学是一门古老的学问.在现代社会中,因为科学技术的进展和社会组织的日趋复杂,数学便成为整个教育系统的一个重要组成部分.计算机的普遍应用,也引起了许多新的数学问题.从几千年的数学史来看,当前是数学的黄金时代.数学工作者的人数是空前的,可以说,健在的数学家的人数超过了历史上出现过的数学家人数的总和.国家社会供养着许多人专门从事数学工作,这是史无前例的.这个现象促进了数学的巨大进步,并到了日新月异的程度.现在第一流大学或研究院所讲的数学,往往是二三十年前所不存在的.

不同于音乐或美术,数学的弱点是一般人无法了解的.在这方面数学家所做的通俗化的工作是值得称赞的,但一般人总与这门学问隔着一段距离,这是不利于发展的.数学是一个有机体,要靠长久不断的进展才能生存,进步一停止便会死亡.

为什么要搞数学呢?答案很简单:其他的科学要用数学.我先讲一个故事:甲乙二人在中学同班,毕业后各奔前程.有一天相见了,甲便问乙:你这几年做什么事?乙说:我研究统计,尤其是人口问题.甲便翻看了乙的论文,见到许多公式,尤其屡见 π 这个符号.甲说:这个符号我在学校时念过的,是圆周长与直径的比率,想不到它会和人口问题发生了关系.

* 陈省身,《自然杂志》第4卷(1981年)第1期.本文是1980年春,陈省身在北京大学、南开大学和暨南大学讲话的增订稿.

在中国,通常把实现现代化比喻成第二次长征.数学在这个长征中是小小的一环.法国大数学家庞加莱(Henri Poincaré)说:"在科学的斗争中,敌人是永远在退却的."因此这次长征比第一次幸运多了,但困难是近代科学浩如烟海,又是不断在进展,胜利将是遥远的,同样需要艰苦的工作.

在向现代化进军中,数学是占一些便宜的:第一,设备需要极少;第二,研究方向不是很集中.因此小国家和小的学校都可以有活跃的数学环境和受人尊敬的数学家.波兰、芬兰都是有名的例子.

通常把数学分为纯粹的和应用的,其实这条分界线是很不确定的.好的纯粹数学往往有意想不到的应用.爱因斯坦广义相对论所需的微分几何,黎曼(B. Riemann)在六十多年前已经发展了.量子力学所需的算子论,希尔伯特(D. Hilbert)早已奠定了它的数学基础.近年来理论物理的研究中,统一场论是一个热门.去年萨拉姆(Salam)和温伯格(Weinberg)因为统一了电磁场与弱作用场而获得诺贝尔奖.它的数学基础是杨振宁和密尔斯的规范场论.后者在微分几何中叫作连络,它的几何与拓扑性质,是近三十多年来微分几何研究的主要对象之一.

微分几何是微积分在几何上的应用.我不能不提它的曲线论在分子生物学上的作用.我们知道,DNA的构造是双螺线.它的全挠率的研究引用到怀特(James White)的公式.这是当今实验分子生物学的一个基本公式.

这些贡献在纯粹数学上有开创性,在应用上成为基本的工具,是第一流的应用数学.

中国的近代数学,发展较日本为晚.但中国数学家的工作,有广泛的范围,有杰出的成就.缺点是人数太少.比较起来,美国数学会的会员人数多达近万人!

要使中国数学突进,个人意见,应注意以下两点:

第一,要培养一支年轻的队伍.成员要有抱负,有信心,肯牺牲,不求个人名誉和利益.要超过前人,青出于蓝,后胜于前,中国数学如在世界取得领导地位,则工作者的名字必然是现在大家前所未闻的.

第二,要国家的支持.数学固然不需要大量的设备,但亦需要适当的物质条件,包括图书的充实,研究空间的完善,以及国内和国际交流的扩大.一人所知所能有限,必须和衷共济,一同达成使命.

我们的希望是在21世纪看见,中国成为数学大国.

最近数学的若干发展和中国的数学[①]

数学是一门演绎的学问，从一组公设，经过逻辑的推理，获得结论. 因此结果是十分强大的. 它会有用，是可以想象的. 但应用的广泛与深刻，则到了神妙的地步，非常理可以预料的. 以下就最近数学的发展，讲叙若干故事为谈助.

一、有限单群

数学的发展中有一个突出的观念叫作"群". 要研究群的结构，自然应研究群的支群，即在同一运算下成群的支集. 命 G 为群，$H \subset G$ 为一支群. 如对任意 $g \in G$，$g^{-1}Hg \subset H$，则 H 称为正则(normal) 的. 正则支群的存在，可使群 G 的研究变为支群 H 及商群 $\frac{G}{H}$ 的研究，而因此简单化.

大致说来，没有正则支群的群叫作单群(simple group). 这名词有点滑稽，显然单群并不简单. 关于单群，有限群论中有一个深刻的定理，叫作费特－汤普森(Feit-Thompson) 定理：单群的级(order，即元素的个数) 是偶数.

有限群论的一个奇特现象，是除了一些传统群外，有某些零星的单群. 现在所知最大零星单群的级是

808017…000000

共有 54 位数. 这是菲舍尔(B. Fischer) 与格里斯(R. Griess) 发现的. 数学家叫它为"怪物"(monster). 这当然是一个十分奇

① 陈省身，《科学》第 49 卷(1997 年) 第 1 期.

怪的群.有专家说,所有的有限单群都在这里了.这个结果的证明,听说需要1 000 页,也没有人完全写下来.千页的证明,含有错误的可能性是很大的.

这样,数学就起了疑问:长证明算不算证明?计算机检验到某一高度算不算证明?这是目前的一个聚讼的问题.

二、椭圆曲线

所谓费马(P. de Fermat,1601—1665)的最后定理说,方程式

$$x^n + y^n = z^n, n > 2, zyz \neq 0$$

没有整数解(x,y,z).

这个传说了 300 多年的结果,后来由英国数学家怀尔斯(Andrew John Wiles,1953—)及泰勒(Richard Taylor)证明了.这当然是近几年来数学界的一件大事.全文见 1995 年的《数学年刊》[1,2].

证明中使用的一个基本工具,叫作"椭圆曲线".这是代数数论的一支.有以下一则故事:英国的大数学家哈代(G. H. Hardy,1877—1947)有一天去医院探望他的朋友印度天才数学家拉马努金(S. A. Ramanujan,1887—1920).哈代的汽车号是 1729.他向拉马努金说,这数目没有意思.拉马努金回答说,不然,这是可用两种不同方法,写为两个立方数的和的最小的数,如

$$1\,729 = 1^3 + 12^3 = 9^3 + 10^3$$

这个结果可用椭圆曲线来证明.

椭圆曲线是一门深刻而美妙的数论.一个系数是整数的多项式方程

$$P(x,y) = 0$$

通常叫作丢番图(Diophantue,约生活于公元 250 年前后)方程.它有无整数解(即 x,y 都是整数),这是数论的基本问题.

需要了解的是,这个问题与代数几何有关.若上述方程式的 x,y 是实数,它确定一代数曲线.若 x,y 是复数,则方程可视为把 y 定为 z 的多值函数;复变函数论有黎曼曲面的观念,用来表示这个关系(但此理论较复杂).两种情形都有一个重要数量,叫作亏格(genus).亏格是 1 的曲线 $P(x,y)=0$ 叫作椭圆曲线.椭圆曲线上有一种奇怪的加法,成一可交换群,这是代数数论的一个十分有趣的结果.

日本数学家谷山丰(Wada Taniyama,1927—1958)推测,我的同事伯克利加州大学教授里贝(K. Ribet)证明:费马定理可由一个椭圆曲线的定理导出.怀尔斯就证明了这条定理.

从这定理我们应认识,高深数学是必要的.费马定理的结论虽然简单,但它蕴藏着许多数学的关系,远超出结论中的数学观念.这些关系,日新月异,十分

神妙.学问之奥,令人拜赏.

我相信,费马定理不能用初等方法证明.这种努力,会是徒劳的.数学是一个整体,一定要吸收几千年的所有进步.

三、拓扑与量子场论

1995年初的一天晚上,我和内人看睡前的电视新闻.忽然听到我的名字,大吃一惊.原来加利福尼亚发行一种彩票,头彩300万元,可以累积.我从前的一个学生,名叫乌米尼(Robert Uomini),中了头彩,获美金2 200万元.他并且说,将以100万元捐赠加州大学,设立“陈省身讲座”.

学校决定,以此讲座邀请知名学者为访问教授.第一位应邀的为英国数学家阿蒂亚爵士(Sir Michael Atiyah,1929—).他是剑桥大学三一学院的院长,曾任伦敦皇家学会会长.他作了八讲,讲题是“拓扑与量子场论”.

这是当前一个热门的课题,把最高深的数学和物理联系起来了,导出了深刻的结果.

物理学的一个基本观念是“场”.电磁场尤为近代生活的一部分.电磁场的势(potential)适合麦克斯韦(J. C. Maxwell,1831—1879)方程,但它不是一个函数.这种场叫作规范场.

物理上有四种场:电磁场、引力场、强场和弱场.现在知道,这些场都是规范场,即数学上是一组矢量空间,用线性群结合起来的.电磁场的重要推广,是杨－米尔斯(Yang－Mills)的规范场论.它把群从旋转群推广到SU(2)——一个非交换的群.

这自然是科学上一个伟大的发展.数学家可以自豪的是所需的几何观念和工具,在数学上已经发展了.

杨－米尔斯方程反过来影响到拓扑.这个方面的一个主要工作者是英国年轻的数学家唐纳森(Simon Donaldson,1957—).利用杨－米尔斯方程可以证明,四维欧氏空间 R^4 有无数微分结构,与基本的不同.这结果最近又由塞伯格－威顿(Seiberg-Witten)的新方程大大地简化了.

二维流形的发展有一段光荣的历史.现在看来,三、四维流形恐将更为丰富和神妙.它将在数学和物理上开出美丽的花朵是可以断言的.

四、球装问题

在一定空间中如何能装得最紧,这显然是一个实际而重要的问题.为使问题数学化,我们假定所装物体为半径为1的球.一个立刻产生的问题是:围着一球,可放几个同样大的球?

在二维的平面,绕一单位圆我们显然可放 6 个单位圆.在三维的空间,我们如把单位球绕单位球,则可以证明,12 个球是放得进的.剩下还有许多空间,但不能放进第 13 个球.

这个定理并不容易证明.关于空间装球的密度,有一个开普勒(J. Kepler,1571—1630)假设,已经 400 多年了.最近,项武义教授对这个问题又做了巨大的贡献[3].关于这问题的各个方面,请参阅项武义的相关文章.

立体几何是一个重要而困难的方面.近年来 C_{60} 的研究显示了几何在化学上的应用.它当然对固态物理也有重大作用.球装不过是立体几何中的一个问题,前途却是大有发展的.

五、芬斯勒几何

最近经我的鼓励,芬斯勒(Finsler,1894—1970)几何有重大的发展,作简略报告如下.

在平面(x,y)上设积分

$$s=\int_a^b F(x,y,\frac{\mathrm{d}y}{\mathrm{d}x})\mathrm{d}x$$

其中 y 为 x 的未知函数.求这个积分的极小值,就是第一个变分学的问题.称 s 为弧长,把观念几何化,即得芬斯勒几何.

高斯(C. F. Gauss,1777—1855)看出,在特别情形

$$F^2=E+2Fy'+Gy'^2,y'=\frac{\mathrm{d}y}{\mathrm{d}x}$$

其中E,F,G为x,y的函数,几何性质特别简单.1854 年黎曼的演讲讨论了整个情形,创立了黎曼-芬斯勒几何.百余年来黎曼几何在物理学有重要的应用,而整体黎曼几何的发展更是近代数学的核心部分.

黎曼的几何基础包含芬斯勒几何.我们最近几年的工作,把黎曼几何的发展,局部的和整体的,完全推广到芬斯勒几何.这将是微分几何的一块新园地,预料前景无限.1995 年夏,在美国的西雅图有一个芬斯勒几何的国际会议,其报告已于 1996 年由美国数学会出版.

芬斯勒几何,在著名的 1900 年的希尔伯特演讲中,是第 23 个问题.

六、结论:关于中国的数学

中国人的数学能力是不容怀疑的.中国将成数学大国,我觉得也是不争的事实,可能时间会有迟早而已.我希望注意下列几点:

(1)要发展中国自己的数学.数学千头万绪,无法尽包.集中在几个方向是自然的选择.当年芬兰的复变函数论和波兰的分析都是成功的例子.但我个人喜欢低维拓扑,希望有人注意.

(2)19世纪的挪威,是一个僻远的国家,但她产生了两个大数学家:阿贝尔(N. H. Abel,1802—1829)和李(M. S. Lie,1842—1899).中国的数学发展,必须普遍化;穷乡僻壤,何地无才.几年前我曾提议强化十个重点大学的数学所.这个计划当为目前发展数学最重要的措施,但个数可能要添加三五个.

中国的中小学数学教育,不低于欧美.我们到了攀登的时候了.

参考资料

[1] WILES A. Modular Elliptic Curves and Fermat's Last Theorem[J]. Annals of Mathematics,1995,141:443.

[2] TAYLOR R,WILES A. Ring Theoretic Properties of Certain Hecke Algebras[J]. Annals of Mathematics,1995,141:553.

[3] HSIANG W Y. A Rejoinder to Hair's Article,Mathematical Intelligence[J],1995,17:35.

21 世纪的数学展望[①]

在新世纪开始，全世界科学家对这个新时代的来临，有着无比的兴奋，期待着人类有史以来最新的发现. 数学是所有推理学问的基础，我希望在这个演讲里能够指出今后数学发展的一些线索.

从希腊数学家发展欧氏几何的公理系统开始，人类对严谨的三段论证方法才有实体的认识，影响所及，凡是需要推理的学问都与数学有关，推理的学问可分物理科学、工程科学和社会科学.

数学和工程科学乃是社会科学的基础，理论物理乃是工程科学的基础，数学乃是理论物理的基础.

人类科技越进步越能发现新现象，各种繁复现象使人极度迷惘(例如：湍流问题、黑洞问题). 但是主宰所有现象变化的只有几个小数的基本定理. 标准模型统一了三个基本势场：电磁场、弱力、强力，但是重力场和这三个场还未统一.

重力场由广义相对论描述，是狭义相对论和牛顿力学的统一理论而形成的，这是爱因斯坦最富有想象力的伟大创作. 爱因斯坦方程是

$$R_{ij}-\left(\frac{R}{2}\right)g_{ij}=T_{ij}$$

① 丘成桐，《科学》第58卷(2006年)第2期. 本文系2005年8月2日于香山“数学与物理前沿”会议上的演讲. 经作者同意略做改动.

其中 g_{ij} 是测试张量(引力场);T_{ij} 是物质张量;R_{ij} 是里奇曲率张量.

弦理论试图统一重力场和其他所有场.在 21 世纪,基本数学会遇到同样的挑战:基本数学的大统一.只有在各门分支大统一时,所有分支才会发出灿烂的火花,每一门学问才会得到本质上的了解.

数学的大统一将会比物理的大统一来得基本,也将由统一场论孕育而出.近代弦论的发展已经成功地将微分几何、代数几何、群表示理论、数论、拓扑学相当重要的部分统一起来.数学已经由此得到丰富的果实.大自然提供了极为重要的数学模型,以上很多模型都是从物理直觉或从实验观察出来的,但是数学家却可以用自己的想象,在观察的基础上创造新的结构.

成功的新的数学结构往往是几代数学家共同努力得出的成果,也往往是数学中几个不同分支合并出来的火花.

几何和数字(尤其是整数)可以说是数学里最直观的对象,因此在大统一中起着最要紧的作用.20 世纪的数论学家通过代数几何的方法已经将整数方程的一部分与几何结合,群表示理论亦逐渐与数论和几何学结合.每次进步都有结构性的变化,例如算术几何的产生.

在这 20 年间,拓扑学和几何学已经融合.三维空间和四维空间的研究非懂几何不可.瑟斯顿(Thurston)的猜测是在三维空间上引用几何结构,这些创作新结构的理论有划时代的重要性,正如 19 世纪引用黎曼曲面的概念一样重要.

分析和几何亦逐渐融合,到目前为止,微分方程在复几何和拓扑学上有杰出的贡献.通过分析方法,陈氏类、霍奇理论、阿蒂亚-辛格指标定理和我们在复流形上构造的凯勒-爱因斯坦度量,在代数几何中解决了重要的问题.最近哈密尔顿(Hamilton)的里奇流(Ricci flow)可能解决瑟斯顿的猜想.

在四维空间上,唐纳森利用陶布斯(Taubes)、乌伦贝克(Uhlen beck)的规范场上的存在性定理得到四维拓扑的突破.上述工作和唐纳森-乌伦贝克-丘在杨-米尔斯的工作都与弦理论息息相关.事实上弦理论提供了极为重要的讯息,使得古典的代数几何得到新的突破.我们期望弦理论、代数几何、几何分析将会对四维拓扑有更深入的了解.

在 21 世纪的数学里,三维的双曲空间会变得如黎曼曲面一样重要,数学会进入一个尽情享受低维空间特殊性质的局面,在代数几何上,二维、三维和四维流形将会有更彻底的理解.我们希望霍奇猜测会得到圆满的解决,从而得知一个拓扑子流形什么时候可以由代数子流形来表示.同样的问题也适用于向量丛上.由弦理论得到的启示,有些特殊的子流形或可代替代数流形.

现在举一个理论物理、数学和应用科学上的共同而重要的问题:基本物理上的分级(hierarchy)问题,是一个能标(scale)的问题.引力场和其他力场的能标相差极远,如何统一,如何解释?在古典物理、微分方程、微分几何和各类分

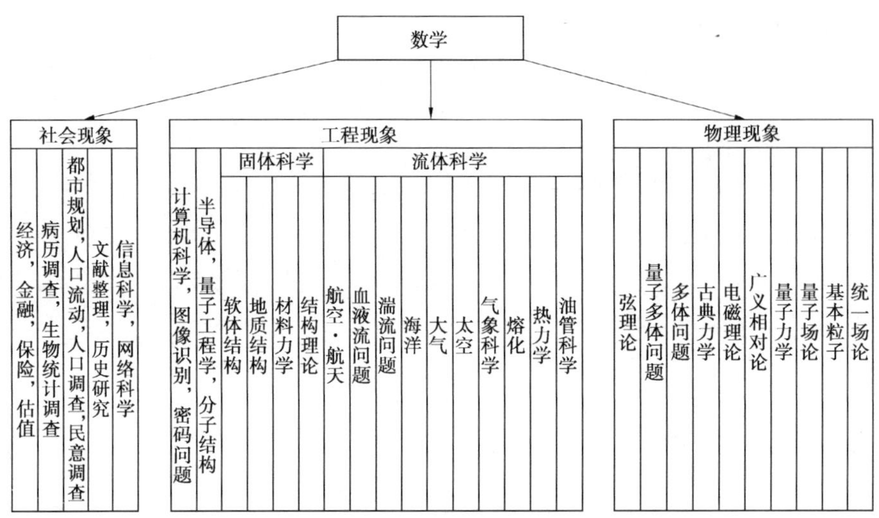

数学与其他科学之间的关系

图 1　在 21 世纪的今天，数学在社会、工程、物理中有着越来越广泛的应用

析中也有不同能标如何融合的问题. 在统计物理和高能物理中. 用到所谓重正化群(renormalization group) 的方法，是非稳定系统的一个重要工具.

如何用基本的方法去处理不同能标是应用数学中一个重要问题. 纯数学将会是处理不同度量的主要工具. 事实上，纯数学本身也有不同度量的问题.

在微分方程或微分几何遇到奇异点或在研究渐近分析时，炸开(blowing up)分析是一个很重要的工具，而这种炸开的工具亦是代数几何中最有效的工具.

在非线性微分方程中，我们需要更进一步地做定性和定量的分析来研究由炸开得出来的结果. 因此对不同能标的量得到进一步的认识.

微分几何的张量分析(曲率张量) 在多重尺度(multiscale) 分析中应该会有重要的应用，因为即使在同一点上，有不同方向的变化，而此种变化亦应当受到能标的影响.

当一个图(graph) 逼近一个几何图形或微分方程的解时，多重尺度分析极为重要，如何解决这些问题无论在纯数学和应用数学中都是重要的问题. 我希望研究离散数学的学者也注意到这一点.

近代弦论发现有不同的量子场论可以互相同构(isomorphic)，然而能标刚好相反

$$(R \leftrightarrow \frac{1}{R})$$

因此一个强耦合常数(coupling constant) 的理论可以同另一个弱耦合常数的理论同构，而后者可以从渐近分析理论来计算.

由于 $R \to \frac{1}{R}$ 这种奇妙的对称可以保持量子场论的结构，使得我们可以用扰动性(perturbation analysis)的方法去计算非扰动的场论，在数学上得到惊人的结果.

更要注意到的一点是时空的结构可能因此有基本上的观念的改变能标. 极小的空间不再有意义. 时空的量子化描述需要更进一步的探讨. 物理学家和几何学家都希望能够找寻一个几何结构来描述这个量子化的空间. 有不少学者建议用矩阵模式来解释这种现象，虽然未能达到目标但已得到美妙的数学现象.

约在 200 年前，高斯发现高斯曲率的观念而理解到内蕴几何时，就感叹空间的观念与时而变，和人类对大自然的了解有密切的关系.

这 20 年来，超对称的观念深深地影响着基本物理和数学的发展，在实验上虽然尚未发现超对称，但在数学上却起着凝聚各门分支的能力，我们宁可相信在极高的能量时，超对称确实存在，但如何看待超对称在现实时空中的残余，应当会是现代应用物理和应用数学的一个重要命题.

举例来说，在超对称的结构中，规范场和电磁场会与完全不相关的子流形理论同构，是否意味着这种日常能见的场论可以用不同的手法来处理？

种种不同的现象显示，弦论、几何、群表示理论逐渐会与算术几何接近. 在所谓阿拉克洛夫(Arakelov)理论中，除了在复数上定义的代数空间外，还需要考虑特征为 p 的代数空间，才能够对算术空间有完满的了解，是否表示它们能够帮助我们了解现实世界的问题？由镜对称的观点来看，数论上的 L 函数和伯奇－斯温纳顿－戴尔猜测有没有其他解释？

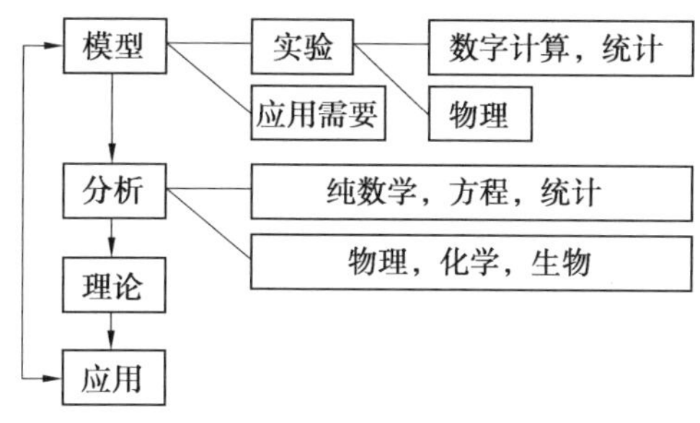

图 2　研究应用数学的方法

数学中有所谓的对偶(duality)现象，比如有如下关系

迹公式 ⇒ 自守形式(automorphic form)⇒ 群表示理论，数论

这个环面(torus)的对偶正是弦理论对偶的基础，现代数论的一个最重要的环节叫朗兰兹理论，也有对偶的问题，与代数几何和表示理论有密切的关系. 希望能够与这一系列的想法也挂钩.

另一个重要的概念是对称(symmetry). 群的观念在自然界中普遍存在，

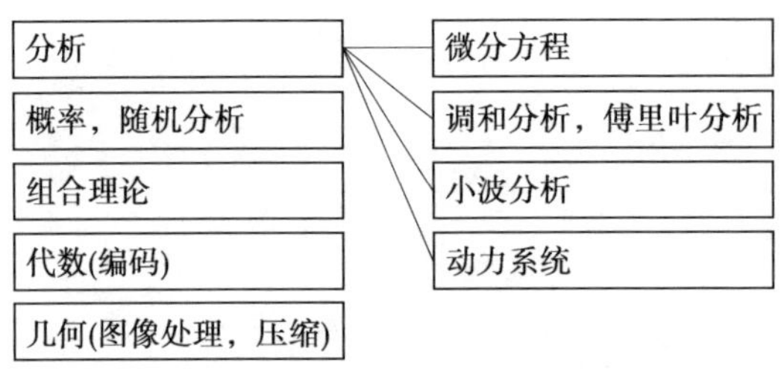

图 3　数学提供应用数学几个重要工具

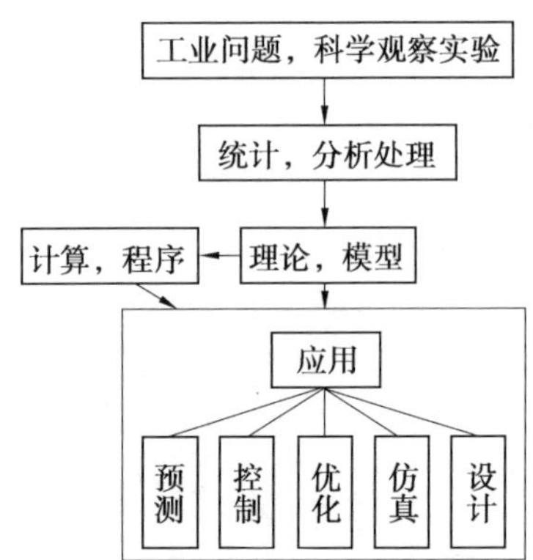

图 4　数学在工业上的应用

小群(如镜对称,雪花的对称)、连续群(又称李群,物理上的用途)、非紧离散群(在数论和几何上的用途),以及无限维对称(规范场中的规范群). 种种不同对称的观念对 20 世纪后半期的理论科学有基本贡献.

对偶比对称更广义,不同理论的基本同构将是 21 世纪的一个重要命题.

对称的观念可以说是基本科学中最基本的工具. 但是"运用之妙,存乎一心",在于作者的经验和直觉.

21 世纪基本科学的基本命题:如何将对称的物理基本现象与非对称的世界联合? 对称破缺(symmetry breaking),众生色相,由何而生?

基本的物理定律是时间对称(time symmetric) 的,为何我们担忧时光消逝? 因为直观世界是时间对称的. 由时间对称的定律来解释直观世界是现代数学和物理的一个重要问题.

热力学第二基本定律说,随机性(randomness) 随时间而增,熵随时间而增.

这是一个奇妙的定理,到如今还未能够彻底了解.

时间的箭头在广义相对论中是一个重要的题目. 彭罗斯(R. Penrose) 和霍金(S. Hawking) 都花了很多时间讨论. 这是因为爱因斯坦方程对时间来说是对称的,然而在现实世界,时间是不对称的.

熵的研究在现代物理和现代数学中都起了极其重要的作用. 湍流的问题, 将是其中一个例子.

流体力学中的奇异点和边界层(boundary layer)都需要大量的理论投入. 需不需要引力场方程来帮忙解释? 在某种意义下,基本的方程式或基本的物理现象用数学形式表达出来时,是用等式来表达. 但往往在彻底研究这种等式以前,不等式会产生,同时起着无比的重要性.

波浪的重叠,最后产生的可以是极为光滑的波. 如何控制这种现象要依靠好的不等式,这是一切分析和应用数学的精华.

叠加性质(superposition)是线性方程的特征,在研究非线性可积方程时,也有非线性的叠加. 一般而言,有没有办法由少数的解来产生新的解是一个重要的问题. 非线性现象是21世纪的研究对象.

数学中对偶现象的一个例子

可以用一个简单的例子来解释对偶现象

$$\text{Torus} = \frac{R^n}{Z^n} = T^n$$

拉普拉斯算子

$$\sum_i \frac{\partial^2}{\partial x_i^2} = \Delta$$

$$\Delta \exp(\sqrt{-1}\langle x, l\rangle) = -\| l \|^2 \exp(\sqrt{-1}\langle x, l\rangle)$$

$\exp(\sqrt{-1}\langle x, l\rangle)$ 我们要求在 T^n 上定义

$$l' \in Z^n \Rightarrow \langle l', l\rangle \in 2\pi Z$$

Z^n 是一个格(lattice) $\subset R^n$.

而 l 必定要在这个格的对偶 $(Z^n)^*$ 中

$$l \in (Z^n)^* \Leftrightarrow \langle l', l\rangle \in 2\pi Z$$

$$\forall l' \in Z^n$$

$$\frac{R^n}{Z^n} = T^n \text{ 的对偶是} \frac{R^n}{(Z^n)^*}$$

这个对偶在弦论中起相当重要的作用,在傅里叶(Fourier)分析和数论中也已得到重要的发挥.

Δ 在 $L^2(T)$ 上的谱(spectrum)是 $\{-\| l \|^2. l \in (Z^n)^*\}$. 它的谱分解全部可以算出.

如果 $f: \mathbf{R} \to \mathbf{R}$,则

$$\text{tr} f(\Delta) = \sum_{l \in (Z^n)} f(-\| l \|^2)$$

如果我们有办法用分析方法算出 $f(\Delta)$，则可以得到迹公式(trace formula).

举例来说

$$f(x)=\exp(tx)$$

$\exp(t\Delta)$ 的核函数可以算出为

$$\exp(t\Delta)h(x)=\frac{C_n}{t^{\frac{n}{2}}}\int_{y\in T^n}\sum_{l\in Z^n}\exp\left(-\frac{\| x-y+l \|^2}{4t}\right)h(y)\mathrm{d}y$$

因此，泊松(Poisson) 公式

$$\operatorname{tr}\exp(t\Delta)h(x)=\frac{C_n}{t^{\frac{n}{2}}}\mathrm{Vol}(T^n)\sum_{l\in Z^n}\exp\left(-\frac{\| l \|^2}{4t}\right)$$

$$\frac{C^n}{t^{\frac{n}{2}}}\mathrm{Vol}(T^n)\sum_{l\in Z^n}\exp\left(-\frac{\| l \|^2}{4t}\right)=\sum_{l\in (Z^n)}\exp(-t\| l \|^2)$$

这个是数论上的基本公式！

由稳态(stationary) 的物理现象到动态(dynamical) 的物理现象，会遇到极为困扰而又刺激的数学问题. 就方程的观点来说，椭圆方程过渡到抛物型，到双曲型到混合型的方程组，有极度困难的奇异点处理问题，在物理上有震波的处理问题，既要研究估值，又要研究物理意义，又希望大型计算机能够帮忙.

高维空间的非线性波和各种物理几何的关系将会影响这几十年的应用数学，其中有孤立子的现象，有震波现象，多种粒子在非线性的互动时得出的宏观现象，方程带有随机变量时的处理将会是应用数学的重要题目.

很多古典的方法或近代物理的方法应当可以应用到离散问题上去. 大型的网络极为复杂，如何有效地传播讯息，如何寻找资料，为数学提供了极有意义的问题.

图像处理和计算几何更是一个计算机、几何、组合数学结合的好地方，在医学上有重要的贡献，自动控制论和上述种种应用都会结合，要得到最有效的用途需要数学家密切合作.

当微分方程、几何和组合数学真正大统一时，应用数学会有大进步.

有宏大胸襟的数学家会在前进途径上创造新的结构来适应这个统一的使命，来了解不同的数学分支.

单靠程序和计算的数学即使有短暂的生长力量，也不会有深远的影响.

如何解释由计算得出来的现象，如何与物理和工程的现象相吻合，如何利用计算结果做有意义的预测，乃是计算数学的目标. 因此理想的应用数学家，应该有数学家的根基，有物理学家和工程学家的眼光和触角.

由于应用科学的产生，所有连续性的数学理论或存在性定理，都有定量的逼近问题，因此产生很多有意义的新的数学.

物理、生物、化学、工程将会提供大量有意义的问题和新的观念. 好的应用数学家需要融合各种的科学,经费不是唯一的问题!

20 世纪 70 年代,应用数学家坚持分家,这是由于聘请教授的观点不同和经费收入不同所致的.分家的结果是:

数学家比较注重纯科学的命题,尤其理论物理提供了丰富的题材和方法,给予数学新的生命,虽然搞分析数学和组合数学的教授也接触应用数学,但是接触并非全面性的,有时往往缺乏应用能力,相反交流也不多.在 20 世纪四五十年代培养出来的应用数学家大都是一流的数学家,著名的有冯·诺依曼、林家翘、库朗、弗德里希(Federich)、斯托克(Stoker)、格利姆(Glimm)、拉克斯(Lax)、凯勒(Keller)、莫泽(Moser).主要发展应用数学的美国著名研究所为库朗研究所、MIT、加州理工学院、斯坦福、伯克利、耶鲁.

应用数学家则极力提倡应用.认为很多传统的数学训练是不必要的.在工业(尤其是计算机工业)和金融企业的引诱下,急进猛追,结果优秀的学生舍本逐利,年轻的应用数学队伍很难建立起来.

时空统一颂

时乎时乎　逝何如此
物乎物乎　繁何如斯
弱水三千　岂非同源
时空一体　心物互存
时兮时兮　时不再屿
天兮天兮　天何多容
亘古恒迁　黑洞融融
时空一体　其无尽耶
大哉大哉　宇宙之谜
美哉美哉　真理之源
时空量化　智者无何
管测大块　学也洋洋

数学科学百年回顾①

1900年,在巴黎举行的国际数学家大会上,德国数学大师希尔伯特在讲演的开始就说,“揭开隐藏在未来之中的面纱,探索未来世纪的前景,谁不兴奋呢?”[1] 接着,他提出了20世纪需要解决的23个数学问题.现在,20世纪已经过去,百年来数学面纱一层层被揭开.自然科学尤其是物理学的推动,以及电子计算机的出现,改变了人类社会的生活方式,也改变了数学本身.数学技术渗入到各行各业.希尔伯特问题多半已经有了结果.今天,数学家们又在为21世纪的数学问题进行构想.数学科学仍将一日千里地发展,在探索自然奥秘和推动社会发展中做出贡献.

一、20世纪数学的开端(1900—1918):庞加莱和希尔伯特

20世纪之初,法国的庞加莱是无可争辩的数学领袖.他在三体问题、微分方程的定性理论、拓扑学等领域做了大量的原创性工作,成为开掘不尽的数学宝藏.如果说庞加莱主要以自然科学的实践背景为数学研究的源泉,那么,希尔伯特则更多地从数学本身的完善上寻求进步.他的著名工作有“数论报告”“几何基础”“抽象积分方程与抽象空间”.希尔伯特倡导的形式主义学派,成为20世纪的主导数学哲学.

① 张奠宙,《科学》第51卷(1999年)第1期.

这一时期最重要的数学事件，是爱因斯坦的相对论把新时代的几何学推到了科学的最前沿. 四维时空的狭义相对论，产生了闵可夫斯基(Minkowshi, 1864—1909) 空间几何. 弯曲时空的广义相对论，使得张量分析、黎曼几何、高维几何成为物理学革命的工具. 我们生存的宇宙空间，可以用黎曼(G. F. B. Riemann, 1826—1866) 在 1854 年创立的高维流形和曲率理论来描述. 人们不禁惊叹造化之工，数学之巧.

与物理学推动数学发展的同时，纯粹数学也在以惊人的方式大步前进. 19 世纪初法国数学家傅里叶(J. B. J. Fourier, 1768—1830) 提出的调和分析，是众多数学分支的出发点. 德国的康托(G. F. P. Cantor, 1845—1918) 从研究傅里叶级数的唯一性提出"点集" 的概念，以后发展为"集合论"，成为所有抽象数学的表述工具. 法国的勒贝格(H. L. Lebesgue, 1875—1941) 创立了建立在可列可加测度上的积分理论，使得许多黎曼意义下不可积的函数也可以进行傅里叶展开，实现了一次积分革命. 康托和勒贝格建立的数学理论，常常涉及一些没有导数的病态函数，没有切线的奇异曲线，以及看上去千疮百孔的怪异集合. 当时的数学家难以想象勒贝格积分竟会成为 20 世纪工程师手中的工具.

特别在康托的集合论中，关于无限集合的超限数理论很难使人接受. 一个典型论断是，正方形一边上的点和对角线上的点一样多！康托本人也陷入了自己提出的一个悖论："由一切基数构成的集合 S，其基数将大于 S 中的所有基数." 这使康托日夜难寐. 当时德国数学界的当权人物克罗内克(L. Kronecker, 1823—1891) 曾对康托的无限观进行猛烈抨击，反对康托进入柏林大学. 康托于 1884 年起患精神分裂症，病情时好时坏，1918 年病逝于哈雷精神病研究所内. 希尔伯特是康托数学业绩的积极支持者. 他曾说："没有人能把我们从康托所创造的天国中赶走！"[2]

1903 年，英国著名哲学家、数理逻辑学家罗素(B. Russell, 1872—1970) 在研究集合论时发现了一个十分简单的悖论：考察"一切不以自身为集中元素的集合" 所构成的集合 B，此时若 $x \in B$，则有 $x \notin B$；而 $x \notin B$，则又有 $x \in B$，横竖都不对. 这触发了数学基础的大论战，世称"第三次数学危机". 为避免罗素悖论，罗素提倡"逻辑主义"，认为数学即逻辑，只要数理逻辑没有矛盾，数学就不会有矛盾，而且是永远绝对正确. 希尔伯特则提出"形式主义"，认为数学研究的对象，可以不必考虑实际意义，无非是一些对象按一套公理做形式演绎的结果. 只要公理无矛盾、独立、完备，数学就永远绝对正确. 直觉主义则采取保守态度，不承认"自然数全体所成的集合"，反对使用排中律，主张"数学对象的存在，必须能够构造"，因而把数学限制在很小的范围内. 逻辑主义想把数学化归为逻辑的愿望未能实现，但留下了数理逻辑这门重要学科. 希尔伯特的形式主义后来被奥地利数学家哥德尔(K. Gödel, 1906—1978) 的两个不完备定理所否定，寻求数学绝对严格基础的理想随之破灭. 但是,形式主义的思想为后来的布尔巴基学派所继承和发展,对 20 世纪数学观念的影响极为深刻. 直觉主义的思想过于保守,束缚了数学家的手脚,也没有得到广泛承认. 只有"构造主义"的想法,随着电子计算机的出现,获得了新的生命力.

20 世纪初,英国的分析学派非常强大. 哈代和李特尔伍德(J. E. Littlewood,1885—1977)是领袖人物. 他们在解析数论、单复分析、不等式、级数等"硬"分析领域中有很高建树. 哈代发现并培养了印度传奇数学家拉马努金. 拉马努金未受正规教育,在不知道什么是现代意义下的严格证明的前提下,完成了大量的数学工作.[3] 拉马努金的笔记本上写满了大量公式,并没有详细证明. 60 多年之后,美国的伯恩特(B. C. Berndt)把拉马努金的笔记本加以整理,完成证明,分三册出版. 该书的研究表明,除少量公式有误之外,绝大部分是正确的. 拉马努金是如何进行数学思考的? 这一数学之"谜",仍有待解开.

经典的数学应用工作仍在深入进行. 力学、电学、光学,以及机械工程、建筑工程中的数学问题被大量研究. 引入注目的工作是数理统计学以"生物统计学"的形式开始出现. 标准差、平均差、相关等术语,在 1901 年皮尔逊(K. Pearson,1857—1936)创办的《生物计量学》(*Biometrika*)等杂志上陆续使用.

二、以格丁根学派为中心的黄金时期(1918—1933)

从第一次世界大战结束,到 1933 年希特勒上台,世界的数学中心在德国的格丁根大学. 在格丁根学派的带动下,出现了 20 世纪数学发展的一段黄金时期.

格丁根是德国的一座小城,以格丁根大学而著名. 大数学家高斯(C. F. Gauss,1777—1855)曾长期在此工作. 1886 年,克莱因(C. F. Klein,1849—1925)来格丁根主持数学系,遂延请希尔伯特、闵可夫斯基来校执教. 格丁根不久即成为世界数学中心. 第一次世界大战结束时,德国虽是战败国,但数学元气未伤. 法国在大战中损失了一代大学生,巴黎高师的学生名册上布满了黑框. 20 世纪 20 年代的法国几乎是"函数论王国",很少有新学科产生. 一个例外是嘉当(É. J. Cartan,1869—1951),他在李群表示、外微分方法、活动标架法、微分方程组的研究上的独到见解,成为日后微分几何的经典性工作,只是当时未受充分重视. 英国继续维持哈代的分析学派,没有新的突破. 20 世纪 20 年代的美国数学还远远落后于欧洲,苏联、东欧诸国的数学刚刚起步. 尽管优秀数学家遍布欧洲和世界各地,格丁根却是公认的世界数学中心.

20 世纪 20 年代克莱因已经退休,希尔伯特也老了. 闵可夫斯基则因病在 1909 年去世. 但是新人在不断成长. 希尔伯特的继承人是外尔(C. H. H. Weyl,

1885—1995),他是全才的数学大家,他创立的学科多不胜数.例如,数论中的一致分布理论、黎曼曲面、微分流形、算子谱论、偏微分方程、胞腔概念、规范理论、李群表示、数学物理等,都在他的手中得到改观.

法国数学家庞加莱
(J. H. Poincaré,
1854—1912)

德国数学家希尔伯特
(D. Hilbert,
1862—1943)

德国数学家外尔
(C. H. H. Weyl,
1885—1955)

克莱因的继承者是柯朗(R. Courant,1888—1972).他专长分析,在数学物理方程、差分方法、变分学等领域都有创造性的工作,尤其具有行政组织能力.1929 年,柯朗任格丁根数学研究所所长.

20 世纪最伟大的女数学家诺特(A. E. Noether,1882—1935)在格丁根完成一般理想论,创立了抽象代数.出生于匈牙利的著名数学家冯·诺依曼曾是希尔伯特在数学基础研究上的助手.

20 世纪 20 年代,苏联的数学学派开始崛起,叶戈洛夫(И. П. Егоров,1869—1931)和鲁金(Н. Н. Лузин,1883—1950)领导的函数论群体,出现了像柯尔莫哥洛夫、亚历山大罗夫(П. С. Александров,1896—1982)那样的著名科学家.他们都和格丁根有密切联系.柯尔莫哥洛夫常到格丁根访问,他的成名作《概率论的基本概念》,用测度论和实变函数论方法,把概率论建立在完全严格的基础上.此书最初是用德文写成并发表的.亚历山大罗夫则和诺特联系密切.诺特对亚历山大罗夫建立代数拓扑学提出了关键性的建议.第一次世界大战之后,波兰数学发展迅速.这一学派的中坚人物,如谢尔宾斯基(W. Sierpinski,1882—1969)、斯坦因豪斯(H. Steinhauss,1887—1972)都深受格丁根学派影响.

诞生于20世纪20年代的量子力学,是物理学的又一场革命.格丁根学派及时为量子力学提供了数学框架.冯·诺依曼的《量子力学的数学基础》,外尔的《群论与量子力学》成为一个时期的经典著作.

这一时期的数学成就,当以三个数学新分支——泛函分析、抽象代数、拓扑学——的形成为重要标志.它们的特色是:无限维空间,抽象的代数方法,几何上的大范围整体性质,显示出与 19 世纪的数学在研究对象和研究方法上的根本差别.

泛函分析起源于希尔伯特的抽象积分方程理论,其中使用了无限维正交系所生成的完备空间,现在称之为希尔伯特空间.1929 年冯·诺依曼正是利用这一理论为量子力学提供了数学框架.此外,波兰的巴拿赫(S. Banach,1892—1945)提出了赋范空间,发展了该空间上的算子理论.

抽象代数以诺特于 1926 年发表的一般理想理论为主要标志.出生于奥地利的阿廷(E. Artin,1898—1962)也做出了开创性的工作.荷兰的范·德·瓦尔登(van der Waerden,1903—1996)于 1932 年出版的《代数学》是抽象代数早期工作的总结.

拓扑学的基本思想源于庞加莱于 1896 年所写的《位置分析》.由于康托集合论的影响,研究数列和函数各种收敛性的点集拓扑学随之产生,其代表作是德国数学家豪斯道夫(F. Haussdorff,1868—1942)于 1913 年完成的《集论纲要》.但是,意义更为重大的几何拓扑学由亚历山大罗夫和瑞士的霍普夫(H. Hopf,1894—1971)合作完成.他们合写的《拓扑学》(1935 年)是拓扑学最早的经典著作.与此同时.美国的莱夫谢茨(S. Lefschetz,1884—1972)、亚历山大(J. W. Alexander,1888—1971)和莫尔斯(H. M. Morse,1892—1977)分别以拓扑不动点理论、曲面同调论和临界点理论为拓扑学增色.20 世纪 20 年代美国的拓扑学是在世界上领先的少数学科之一.1930 年,比利时的德·拉姆(de Rham,1903—1969)给出高维微分流形上微分形式和上同调性质的关系,是一项重要的成就.

1933 年,柏林大学、格丁根大学等德国一流大学的校园内贴出告示,让一切犹太人离开学校.德国数学就此断送.

三、反法西斯战争时期的数学(1933—1945)

1930 年以后,德国政局动荡,法西斯的阴影笼罩欧洲.冯·诺依曼首先觉察到未来的变化,于 1930 年到了美国的普林斯顿大学.此时,美国企业家资助的普林斯顿高等研究院刚刚成立.1933 年之后,研究院首批聘请的 6 位研究教授是爱因斯坦、外尔、冯·诺依曼,以及 3 位美国数学家 —— 亚历山大、莫尔斯和研究工作的组织者维布仑(O. Veblen,1880—1960).这份名单预示着普林斯顿将是未来的世界数学中心.同时到达美国的有柯朗、诺特、阿廷、哥德尔、概率学家费勒(W. Feller,1906—1970)、分析学家波利亚(G. Pólya,1887—1985)和切戈(G. Szegö,1895—1985),等等.那时美国正值经济大萧条时期,大学的经费相当困难,在维布仑等的努力下,美国容纳了这批精英人士,使美国数学迅速达到世界的顶峰.与此对照,德国数学一蹶不振.比伯巴赫(L. Bieberbach,

1886—1982)提倡臭名昭著的“日耳曼数学”. 富有数学才华的泰希米勒(O. Teichmüller,1913—1943)效忠希特勒死于战场.

数学家们积极投入反法西斯战争,并促进了数学的发展.

二次大战期间的科学成果中,对数学影响最大的,当然是电子计算机的研制和产生. 冯·诺依曼在这一影响人类历史进程的工作中起了关键的作用.

1940年,英国和美国海军为了对付德国潜艇的威胁,发展了运筹学. 这种旨在提高设备能力和使用效率的学问,战后大量用于经济部门. 1938年,苏联的康托洛维奇(Л. В. Канторович,1912—1986)发明线性规划的单纯形解法. 战后美国的丹齐克(G. B. Dantzig,1914—)独立发现这种方法,他还在经济部门推广使用,产生了极高的经济效益.

1942年,柯尔莫哥洛夫和美国的维纳(N. Wiener,1894—1964)分别研究火炮的自动跟踪,形成随机过程的预测和滤波理论. 1948年,维纳写成《控制论》一书,开辟了新的学科.

1939年开始,英国数学家图灵(A. M. Turing,1912—1954)帮助英国情报部门成功破译德军密码.

1944年,冯·诺依曼发展对策论,并用于太平洋海战.

美国政府组织的应用数学组(ATP),吸收了大批数学家参与工作,柯朗和他的助手研究喷气式飞机、水下爆炸. 代数拓扑学家惠特尼(H. Whitney,1907—1989)曾研究空中发射火箭. 伯克霍夫(G. Birkhoff,1911—)负责考察水下弹道学问题. 代数学家麦克莱恩(S. Maclane,1909—)曾是ATP的技术代表. 统计学家瓦尔德(A. Wald,1902—1950)为减少实弹射击试验和节约弹药而提出“序贯分析”方法. 出身于波兰的数学家乌拉姆(S. M. Ulam,1909—1984)参加原子弹的研制,并在计算和估计中发挥了关键作用. 数学家的这些努力,对于提高数学在国家和公众心目中的地位,有十分重要的作用.

应用数学迅猛发展的同时,纯粹数学也在继续前进. 最引人瞩目的是法国的布尔巴基学派. 当德国数学衰落之时,以迪厄多内(J. Dieudonné,1906—1992)、韦伊(A. Weil,1906—1998)为代表的一批法国年轻数学家,冲破“函数论王国”的束缚,力图以结构主义的观点整理全部数学. 1939年《数学原本》第一卷出版. 他们的观点在二次大战之后影响巨大.

拓扑学继续迅猛发展,同伦论和同调论取得长足进步. 分析学继续是数学的主体,但是代数学、微分几何正在成为现代数学的主流学科. 此时最重要的结果有:美国的扎里斯基(O. Zariski,1899—1986)将意大利学派的代数几何学严格化. 陈省身(1911—2004)于1945年证明高维的高斯-邦内公式,完成大范围微分几何的奠基工作. 施瓦茨(L. Schwarz,1915—)提出广义函数论. 冯·诺依曼、苏联的盖尔范德(И. М. Гельфанд,1913—)创建算子代数和赋范环论.

苏联庞特里亚金(Л. С. Понтрягин,1908—1988) 发展"连续群论". 英国的哈代、苏联的维诺格拉多夫(И. М. Виноградов,1891—1983)、中国的华罗庚(1910—1985) 继续在解析数论上创造新的成果. 费勒、柯尔莫哥洛夫、辛钦(А. Я. Хинчин,1894—1959) 等建立的随机过程理论,冯·诺依曼和乌拉姆创立的蒙特卡洛方法,在理论和实践上都有重大意义.

四、冷战时期的数学争雄(1945—1980)

第二次世界大战结束之后,美国和苏联分别代表西方和东方国家集团的霸主,进入了长达几十年的冷战时期. 从数学上看,战后的几十年,也是两国争雄的局面. 普林斯顿高等研究院和莫斯科大学始终是世界两大数学中心.

20 世纪 50 年代和 60 年代,是战后的恢复发展期. 12 年义务教育的普及,高等教育的大发展,为数学家们造就了极好的就业局面. 数学家的人数大量增加,数学论文的数目呈爆炸之势,新的数学学科层出不穷. 人们慨叹,在外尔和冯·诺依曼于 20 世纪 50 年代先后去世之后,能够纵观数学全局的数学家,似乎已经不会再有了. 只有 1987 年去世的柯尔莫哥洛夫也许是个例外.

尽管文献浩如烟海,重要的数学工作仍然十分令人注目. 这里选取的当然是一些不完整的罗列:

希尔伯特第五问题 —— 每个局部欧氏群一定是李群 —— 于 1952 年获得完全解决.

美藉匈牙利数学家冯·诺依曼(J. von Neumann,1903—1957)

苏联数学家柯尔莫哥洛夫(А. Н. Колмогоров,1903—1987)

英国数学家阿蒂亚(M. F. Atiyah,1929—)

柯尔莫哥洛夫与阿诺尔德(В. И. Арнопьд,1937—),以及美国的莫泽(J. K. Moser,1928—) 分别于 1954 年、1963 年完成动力系统的 KAM 定理,已成为三体问题、哈密尔顿系统研究的经典成果.

美国的米尔诺(J. W. Milnor,1931—) 于 1956 年发现. 在 8 维空间中有

一个流形,和 7 维空间中的单位球面同胚但不微分同胚,即所谓“米尔诺怪球”.

美国的斯梅尔(S. Smale,1930—)于 1960 年证明广义庞加莱猜想.

英国的阿蒂亚和辛格(I. M. Singer,1924—)于 1963 年将一般流形的拓扑结构和其上微分算子的核空间维数联系起来,得到深刻的阿蒂亚—辛格指标定理.

美国的科恩(P. J. Cohen,1934—)于 1963 年证明,选择公理和 ZF 公理体系独立.

苏联的诺维科夫(С. Л. Новиков,1938—)于 1965 年证明微分流形的庞特里亚金类的拓扑不变性.

法国的格罗滕迪克(A. Grothendieck,1928—)于 1966 年建立格罗滕迪克群和环,并由此引入 K 理论.

在美国罗宾逊(J. Robinson,1919—1985)工作的基础上,苏联的马蒂塞奇(Ю. Матиясевич,1948—)于 1970 年解决了希尔伯特第十问题,即丢番图方程无有限步算法.

20 世纪 40 年代由韦伊提出的韦伊猜想得到解决. 格罗滕迪克首先取得重大进展,1974 年其弟子、来自比利时的德利涅(P. Deligne,1944—)彻底将韦伊猜想解决.

大范围微分几何成为表述规范场论的数学工具. 这是陈省身和杨振宁(1922—)于 1975 年前后分别从数学和物理学上所得成果的统一.

美国黑肯(W. R. G. Haken,1928—)等于 1978 年在伊利诺伊大学完成四色问题的电子计算机证明.

在美国的布饶尔(R. D. Brauer,1901—1977)、汤普森(J. G. Thompson,1932—)和戈朗斯坦(D. Gorenstein,1923—1992)等人的努力下,有限单群分类于 1980 年得到完全解决.

第二次世界大战后数学上最大的变化是电子计算机的使用. 数学由此变成了一种技术 —— 数学技术. 科学计算成为继理论构建、实验考察之后的第三种科学研究方法. 军事指挥、飞机设计、原子弹爆炸、化学反应、人口计划、气象预测、卫星定位、智油勘探、企业管理,一切都可以运用数学模型在计算机上进行. 数学为人类创造了巨大的财富,节约了无数的资源,这一切却很少被公众所充分了解. 以数学工作获得诺贝尔经济学奖已是十分常见的事情.

在这基础上,许多纯粹数学得到料想不到的应用. 例如,有限域用于密码学,数论用于近似计算,纤维丛理论用于规范场,拉东变换用于 CT 扫描,拓扑学用于 DNA 分子结构,等等. 同时,由于计算机科学和人工智能的需要,组合数学得到了迅猛的进展. 计算复杂性形成了一门艰深的理论. 寻求多项式算法成为数学家注意的焦点. 1979 年苏联哈奇扬(Л. Г. Хачиян)提出线性规划的椭球算法，以及后来的卡玛卡算法都是轰动一时的新闻．起源于实际，却又大胆创新的学科相继涌现，例如，模糊数学、非标准分析、突变理论．它们的创立者都认为自己的工作将是数学的一场革命，但这需要时间的检验．

总之，二战以后，数学向科学女王和科学侍女两极发展．一方面，纯粹数学继续向高、深、难的方向进军，范畴、流形、纤维丛、多复分析、代数簇、上同调、鞅、分枝等新领域不断得到开拓．数学研究的对象从低维空间到高维空间以至无限维空间，函数和方程的研究从单变量发展到多变量，已经大体完成了的线性数学走向非线性数学，决定性数学和随机现象的数学彼此融合和渗透．数学仍保持着至高无上、完全正确的华贵形象．另一方面，数学又极力为其他科学服务，为人类的生活服务，走近常人的生活，使应用数学广泛渗入到各门学科（包括社会科学）中去，科学数量化的进程可以说无孔不入，数学确已成为人们忠实的科学侍女．

五、数学多极化时代来临（1980 年至今）

进入20世纪80年代，世界的政治经济出现多元化的格局．数学也进入了多元化格局．一个大体的描述是："美国、苏联继续领先，西欧紧随其后，日本迎头追赶，中国和其他地区正在迅速发展．"1991 年苏联解体使得原苏联地区的数学有所削弱，但其数学基础和研究实力仍然十分强劲，不可低估．

经过二次大战以后，数学家队伍有了空前的扩大．数学工作市场有饱和的迹象．纯粹数学研究仍会保持前进的态势，但要求有更高的研究水平，产生更有意义的成果．一些"无病呻吟""滥竽充数"的数学论文将会受到冷落，优胜劣汰的法则已经比过去更加严厉地在数学界通行．一个最激动人心的事件是费马大定理的证明．1983 年，德国的法尔廷斯（G. Faltings，1954—　）证明费马大定理如果有解，至多有有限个互素解．1993 年 6 月，英国的怀尔斯在前人工作的基础上宣布费马大定理是正确的（最终证明于 1994 年 9 月完成），这是人类智慧的伟大象征，是 20 世纪末最高的一项数学成就．

数学家大批转向计算机科学和人工智能领域，是就业市场自然调整的结果．同时计算机的威力扩大和延伸了数学家的脑和手．非线性数学的发展得力于此．20 世纪 80 年代以来，混沌理论、分维几何、孤立子解、小波分析等数学热点，没有不和计算机发生联系的．

数学和物理学层面的交融，仍然是数学发展的重大源泉．1987 年，英国的唐纳森在杨－米尔斯方程的求解过程中，发现 4 维空间中有一种流形，具有两种不同的微分结构，大出人们的意料之外．美国物理学家威顿用物理学方法推演数学问题，虽然没有严格证明，却得到了正确的数学结果．希尔伯特的形式主义数学哲学,布尔巴基的结构主义数学观,在威顿的工作面前显得无能为力,数学中经验主义是否正在复兴?只有猜想没有严格证明的"理论数学"是否允许存在,正严肃地摆在数学界的面前.

六、20 世纪的中国现代数学

中国现代数学之开端可以追溯到徐光启(1562—1633)和利玛窦(R. Matteo,1552—1610)于 1607 年翻译出版欧几里得的《几何原本》. 清末李善兰(1811—1882)曾和伟烈亚力(W. Aexander,1815—1887)于 1859 年译出美国数学教材《代微积拾级》,李善兰恒等式至今犹有价值. 1898 年京师大学堂成立,先后派遣一些学生到日本学习数学. 其中有冯祖荀(1880—1943),后来长期担任北京大学数学系主任. 清末到美国学习数学的有胡敦复(1886—1978)、郑桐荪(1887—1963)、秦汾(1887—1971),起过一些先驱作用. 1909 至 1911 三年中,因美国退回部分庚款而选送三批中国留学生到美国留学. 以学习数学而著称的有胡明复(1891—1927),他是中国第一位数学博士(1917 年于哈佛大学获得). 姜立夫(1890—1978)于 1911 年到美国,1918 年也在哈佛获博士学位. 与此同时或稍后,何鲁(1894—1973)与熊庆来(1893—1969)到欧洲研习数学. 他们回国后推动中国各大学数学系的创办,奠定了中国现代数学的基础.

20 世纪 30 年代的清华大学数学系实力雄厚. 特别是陈省身和华罗庚两位青年学者的到来,使中国数学开始走向世界. 江泽涵(1902—1994)致力于北京大学数学系的发展. 从日本回来的陈建功(1893—1971)和苏步青(1902—)建设浙江大学数学系,使之成为中国数学发展的又一基地. 到了抗日战争时期,西南联合大学已拥有陈省身、华罗庚、许宝𫘧(1910—1970)这样具有很高声誉的数学家,和其他数学家一起,中国现代数学开始接近世界先进水平.

1949 年之后,中国数学界的规模迅速扩大,数学门类逐渐齐全,并能够为国民经济和国防事业服务,华罗庚和吴文俊(1919—)等大批旅外数学家回国. 陈景润(1933—1996)等年轻数学家成长很快,出现了一批在现代数学研究上卓有贡献的中国数学家. 1966 年开始的十年动乱,使数学前进的势头锐减,以至瘫痪. 20 世纪 80 年代以来,经过恢复时期,新一代的数学家成长起来. 从 1986 年开始,吴文俊、田刚、林芳华、张恭庆、马志明、励建书、李俊等先后应邀作国际数学家大会的 45 分钟报告. 陈省身获沃尔夫奖,丘成桐(1949—)获菲尔兹奖,使中国数学界受到鼓舞. "21 世纪的数学大国"是中国数学界的共同愿望,经过几代人的不懈努力,这一理想正在逐步变为现实.

展望未来,我们需要总结过去几百年世界数学走过的道路. 纯粹数学研究中的原创性,开辟新学科新方向的意识和动力,以及在各行各业中数学意识的增强,克服国内应用数学发展的不平衡,也许是中国数学面临的严峻挑战.

参考资料

[1] 希尔伯特. 数学问题,数学史译文集[M]. 上海:上海科学技术出版社,1981.
[2] 克莱因. 古今数学思想[M]. 上海:上海科学技术出版社,1981.
[3] 冯克勤. 拉玛努金图:数论在通讯网络中的一个应用[J]. 科学,1996,48(4):19.

拓扑学 100 年(1935 年以前)[①]

100 年前,拓扑(topology) 这个词,即使在数学家当中也是极为生僻的,而过了 50 年,拓扑学已逐步成为“数学的女王”. 时至今日,一大半的数学领域以这样或那样的方式受到拓扑学的影响,其中相当一部分的进展,拓扑学的应用是具有决定意义的. 近 20 多年,拓扑学更是跨过数学的边界,应用在物理学、化学、生物学及医学、心理科学、经济学诸多领域,取得惊人的进步. 从长远来看,拓扑学的概念及方法应该成为科学界的一种常规思想范式.

从拓扑学上看,拓扑学的目标是在数学的框架之内阐明“连续性”这个极为重要的观念. 由于连续性是时间、空间的基本特性,而且又是极端直观的,因此,对连续性的研究可以追溯到远古. 但是,由于语言的局限性及逻辑上的困难,几千年来,利用数学已有的有限的及离散的结构来刻画无穷及连续的性质总是遇到这样那样的困难及矛盾,拓扑学的建立及成熟之晚也自然在意料之中了.

一门学科并非随心所欲建立起来的,它必须建立在一系列事实的基础上,具有一套明确的概念和理论体系. 对数学来讲,最终希望有个合理的公理系统;有一系列标志学科进展状况的基本问题以及由此衍生出的各种层次的问题及猜想;有处理问题的一套工具、方法和技巧;对于像拓扑学这样的主流学科还和邻近的学科有着各种各样的关系,并对其他学科有着各式各

① 胡作玄,《科学》第 48 卷(1996 年) 第 1 期.

样的应用.

拓扑学正是沿着这条道路成熟和发展起来的,它大致可以分成四个时期:前史时期(1895 年以前),初创时期(1895 ~ 1935),飞跃时期(1935 ~ 1970),扩展时期(1970 ~).

一、前史时期

拓扑学正如其他学科一样,在前史时期总是逐步从模糊不清中把本学科的对象及事实逐步分拣出来,发现一些特有的现象,使概念逐步明确,对数学来讲,还要尽力用已有数学工具来控制它们.

连续量的表示及计算 数学最原始的对象,一个是数,一个是形. 数(shù)是数(shǔ)出来的,而形的性质分成两类:一类是度量性质,一类是非度量性质. 度量性质得出的量(liàng)是量(liáng)出来的. 由于企图用数表示量的失败,导致第一次数学危机. 由于其本质涉及无穷,因此长期以来,数学家回避实在无穷,一直到康托在 1873 年建立无穷集合论以后,无穷才逐步成为数学研究的对象,并成为数学结构的基础.

连续与离散的矛盾首先反映在芝诺悖论当中,这些在当时是无法解决的. 在近代科学革命期间,由于描述连续运动的需要,产生了无穷小演算,即微积分. 18 世纪建立起来的连续函数概念成为拓扑学中连续映射的原型,而数学分析的严密基础直到 19 世纪末才由维尔斯特拉斯(K. Weierstrass)等建立起来. 拓扑学中一些基本概念,如邻域、连续性、紧性、开与闭集等都可以在数学分析中找到它们的来源.

拓扑不变性质的发现 在几何性质中,简单的度量性质,如长度、面积、体积等,在研究拓扑学中是有意忽略掉的. 也就是,研究球面 S^2 的拓扑学时,并不在乎它是篮球表面还是乒乓球表面. 不仅如此,一些半度量性质如对称性质、凸性等在拓扑学中也多不考虑. 还有一些几何性质,如关联性质,是射影几何学的研究对象. 拓扑学只考虑图形在连续变形(即允许伸缩和扭曲但不准割断及粘接)下不变的几何性质.

首先把拓扑学界定为研究这类性质的学科的是莱布尼茨(Leibniz). 1679 年他用位置几何(geometric situs)来称呼它,但他并没有具体的结果. 第一个实质性的反映拓扑性质的拓扑不变量是凸多面体的欧拉示性数,也就是任何凸多面体,顶点数 − 棱数 + 面数 = 2,这个公式称为欧拉公式. 实际上,在 1752 年欧拉发表这个公式的证明之前,笛卡儿(Descartes)在 1620 年也知道这个公式,莱布尼茨也有一份笛卡儿手稿的抄件,但到 1860 年才为数学史家知道. 有些数学史家认为,阿基米德(Archimedes)也可能知道这个公式,因为归根结底,古希腊对多面体有相当研究. 不过,所有这些研究并没有涉及其拓扑不变性. 因此,直到 19 世纪末,这个公式都在多面体的几何学框架中加以讨论. 从历史观点看问题,此过程中,在认识上也曾取得许多进步:19 世纪初把欧拉公式推广到非凸多面体;更重要的是,其后不久推广到有孔的多面体;1863 年莫比乌斯(A. L. Möbius,1790—1868) 推广到任意可定向曲面;19 世纪 50 年代起,推广到任意高维多面体 —— 多胞形(polytope).

总之,虽然找到了拓扑不变量,并且还有许多数学家通过它对多面体进行分类,但终究没有找到拓扑学合适的对象及问题.

图论·纽结及环结理论 1736 年欧拉解决哥尼斯堡七桥问题,被称为图论的开始,这类一笔画问题以及地图最小着色数(平面及球面上 4 色足够,而在环面上至少要 7 种不同颜色)、图是否可嵌入在平面中等问题本质上是拓扑学的问题,但现在多归入图论范畴.

另外一类一维图形的问题是纽结与环结,即一个或多个圆 S^1 在 R^3(3 维空间) 或 S^3(3 维球面) 中的嵌入(安置) 问题,这类问题在 19 世纪已有很多研究,最近更是有重大发展及应用,不过在当时同样没有"拓扑的" 意识. 可是,正是这些对象的理论成为第一部以"拓扑学" 命名的专著的主要内容. 这部著作是 1847 年出版的李斯亭(J. B. Listing,1806—1882) 的《拓扑学引论》,其后拓扑一词在数学中逐步出现.

曲面的拓扑学 真正把拓扑意识带给数学的是黎曼. 黎曼几乎可以代替庞加莱成为拓扑学的奠基人. 他已经有比较明确的拓扑对象(可定向曲面)、重要的问题(分类这些曲面),以及处理问题的方法(横截方法),而且圆满解决这个问题,对于复分析和代数函数论(代数几何的前身) 起着划时代的作用. 只不过,他画龙没有点睛,着眼于分析(无疑这是分析一大成就) 而没有推陈出新,扩大战果,建立一般的流形的拓扑学. 因此黎曼的隐藏在分析背后的拓扑学即使建成一个曲面的拓扑学也还需要许多数学家半个多世纪的补充工作,其中包括下述几方面.

(1)19 世纪 60 年代,得出表示曲面的正则形式,并运用它解决可定向曲面的分类问题.

(2)1858 年莫比乌斯等人独立发现不可定向曲面 —— 莫比乌斯带,1874 年克莱因引入克莱因瓶,它是不可定向的闭曲面,可以看成两条莫比乌斯带沿边粘在一起而成. 大约同时,引入另一个不可定向闭曲面 —— 射影平面.

(3)1877 年前后,克里福德(W. K. Clifford,1845—1879) 和克莱因独立地得出曲面的环柄理论,即任何闭曲面可以通过球面上安装若干环柄和若干个交叉帽(莫比乌斯带) 构成.

(4) 证明闭曲面的分类定理. 严密的拓扑证明经历半个多世纪到 20 世纪初

才完成.

紧曲面的拓扑学为以后的拓扑学树立了一个典范.我们知道全组的不变量:可定向性,欧拉示性数 χ,如果有边缘的话,还要加上边缘的数目,而且通过全组不变量得到它们的完全分类.

二、拓扑学的建立与早期发展

1895 年,当时最伟大的数学家庞加莱发表他的主要论文《位置分析》,共 120 页,这篇大论文连同其后发表的五篇补充(1899,1900,1902,1902,1904)共同构成组合拓扑学的主要骨架,从而宣告这门新学科的诞生.

庞加莱的工作 庞加莱作为有史以来最有影响的大数学家之一,开创了许多新领域.每一个新领域,他都相当完整地建立一个体系,以致几十年后还是一个典范.他的思想是如此卓绝且超越时代,以致其后的进展不仅仅遵循他所指出的通路,而且许多他没能克服的困难一直留到今天.他建立的微分方程定性理论、动力系统理论,以及分形和混沌等概念,近年来又成为大热门,而像极限环理论,经过 100 多年的反反复复,并没有推进太多.

庞加莱的拓扑学工作源于他定性理论以及天体力学等的工作,其核心思想是,在许多情况下,我们不可能求出精确解,这时我们可以通过定性的或较为粗糙的方法抓住解的本质特征,而拓扑学实际上就是反映诸如流形的这类最基本、最普通的特征的.庞加莱对拓扑学的贡献概括如下:

(1) 以一般流形以及把它们三角剖分之后构成的复合形为拓扑学的研究对象.

(2) 对 n 维流形建立一般的欧拉公式,从而把欧拉示性数 χ 推广到一般情形.

(3) 一般维的流形拓扑分类当然极为困难,远不是像曲面那样,由 χ 及可定向性就可以概括.为此庞加莱引进新的拓扑不变量,其中最主要的是同调和基本群.

同调不变量主要是贝蒂数和挠系数.对于 n 维流形,对于任意 q,$1 \leqslant q \leqslant n-1$,定义 q 维贝蒂数 b_q.1900 年,他首先引进挠系数,庞加莱还通过“关联矩阵”给出它们的计算方法.

在 1895 年的论文中,他首次引进非数值的不变量 —— 基本群 π_1,π_1 在拓扑学乃至许多数学领域有着根本的重要性.

(4) 对定向闭 n 维流形证明一般性定理 —— 庞加莱对偶定理:$b_k = b_{n-k}$,$1 \leqslant k \leqslant n-1$,它可以说是流形论的基本定理.

这样庞加莱建立了组合拓扑学的基础.当然,要使它成为一门充满生命力的学科，它必须有一系列问题，其中有些也是庞加莱给我们留下的.

流形的拓扑分类问题 庞加莱首先考虑的虽然是仿照曲面的拓扑分类来分类 3 维流形. 庞加莱已经知道，有相同贝蒂数的 3 维流形有无穷多互相不同胚，同样有相同同调的也不止一种. 这样庞加莱猜想，同调加上基本群也许是不变量完全组. 庞加莱生前既没能证明也没能否证. 1919 年美国数学家亚历山大(J. Alexander，1888—1971) 举出反例，他举出两个棱镜空间同调及 π_1 对应相等，但不同胚. 这宣告 3 维流形问题极端困难. 时至今日，甚至更基本的问题庞加莱猜想 ——3 维单连通($\pi_1=0$) 的闭流形必同胚于 S^3 也尚未得到证明或反证. 拓扑学发展转向更一般问题.

基础问题 正如数学许多分支一样，庞加莱的拓扑学许多基础问题，并没有严密的证明，例如，贝蒂数、挠系数、基本群的拓扑不变性，到 1915 年亚历山大才证明同调的拓扑不变性. 又如，拓扑不变性与组合不变性. 庞加莱所使用的是三角部分组合方法，他自然提出：流形上是否都存在三角剖分，以及主猜想(Hauptvermutung)，即两个剖分是否存在同构的子剖分. 这个问题也是经过六七十年才解决. 它反映在结构层系(hierarchy) 中第一个分层.

改进与推广 庞加莱之后，拓扑学走上一条一般化、抽象化、严密化的道路，逐步成为一个成熟的理论，但是，技术的进步和具体的结果并不太多.

(1) 一般拓扑学对象的确立. 流形的概念从黎曼时期起已初步提出，但是内在的定义是 20 世纪初由希尔伯特到外尔逐步建立起来的，1936 年美国数学家惠特尼(Hassler Whitney，1907—1989) 正式确立微分流形的定义. 组合流形或多面体以及由此产生的复合形的概念由庞加莱引入，逐步成为建立同调及同伦的工具. 1914 年豪斯道夫出版《集论大纲》，正式建立拓扑空间概念，它是拓扑学主要的对象，一般拓扑学正式诞生. 经过 20 多年的发展，一般拓扑学已经成为各个数学部门的基础，而且它的大规模的推广已经使它远离黎曼、庞加莱所确定的几何拓扑的以流形为主要研究对象的路线，形成一个更为抽象、更接近逻辑与基础的分支. 介乎其间的是点集拓扑学或分析拓扑学，它研究一些奇异点集，例如康托集的拓扑结构，在 20 世纪初发展起来的概念及工具，到近 20 年又成了当前分形分维及混沌理论的基础. 更进一步则是一般的几何拓扑学，它们处理由组合方法或代数方法不好处理的一些对象，例如野球面(wild sphere)，其中由亚历山大在 1924 年发现的角球(面)，它的内部不再是一个球体. 这部分在近 20 多年中对低维拓扑学的突破也有很大的推动作用. 在本文中我们主要讨论以流形和复合形为主要对象的代数拓扑学.

(2) 组合拓扑学一些基本定理的证明. 庞加莱创立的组合方法的有效性不容置疑，但是组合与拓扑之间还有一条鸿沟，组合方法的合法性有待证明. 建立这个基础的是荷兰数学家布劳威尔(L. E. J. Brouwer，1881—1966)，在 1909 年到 1913 年短短五年间，他创立单形逼近方法来证明拓扑不变性，其中特别证明维数的拓扑不变性，区域的拓扑不变性，并严格证明若尔丹(C. Jordan) 定理及其推广.

布劳威尔首先把前人所忽视的拓扑学的另一翼 —— 拓扑映射理论创建起来，他证明了连续映射的不动点定理，建立了映射的拓扑度理论(1910)，由此产生的两个分支不仅在理论上是巨大突破，而且在应用上至关重要，例如，1967 年创立的不动点的算法是数理经济学一大进展. 1926 年莱夫谢茨得出著名的莱夫谢茨不动点公式.

影响拓扑学发展的另一个理论是庞加莱在 1881 年引进的向量场的指标概念及公式，1911 年布劳威尔将其推广到 S^n 上，1925 年霍普夫将其推广到任意紧流形之上.

(3) 同调论，由组合拓扑学到代数拓扑学. 庞加莱之后 40 年间，拓扑学家的工具袋中主要还是他所创立的同调和基本群，只不过使之更为锋利，推广并应用到各方面，而且最终也没有定型. 这里我们不去追溯这段错综复杂的历史，而只是强调 20 世纪 20 年代中期一个显著的进步，这就是同调群概念的产生. 当时由于抽象代数学的发展，特别是受到抽象代数学之母 —— 诺特的思想启发，霍普夫等人把贝蒂数和挠系数纳入阿贝尔群当中，这样数值不变量作为代数不变量的一部分显示出来，而且抽象代数结构包含更多的信息，从而导致拓扑学由组合拓扑学到代数拓扑学的转变. 正是由于这个思想观念上的转变，才使得下一时期一大批新的拓扑工具的创造，从而促进拓扑学带动数学取得巨大突破.

然而，就是利用这些原始的工具，也得到一些引人注目的结果：20 世纪 20 年代亚历山大关于纽结及环结的分类，1925 ～ 1935 年外尔和嘉当关于整体李群的拓扑，特别是典型群贝蒂数的计算等.

两部拓扑学的经典著作总结拓扑学草创时期的成就：一部是沙爱福(H. Seifert，1907—　) 和施雷福尔(W. Threlfall，1888—1949) 的《拓扑学教程》(1934)，中国拓扑学的先驱之一江泽涵 1949 年把它译成中文出版，这本书的意义还由以下事情看出：它不仅译成俄文及西班牙文，还在 1980 年译成英文出版. 另一部是亚历山大罗夫(P. S. Alexandroff，1896—1982) 和霍普夫合著的《拓扑学 Ⅰ》(1935)，由于当时的政局和拓扑学的发展，打算写的 Ⅱ 卷从未问世.

作为这个时期的标志是 1935 年在苏联莫斯科召开的国际拓扑学大会，几乎所有拓扑学的头面人物都出席了，还有后来对整个数学影响很大的冯・诺依曼和威伊(A. Weil，1906—　). 有人用这样的标题来表示这个时代的转折点，"拓扑学走向美国"，的确，欧洲已是"山雨欲来风满楼" 了. 从波兰、荷兰、奥地利、匈牙利、法国、德国等地来的流亡者已经加入到美国的拓扑学派中去了.

在庞加莱只手创立组合拓扑学之后40年间，尽管拓扑学中还只是他创造的同调与基本群，但已显示出其威力. 利用同调，已经得到莱夫谢茨的不动点定理，亚历山大和莱夫谢茨的对偶定理，霍普夫的向量场的指际定理和霍普夫的映射不变量. 这些都是后来理论的出发点. 利用基本群，亚历山大在1928年得出分类组结的亚历山大多项式，以致其后五六十年组结理论并没有重大突破. 三维流形理论也在缓慢地进步，如德恩(M. Dehn，1878—1952)的几何造法，克内泽尔(H. Kneser. 1898—1973)的分解成索流形的定理，尤其是20世纪30年代塞弗特得出他的塞弗特纤维空间理论直到现在都是3维流形研究的基础. 对于微分流形得出同调群的德・雷姆(de Rham)表示，尽管成果不少，但拓扑学还是数学中的灰姑娘. 只有在其后30年间一系列新工具的出现，拓扑学才真正成为雍容华贵、仪态万方的数学女王.

参考资料

[1] BOLLINGER M. Geschichtliche Entwicklung des Homologiebegriffs, Archive for History of Exact Sciences, 9:94.

[2] PONT J — C. La Topologie algèbrique des origines *à* Poincarè. Paris: Presses Universitatires de France, 1974.

[3] SCHOLZ E. Geschichte des Mannig faltig-keitsbegriffs von Riemann bis Poincaré. Basel: Birkhäuser, 1980.

[4] GRAY JJ. Linear Differential Equations and Group Theory from Riemann to Poincaré. Basel: Birkhäuser, 1986.

[5] DIEUDONNÉ J. A History of Algebraic and Differential Topology, 1900—1960. Boston. Birkhäuser, 1989.

拓扑学100年(1935年以后)[①]

1935年以后的30多年中,拓扑学得到了大发展,主要表现在:一整套有效工具的建立,一系列重大结果的取得,在数学内外许多领域获得巨大的应用.

一、拓扑学的技术及工具

拓扑学的技术及工具,我们可以把它们纳入彼此有密切关联的四大范畴.

同调及上同调　1935～1950年同调论成为一个成熟的系统理论.

1.同调论的系统化

同调论的发展由多种多样逐步归于统一.从对象上,由流形、复合形、紧空间、局部紧空间逐步发展到一般拓扑空间,从绝对同调群进而研究相对同调群,系数群也不限于整数而推广到一般系数群.在充分研究同调群性质的基础上,艾伦贝格(S. Eilenberg,1913—1998)和斯蒂恩罗德(N. E. Steenrod,1910—1971)建立奇异同调论理论并在1945年得出同调群理论的公理系统,同时在计算方法上也有长足的进步.正是同调的公理系统及计算体系形成后来同调代数学这门新兴学科,在得到拓扑以外的对象如群、环、代数,以及代数几何、代数数论、

① 胡作玄,《科学》第48卷(1996年)第2期.

几何结构等领域的不变量上起着重要作用.

2. **上同调的引进**

以前主要的拓扑不变量是由贝蒂数及挠系数构成的同调群,它的作用是有限的.1935 年前后,四位数学家独立地引进同调群的对偶 —— 上同调群,上同调类有着比同调更为丰富的结构,它们具有乘法,形成上同调环及分次代数,这样立刻使拓扑不变量大大丰富起来,而且由于对于流形,上同调类的积对应某些子集的(同调类的) 交,因而比同调的用处大得多.

3. **上同调运算及霍普夫代数**

1947 年,斯蒂恩罗德在上同调分次代数上定义一系列上同调运算(平方 Sq 运算等). 这类运算连同其他运算已被公理化,成为有效的计算工具,在这些上同调运算之间又可以引进乘法,形成结合的但不可交换的分次代数,称为斯蒂恩罗德代数,这种代数存在一个反乘法,在这种反乘法之下,构成交换的结合代数. 这样斯蒂恩罗德代数就成为抽象的霍普夫代数的原型. 而霍普夫代数正是现在时髦的量子群的原型.

4. **上同调的应用**

第二次世界大战后,各种上同调就已扩充到拓扑学之外成为其他学科的有力工具. 代数数论中有伽罗瓦(Galois) 上同调,它直接与最近费马大定理的证明有关,代数几何中,格罗森迪克(A. Grothendieck,1928—) 等人定义一系列上同调,特别是 l — adic 上同调与晶型(crystalline) 上同调,多复变中有绯索(sheaf) 上同调.(注:sheaf 通译为层,并不合适. 拓扑中 stratified space 和 lamination 更有资格译为层,而且它们在地质学与流体力学中都译为层. 而 sheaf 以及法文的 faisceau,德文的 Garbe 都与层不相干.)

同伦(homotopy) 许多不熟悉拓扑学的人常常混淆同调与同伦. 大体说来. 同调是刻画拓扑空间、复形、流形等对象的拓扑不变量,而同伦则是刻画它们之间映射的不变量. 映射可以看成函数大规模的推广,因此,对映射的研究要复杂得多,系统理论也比较迟才发展起来.

同伦首先是由空间 X 到空间 Y 的两个映射 g,h 之间的一个等价关系. 粗略说来,即存在一个连续变形把 g 变成 h,因此. 所有的 X 到 Y 的映射可在同伦等价之下分成为同伦类,同伦类的集合用 $[X,Y]$ 来表示,它是 X 和 Y 的拓扑不变量. 利用同伦映射,我们可以建立 X 和 Y 的一种同伦等价关系,这样,X 和 Y 称为具有相同的伦型. 由于大部分拓扑不变量如同调群、上同调环是伦型不变量,同伦的重要性可想而知.

一般来讲，$[X,Y]$ 很难确定，而当 $X=S^n$ 时，$[X,Y]$ 具有群的结构，称为 Y 的同伦群，记作 $\Pi_n(Y)$，是 Y 的重要的拓扑不变量. 而 $\Pi_1(Y)$ 就是庞加莱引进的基本群.

1932 年捷克数学家切赫(E. Čech，1893—1960) 引进同伦群 $\Pi_n(Y)$，$n\geqslant 2$，由于这些群都是交换群，而 $\Pi_1(Y)$ 一般不一定是交换群，因而遭到当时一些数学权威的批评，认为这些群没有什么新东西. 1935 年，波兰数学家胡雷维茨(W. Hurewicz，1904—1956) 再次引进一般的同伦群，并指出它包含更多的信息，同伦论才正式建立.

但是，同伦群的计算是一件极为困难的事，而 20 世纪 50 年代到 60 年代拓扑学的进展很大程度上由于同伦群计算取得突破，在这方面法国数学家贡献很大. 塞尔(J. P. Serre，1926—)1950 年利用勒雷(J. Leray，1906—1998) 在 1945 年创造的谱序列以及其他工具，大体上搞清楚球面 S_n 的同伦群状况，特别是 $m>n$ 时，$\Pi_m(S^n)$ 为有限群，除了 n 为偶数时，$\Pi_{2n-1}(S^n)$ 是无限群. 但是具体定出 $\Pi_m(S^n)$ 仍然不简单. 另一项大进展是对紧典型李群(酉群、辛群、正交群) 的同伦群的计算，这些都促进 K 论的发展.

纤维丛和示性类 纤维丛的概念也是在 1935 年左右成熟的，它包含许多结构，大体说，有一个底空间，如球面 S^n，其上每个点上有一个纤维，这样把每点上的纤维都组织在一起就形成一个纤维丛. 这个组织是通过结构群(通常是李群) 完成的. 特别是当纤维就是李群时，它成为主纤维丛，在规范场论中至关重要.

纤维丛的分类问题与结构群 G 大有关系，对于每个群 G，存在分类空间 BG，而 BG 的上同调环 $H^*(BG)$ 包含着所有以 G 为结构群的丛的信息，它在丛映射下的象称为丛的示性类. 示性类最典型的有施蒂费尔(E. Stiefel，1909—1978)－惠特尼示性类，庞特里亚金(L. Pontrjagin，1908—1988) 示性类和陈省身示性类，它们在代数拓扑、微分拓扑、微分几何学、代数几何学、复分析、大范围分析中起着关键作用.

1949 年吴文俊得出表示施蒂费尔－惠特尼示性类的吴文俊公式，从而推出它的拓扑不变性，这是示性类理论的一大贡献. 吴文俊还证明模 3、模 4 庞特里亚金示性类的拓扑不变性. 但是一般庞特里亚金示性类只是微分结构不变量而不是拓扑不变量. 1958 年托姆(R. Thom，1923—2002) 证明有理庞特里亚金示性类是组合(PL) 不变量，1965 年诺维科夫(S. P. Novikov，1938—) 证明有理庞特里亚金示性类是拓扑不变量. 而模 P(P 为素数) 庞特里亚金示性类是拓扑不变量的充分必要条件到 1995 年才得出.

塞尔把纤维丛进一步推广成纤维空间或纤维化理论，利用它在计算伦型及上同调群上起很大作用.

广义上同调　1944年得出的同调及上同调论七条公理,可以证明,由这七条公理决定的同调论是唯一的.当最后一条公理——维数公理不满足时,可以出现一系列的广义同调或上同调理论,其中包括1959年的复配边理论以及1958年建立的K理论.

K理论包含极丰富的信息,在1962年解决球面上独立向量场个数之类的问题上显示巨大威力.现在它早已冲出拓扑学的范围,在代数数论、代数几何、泛函分析、群论、李群论等方面有大量应用,以致近20年来,《数学评论》在50～60大类中唯一增加的大类就是K论,最近还出版专门的K论期刊.但是K论及其推广L理论对于拓扑学本身仍有不可忽视的影响.

二、丰硕的成果

由于一系列有力工具的引进,20世纪50年代起,拓扑学本身取得一系列重大突破.

流形的刻画与分类　从庞加莱的时代起,3维、4维流形的拓扑学进展缓慢,可是自20世纪50年代起,5维及5维以上流形的拓扑学却取得突破,首先是1954年托姆配边理论的建立,实际上对于微分流形进行一个粗分类.两个流形称为配边,如果它们共同构成一个有边缘流形的边缘.这样,闭微分流形在配边等价之下形成的等价类构成分次代数.通过托姆复形同伦群的计算以及示性类理论,它的结构可以完全定出来,其后又发展出定向配边理论－复配边理论、自旋配边理论,都得到完整的结果.辛配边理论则仍困难很大.配边理论不仅本身意义巨大,而且立即造成数学的两大突破:一个是1955年希策布鲁赫(F. Hirzebruch,1927—　)证明一般代数簇的基本定理——黎曼－洛赫定理,当时代数曲面的黎曼－洛赫定理刚刚证明,而他则一下子推进到任意维,不仅如此,还直接引导到1963年的阿蒂亚(M. F. Atiyah,1929—　)及辛格(I. M. Singer,1924—　)的指标定理.另一个是1956年米尔诺(J. Milnor,1931—　)证明7维球面上存在不同的微分结构.

庞加莱遗留下来的两大猜想——庞加莱猜想与主猜想再一次绕过3维和4维在20世纪60年代取得突破.5维及5维以上的广义庞加莱猜想是指n维的单连通闭流形,与球面的对应同伦群相同,则与球面同胚.1960年斯梅尔(S. Smale,1930—　)对于微分流形证明广义庞加莱猜想,其后其他人又对PL(分段线性)流形及拓扑流形加以证明.对于5维及5维以上的拓扑流形,主猜想不一定成立,也就是可能不存在三角剖分使之成为PL流形,而且要存在三角剖分,也不一定等价.

流形上的不同结构　对于1维、2维流形,也就是曲线及曲面,每个拓扑流形都可以三角剖分，而且 PL 结构是唯一的，它也可以光滑化，具有唯一的微分结构. 对于3维、4维，遇到一些困难，而在5维及5维以上，三者的关系一下子复杂起来.

5维以上拓扑流形M可以不存在PL结构，其障碍属于其上同调群$H^4(M, Z_2)$，如果$H^4(M,Z_2)=0$，或者障碍类$=0$，就存在PL结构. PL结构可以不唯一，不同的PL类与$H^3(M,Z_2)$一一对应.

由于微分流形一定存在三角剖分，而且是唯一的，所以，5维以上拓扑流形具有微分结构，起码要可剖分. 但是，可剖分的流形是否存在微分结构呢？1958年已举出10维可剖分流形不具有任何微分结构.

1956年米尔诺发现拓扑流形可以具有多种不同的微分结构而轰动数学界，下面一步就是决定有多少种. 米尔诺等人1959年起证明拓扑球面S^n上微分结构构成一个群Γ^n，他还定出这些群的结构，其中$\gamma_1=\gamma_2=\gamma_3=\gamma_5=\gamma_6=0$，$\gamma_7=Z_{28}$，$\gamma_8=Z_2$，…，11维的球面上有多达992种不同的微分结构，不过它们都是有限交换群，且1965年还能定出其中一些“怪球”的代数方程.

嵌入与浸入问题 流形都是内在定义的，当然我们希望能具体表示它们，以便更好地认识其性质，这就首先要把它们安装到欧几里得空间中去. 安装是一对一时，称为嵌入，有自交点时称为浸入. 惠特尼在1936年证明，微分流形M^n可浸入到$2n$维欧氏空间R^{2n}中，也可嵌入到R^{2n+1}中. 1944年他把这个数字各降1. 50，20世纪60年代吴文俊等人建立示嵌类理论，通过诸如示性类、K论、同伦论逐步把结果改进. 到1980年，对于流形的浸入结果达到最佳，即任何n维流形都可浸入在$R^{2n-\alpha(n)+1}$中，其中$\alpha(n)$为n的二进位展开中1的数目. 这个数目不能再改进了，因为存在流形不能浸入在$R^{2n-\alpha(n)}$中. 当然对于具体的流形仍有改进余地.

正如前面提到的，这个时期拓扑学的成就并不局限于拓扑学本身，而是对几乎所有学科产生莫大影响：同调、上同调、同伦（甚至上同伦）出现在许多分支中，特别是微分几何学、代数几何学、代数数论、泛函分析、微分方程、多复变函数论等领域. 在拓扑学的带动下，出现同调代数学、K论以及大范围分析乃至范畴及函子理论等新学科. 拓扑学真正成为数学的女王.

1970年，拓扑学似乎达到它辉煌的顶点. 在它成为许多数学领域的新基础，在应用方面取得一个又一个成就时，拓扑学本身却表现出趋于平稳. 当时常听到的一句话是“拓扑学家都在改行”. 而实际上，这只是一个转型的过程. 几年之后，拓扑学又孕育着新的突破，而这次突破又在很大程度上是同几何、分析、代数乃至理论物理相互作用的结果. 除了整个数学更加统一、更加繁荣之外，拓扑学本身最主要的突破是逐步把庞加莱遗留下来的低维（3，4维以及部分2维未解决问题）拓扑的鸿沟填平.

三、3 维流形的拓扑学

由于我们所在的空间是 3 维的，更正确说是 3 维流形，因此 3 维流形的拓扑分类是极为重要的问题，特别对广义相对论和宇宙学尤其如此. 从庞加莱时代起，数学家自然想把 2 维流形的结果推广到 3 维，经过 100 多年的努力，仍然未能如愿. 庞加莱的伟大猜想：任何闭的，连通的、单连通的 3 维流形一定同胚于 3 维球面 S^3，仍然没有得到证明也没有得到否定，尽管相应的高维庞加莱猜想都完全解决. 3 维问题比起 2 维以及高维问题困难，其关键是 3 维的问题复杂而多样，可是拓扑学家的工具库中的可用工具却少得可怜. 3 维空间或流形中，一个或几个圆圈，可以变成极为复杂的纽结(knot) 或环结(link)，如果不剪开的话，你是无法把它解开成为一个圆圈的. 分类纽结的问题虽然已研究了 150 多年，而且与物理问题有关，可是它的无限的复杂性仍然难以驾驭. 另一方面，3 维流形已知的拓扑不变量如同调和基本群不但没有增加，反而有许多限制，对于一个闭 3 维流形，由于庞加莱的对偶定理，新增加的 2 维同调 H_2 与一维(上)同调 H^1 完全一样，欧拉－庞加莱示性数 χ 都等于 0. 因此，找出新的不变量是至关重要的. 近 20 年的突破正是在这方面打开了缺口.

纽结及环结理论　纽结理论从亚历山大造出他的多项式以后，50 多年进展不大，直到 1984 年琼斯(V. Jones) 造出他那著名的琼斯多项式，一两年内又推广到 HOMFLY 多项式和考夫曼(L. Kauffman) 多项式以及其他多项式. 1988 年瓦西列夫(V. A. Vassiliev) 定义远为一般的不变量包括所有这些不变量为其特例. 更重要的是，琼斯多项式等不变量通过规范场理论而与许多数学和物理领域联系在一起.

1988 年，戈登(C. Gordon) 等人证明纽结论中一个重要猜想，纽结 K 由它在 S^3 中的补集 S^3-K 的拓扑完全决定.

3 维流形的几何分类　瑟斯顿(W. Thurston) 从 1976 年起设计一个伟大的 3 维流形分类方案，由于拓扑不变量的短缺，人们不得不求助于流形上的“高级”结构，然后利用这些结构不变量来作为分类 3 维流形的基础.

瑟斯顿的做法是：首先把 3 维流形分解为素流形，这种分解已知是存在的. 1962 年，米尔诺又证明对于定向流形它是唯一的. 其次瑟斯顿证明每个素流形都容许局部齐性的几何. 这些局部齐性的几何十分类似于曲面上容许的欧氏几何和两种非欧几何一样. 3 维流形容许的局部齐性的几何比 2 维的 3 种要多 5 种，共有 8 种. 然后，瑟斯顿对于 3 维流形证明，如一个闭流形允许一种这种几何结构，则其上的几何结构是唯一的. 因此，只要 3 维流形容许局部齐性的几何结构，那么分类问题原则上可以解决.

但是,3 维流形与 2 维流形在这点上又大相径庭,许多 3 维闭流形不像 2 维流形,上面没有这种“好”的几何结构. 因此,为了使这类流形也能贯彻分类纲领,瑟斯顿提出一个几何化猜想:任何紧的、可定向的 3 维流形可以分解成一些块,其中每一块都容许几何结构. 特别是,由这个猜想可推出庞加莱猜想. 这个 3 维流形的基本猜想对于大多数流形已得到证实,不过至今还没有完全得到证明.

不管如何,这个分类框架还是搭起来了. 在 8 个几何结构中,对 7 个已有很充分的了解,也就是具有其中之一的几何结构的 3 维流形,可以得到完全的分类. 不过对于具有双曲结构的流形,仍有一定的困难.

寻找新的拓扑不变量 由于 S^3 在三维流形中的特殊地位,解决庞加莱猜想的基础还是需要引进更精致的拓扑不变量.

1985 年前,对于庞加莱同调球,主要不变量是罗林(V. A. Rohlin) 不变量,1985 年卡森(A. Casson) 引入卡森不变量,1989 年,沃克(K. Walker) 把卡森不变量推广到有理同调球上. 1990 年,弗洛尔(A. Floer,1956—1991) 用瞬子引入弗洛尔不变量:8 个同调群. 20 世纪 90 年代发现所有这些不变量都可以纳入威滕用拓扑量子场论引入的 3 维流形的威滕不变量的框架. 实际上它可看成是琼斯不变量的推广,而且它可以通过表示论、代数、共形场论、统计力学等完全不同的方法引入. 这些复杂的不变量有望使 3 维拓扑学取得更大的突破.

另外,1984 年史密斯(P. A. Smith,1900—1980) 猜想得到证明.

四、4 维流形的拓扑

4 维流形的问题与 3 维流形的情形完全不一样. 100 多年来,3 维流形的研究一直没有间断,但是 4 维流形从一开始就是空白. 只有复代数曲面及复解析曲面进行过非常深入的研究,但那是在代数几何或复几何的领域中进行. 因此,当笔者在 20 世纪 80 年代初问一位华裔拓扑学家,为什么不能从代数曲面出发来突破 4 维拓扑学的禁区时,他好像不屑一顾. 当然,他有充分的理由,因为拓扑的结构是基础,它上面未必有好的代数结构,甚至复结构也不一定有(S^4 就是如此). 不过,很快 4 维流形拓扑学就以惊人的方式取得了突破,而且代数曲面论也起了很大的作用.

4 维拓扑流形 1981 年费里德曼(R. Freedman. 1951—) 证明 4 维拓扑流形的庞加莱猜想,并且对单连通的 4 维闭流形进行完全分类.

4 维微分流形 唐纳森(S. K. Donaldson. 1957—)1983 年以令人吃惊的方式由规范场理论定义了唐纳森不变量,这是一个微分结构的不变量. 用它推出许多奇特的结果.

在 4 维欧氏空间上存在着不可数的奇怪的微分结构，而其他维数只有唯一的微分结构.

在许多 4 维流形上存在奇怪的微分结构，例如 4 维射影空间. 其中最复杂的是 $k=1$ 的代数曲面，椭圆曲面的微分同胚分类最近大体完成.

100 年前，有史以来最伟大的数学家之一庞加莱创立了拓扑学，近 50 年，拓扑学进入无比辉煌的时期. 然而，至今我们还能感觉到庞加莱的遗产我们还没有享用完. 近十几年，还一直开发庞加莱引进的基本群，基本群给拓扑学、函数论、代数几何、微分几何、微分方程理论带来了丰硕成果. 时至今日，3 维庞加莱猜想仍是拓扑学的头号未解决问题，拓扑学仍然大有可为.

参考资料

[1] DIEUDONNE J. A History of Algebraic and Differential Topology, 1900 ～1960[M]. Boston：Birkhäuser，1989.

[2] SCOTT P. The geometry of 3-manifolds. Bull London Matt[J]，Soc. 1983，15(5)：401 ～ 487.

[3] MORGAN J W，BASS H(*eds*). The Smith Conjecture. New York：Academic Press，1984.

[4] KIRBY R C. The topology of 4-manifolds. Berlin：Springer，1989.

[5] DONALDSON S K，KRONHEIMER P B，The Geomietry of Four-mam-folds. Oxford：Clarendon Pres，1990.

[6] FRIEDMAN R，MORGAN J W. Smooth Four-Manifolds and Complex Surfaces. Berlin：Springer，1994.

菲尔兹奖与20世纪数学(一)[①]

了解20世纪科学的重大成就，诺贝尔奖是一个极佳的窗口.但诺贝尔奖没有数学奖项，因此菲尔兹(Fields)奖常被作为诺贝尔奖的代用品.虽然它有一定的局限性，例如只奖给不超过40岁的年轻数学家，主要是奖给他们的近期工作，但从整体上还是反映出20世纪数学的一些重要成果，不失为研究20世纪数学史的重要依据.

首届菲尔兹奖于1936年颁发，1950年起在四年一次的国际数学家大会上颁发，每次获奖者有两位到四位不等.到1998年8月召开的第23届国际数学家大会为止，共有42位获奖者，他们大都是当代数学的领袖人物.这些获奖者往往都创立了有力的方法，解决了数学上的重大问题和猜想，开创了数学发展的新方向.他们获奖后仍有许多值得称道的工作，代表了数学发展的主流.

19世纪末，代数、分析和几何是数学的三大分支.而到20世纪，数学已经发展成极其庞大的领域，一系列新的分支应运而生.其中抽象代数和拓扑学是20世纪的主导学科，它们的联合不仅促进了如泛函分析等新学科的产生发展，同时也推动了老学科的进步或根本改造，如代数数论、代数几何、李群理论.本节只介绍与分析有关的菲尔兹奖得主及其相关工作.

① 胡作玄，《科学》第53卷(2001年)第5期.

一、分析:从经典到现代

分析数学从微积分开始,经过300年的发展,一直在数学中占有重要地位.有一半的书和论文涉及分析的各个分支,包括实分析、复分析、泛函分析,以及微分方程、变分法等以及20世纪后半叶的热门学科,如动力系统、大范围分析、非线性分析、几何分析等.本文介绍的11位获奖者的工作主要与分析有关,他们的研究领域可概括如下.

分析中最显赫的领域是偏微分方程:1962年获奖者赫尔曼德尔(L. Hörmander)系统地建立了线性偏微分方程理论;1950年获奖者施瓦兹(L. Schwartz)系统发展的广义函数论则是研究偏微分方程必不可少的工具;1978年的获奖者费弗曼(C. Fefferman)也对偏微分方程理论有所贡献.

非线性方程的求解问题被公认为是数学中极难的问题,许多获奖者都在这方面有所突破:1936年获奖者道格拉斯(J. Douglas)获极小曲面问题的解;1974年获奖者邦别里(E. Bombieri)则在高维极小曲面问题上取得突破;1982年获奖者丘成桐求解一系列非线性方程(如蒙日—安培方程)而得出几何和物理的重要结果;1994年获奖者利翁斯(P. L. Lions)则是求解玻尔兹曼方程.

动力系统是当代分析的热门,许多拓扑学家如斯梅尔(S. Smale)、米尔诺(J. Milnor)、瑟斯顿(W. Thurston)都对这一领域做出贡献.本文介绍的还有1994年的获奖者约科兹(J. C. Yoccoz)和1998年获奖者麦克马伦(C. T. McMullen).主要在泛函分析领域做出贡献的,除施瓦兹外,1982年获奖者孔涅(A. Connes)在算子代数上取得突破,1998年获奖者高尔斯(W. T. Gowers)则解决巴拿赫空间理论的一系列经典问题.1936年获奖者阿尔福斯(L. V. Ahlfors)是单复变方面的专家.值得注意的是,许多获奖者的工作涉及多复变,其中有塞尔(J. P. Serre)、赫尔曼德尔、邦别里、费弗曼、丘成桐,以及许多代数几何学家.

二、二战前两位获奖者及其工作

1936年获首届菲尔兹奖的有两位数学家.道格拉斯1897年7月3日生于纽约.1920年在哥伦比亚大学获博士学位后留校任教,1926～1930年访问了国内外许多数学中心,期间取得普拉托问题的完全解,于1931年发表.他1930～1936年在麻省理工学院任教,1938～1941年在普林斯顿高等研究院任研究员,1942～1954年任教于纽约布鲁克林学院和哥伦比亚大学,1955年在纽约市立学院任教,1965年10月7日去世.

菲尔兹及菲尔兹奖的设立

菲尔兹

菲尔兹(J. C. Fields),1863年5月14日出生于加拿大安大略省,1884年获多伦多数学学士学位,后在霍普金斯大学获博士学位.1889年任阿勒格尼大学数学教授,1892年起游学欧洲.1902年,被任命为多伦多大学讲师,1923年晋升为研究教授.菲尔兹一生得到过几项重要的荣誉,1907年成为加拿大皇家学会会员,1913年成为伦敦皇家学会会员.

1924年在加拿大召开的国际数学家大会上,菲尔兹荣膺大会主席,他同时提出要捐赠一笔基金,与当年大会的结余资金一起,建立一个国际性的数学大奖,主要表彰在纯粹数学方面做出贡献的人.

菲尔兹设想,捐赠的基金由加拿大政府或政府正式委派的人员进行管理和投资,奖项于每四年一届的国际数学家大会上颁发.这一倡议在1932年苏黎世召开的国际数学家大会上通过,并于1936年首次在奥斯陆实施.当时并没有年龄不得超过40岁的限制.菲尔兹认为这个奖项不应属于任何人,即意味着不以任何人的名字命名.菲尔兹于1932年8月9日在多伦多逝世,为了纪念他的杰出贡献,这个奖项最终还是被命名为菲尔兹奖.

1936年之后,这一活动因二战而中断,直到1950年才恢复.1966年的莫斯科大会上,由于数学的各分支领域的发展呈现日益多样性的趋势,而且大会每四年才举行一次,因此获奖者名额从两位增加到最多四位.奖项的评选注重两个方面,一是数学家已经完成的工作,二是他的工作对这一学科未来发展的潜在贡献.菲尔兹奖奖章的正面为阿基米德的头像,背面是一句铭文:The mathematicians having congregated from the whole world awarded(this medal) because of outstanding writings.意即,全世界的数学家都将因他们的卓越贡献而获此殊荣.

由于诺贝尔奖中没有设立数学奖,因此菲尔兹奖实际上可以反映数学界的最高成就.从1936年的奥斯陆大会到1998年的柏林大会,共有42位数学家获此殊荣.证明了费马大定理的怀尔斯(A. Wiles)因为已年届45岁,委员会授予他菲尔兹特别贡献奖.

道格拉斯的主要工作是解决普拉托问题,这问题是指在 R^3 中给定可求长约当闭曲线 Γ,总存在以 Γ 为边界的极小曲面,这是证明非线性偏微分方程的存在性问题,极为困难.1941年他解决了3维变分问题的逆问题,1943年获得美国数学会的波谢(Bôcher)奖.

同时获奖的另一位是美籍芬兰数学家阿尔福斯,他被公认为20世纪最伟大的分析大师之一.他1907年4月18日出生于芬兰赫尔辛基.1928年毕业于赫尔辛基大学,1930年通过博士论文答辩,但拖到1932年才被授予学位.这一期间,他有幸到欧洲各地游学,后于1933～1935年任赫尔辛基大学副教授,1935～1938年任哈佛大学副教授,1938年回国任赫尔辛基大学教授.1944～1946年任瑞士苏黎世大学教授,1946年移居美国任哈佛大学教授,1977年退休.1996年10月11日在坎布里奇去世.

阿尔福斯　因解决当茹瓦猜想,建立覆盖面理论等成就获奖

阿尔福斯的主要工作领域是单复变,他对值分布理论、黎曼曲面、极值长度、拟共形映射和克莱因群等领域都做出重大贡献.他早期的值分布理论是当时单复变领域登峰造极之作,而他从1950年左右开始研究的泰希米勒(Teichmüller)空间理论则开辟了一个全新的方向,与3维拓扑学的结合更成为当前数学的一大热点.他不仅是菲尔兹奖的第一个获奖者,也是两项国际数学大奖——菲尔兹奖和沃尔夫(Wolf)奖的首位同时获得者.

三、二战后走向现代的分析

1936年的两位获奖者可以说是因古典分析而获奖.但1950年起,获奖者的工作都在不同程度上受到现代数学,即以抽象代数和拓扑学为核心的结构数学的冲击.分析领域也不例外.

1950年的获奖者是法国数学家施瓦兹,现代分析的代表人物,1915年3月5日生于巴黎,1934～1937年就学于巴黎高等师范专科学校,1943年获得博士学位,1944～1945年在格林洛布尔任助教,1945～1952年在南锡大学任教,1953～1969年在巴黎大学任教授,1959～1980年兼巴黎综合工科学校任教授,1980～1983年任巴黎第七大学教授,1983年退休.

施瓦兹的主要贡献在于系统地建立了广义函数论.简言之,广义函数是把好的函数的性质设法推广到病态函数上去.这种函数在数学中很多,如处处连续处处不可微的函数.到20世纪20年代,量子力学中的狄拉克δ函数也是这种函数.所谓δ函数,即在0处取值∞,在其他处取值为0,而由$-\infty$到∞的积分等于1.如何把这类函数统一地处理,甚至定义它们的导数等,就是广义函数论的课题.施瓦兹建立的广义函数论已经成为现代数学必不可少的工具.施瓦兹后来的工作主要是在泛函分析、偏微分方程特别是概率论方面的.

瑞典数学家赫尔曼德尔于1931年1月24日出生于瑞典南岸一个小渔村.1948年进入隆德大学学习,1955年获博士学位,不久赴美留学.1957～1964年任斯德哥尔摩大学教授,1964～1968年任美国普林斯顿高等研究院教授.1968年秋他回到隆德大学任教授,1996年退休.

赫尔曼德尔　因建立偏微分方程一般理论等方面的贡献获奖

与其他分析专家不同,赫尔曼德尔是系统理论的建立者.从1955年起,他先后参与建立线性偏微分算子四大理论:线性常系数偏微分方程理论;线性变系数偏微分方程理论(这个理论与常系数情形大不相同);伪微分算子理论(它与指标理论密切相关,而指标理论是拓扑与分析的密切结合,是20世纪数学最高成就之一);傅里叶算子理论,这是他一手创造的.他的四卷本《线性偏微分算子的分析》(1983～1985)被公认为这方面的总结性巨著.另外他在非线性偏微分方程理论上也有突出贡献.他的研究还扩张到多复变领域,他证明加权平方可积(L^2)空间伪凸域上齐次柯西－黎曼方程的存在性定理,引进微分算子的凸性理论,进而推广成更广义的凸性.他在散射理论和纳什－莫泽理论上也有重大成果.他是瑞典皇家科学院院士,美国国家科学院国外院士,并获得1988年沃尔夫奖.

费弗曼是一位天才数学家,1949年4月18日生于华盛顿.1966年由马里兰大学毕业,1968年获普林斯顿大学博士学位,1971年,年仅22岁的他就成为该校副教授,1974年起任正教授.1971年因调和分析的结果获萨拉姆(Salam)奖,他是美国国家科学院院士.

他发现哈代空间 H^1 与有界平均振动函数空间BMO的对偶关系.在复变函数论中最重要的函数是单位圆内的全纯函数,如果这些函数在单位圆周上是可积的,则这些函数组成一个空间,称为哈代空间.1961年,有人从另外的角度发现了BMO,而这两个空间之间出人意料的这种简单关系,则是费弗曼于1971年发现的.

费弗曼在偏微分方程方面也有巨大贡献.1973年他给出非退化线性偏微分方程局部可解性的一个充要的条件,他和他学生的工作使得这类方程的问题被完满解决.他还在多复变函数论方面有重要贡献.他在1974年证明:一个具有光滑边界的严格伪凸区域到另外一个的双全纯映射可以光滑地延拓到边界上.许多数学家尝试证明都没有成功,因为多复变的区域和单复变情况不同,两个单连通区域不一定是双全纯等价,这样单复变的方法不能应用.费弗曼独创的新方法解决了这个问题.

费弗曼　因在调和分析、多复变函数等方面成就获奖

四、偏微分方程及其在几何、物理中的应用

丘成桐是美籍华人数学家,1949 年 4 月 4 日生于广东汕头. 1966 年到中国香港中文大学数学系就读,1969 年秋到加利福尼亚大学伯克利分校师从陈省身读研究生,1971 年获博士学位,在普林斯顿高等研究院一年后,1972 ~ 1973 年任纽约州立大学助理教授,1974 年任斯坦福大学副教授,1977 年任正教授,1979 年到普林斯顿高等研究院做研究,1980 ~ 1984 年任该院教授. 1984 ~ 1987 年任加州大学伯克利分校和圣地亚哥分校教授,1988 年起任哈佛大学教授. 1993 年被选为美国国家科学院院士.

丘成桐是几何学家,但他的工作主要是应用分析方法及技巧. 他的最重要工作是 1976 年解决了卡拉比(Calabi) 猜想:设 M 是紧克勒(Kähler) 流形,ω 是其克勒形式,对于其第一陈省身示性类 $c_1(M)$ 的实闭(1,1) 形式 ρ,则存在唯一的克勒度量,使其里奇(Ricci) 形式 $=\rho$,这个猜想的证明等价于复蒙日 - 安培方程的可解性. 由此可得代数几何的重要结果,如紧平坦克勒流形的拓扑刻画,即 $c_1=c_2=0$. 1975 年丘成桐与郑绍远合作解决闵可夫斯基问题的光滑性,实际上是证明实蒙日-安培方程解的内部正则性. 1981 年,他和舍恩(R. Schoen) 证明广义相对论中的正质量猜想. 1984 年,他和乌伦贝克(K. Uhlenbeck) 证明了希钦(Hitchen) - 小林猜想:克勒流形的稳定向量丛与杨 - 米尔斯 - 埃尔米特(Yang-Mills-Hermite) 度量一一对应,这些都运用了偏微分方程强有力的估计方法. 由于这些成果,他获得 1981 年美国数学会维布伦(Veblen) 奖,1994 年瑞典克拉福德(Crafoord) 奖.

五、世纪末的传承与创新

布尔干(J. Bourgain) 是比利时数学家,1954 年 2 月 28 日生于奥斯特恩德. 1977 年在布鲁塞尔自由大学获博士学位,1979 年在同校获任教资格,1975 ~ 1981 年在比利时国家科学基金委员会支持下做研究工作,1981 ~ 1985 年在自由大学任教授. 1985 年任美国伊利诺伊大学杜布(Doob) 数学教授,同时在 1985 ~ 1995 年间兼任法国高等科学研究院(IHEs) 教授. 1994 年起任美国普林斯顿高等研究院教授,并获得该年度菲尔兹奖. 他还于 1991 年获得奥斯特洛夫斯基(Ostrowski) 奖.

布尔干的研究领域极为广阔,主要是几何分析,在复分析、调和分析及偏微分方程上有许多贡献,其主要特点是应用调和分析、复分析等硬分析的工具,解决非线性偏微分方程问题及一系列数论、几何等问题. 例如,凸体几何中布斯

曼－佩蒂(Busemann-Petty)问题:在n维欧几里得空间R^n中,两个中心对称的凸体K,K',如果对于所有的线性子空间L^{n-1},$L^{n-1}\cap K$的$n-1$维体积小于$L^{n-1}\cap K'$的$n-1$维体积,是否总有K的n维体积小于K'的n维体积?这个直观上似乎显然的问题,证明起来却很难:不难证明$n=3$时成立,但布尔干等人证明$n\geqslant 5$时不成立,这种情形很令人吃惊.$n=4$时的情形到1999年才解决.

另一个问题是R^n中一个n维球体,是否能用不大于N条等长线段逼近到$\varepsilon>0$.他在1988年证明了对不等长线段成立,对等长线段1993年先证明$n\leqslant 6$时成立,同年一举证明对所有n成立.他还证明了另一位分析大师赫尔曼德尔关于振荡积分的猜想.在偏微分方程论中,现在最强有力的武器是嵌入定理,这里显示了硬分析的高超技巧.布尔干在嵌入定理的证明中得出最好的结果.这种分析技巧在解析数论中大有用武之地.1971年,解析数论大师蒙哥马利(H. L. Montgomery)提出了一个关于指数和的密度猜想,如果猜想成立,则可推出黎曼ζ函数的密度猜想,而这个猜想也与著名的黎曼猜想有关.布尔干否定了这个猜想,显然这就增大了黎曼猜想证明的难度.布尔干还在概率论上应用他的分析武器得出重要结果.

利翁斯是法国数学家,他的父亲(J. Lions)也是世界著名数学家,曾在1990～1994年任国际数学联盟主席.小利翁斯1956年8月11日生于格林塞.1975～1979年在著名的高等师范学校学习,于1979年获得法国国家博士学位,其后在法国国家科研中心做研究工作.1981年起任巴黎大学教授,1992年起兼任巴黎综合工科学校应用数学教授.他是法国巴黎科学院的院士.

利翁斯的主攻方向是非线性偏微分方程.历史上的各种线性偏微分方程,如波动方程、热传导方程、位势方程、麦克斯韦电磁场方程、线性薛定谔方程等,已经有了有效的解决方法.但是,大量现象是非线性的,而非线性方程根本没有有效解法,一般只能用数值方法求解.近20年来,一系列非线性方程,特别是蒙日－安培方程、孤立子等方程得到了有效解决.利翁斯更为系统地解决了一批有巨大使用价值的非线性方程,其中包括令数学家、力学家视为畏途的纳维－斯托克斯方程、等离子体运动方程、半导体中杂质扩散方程、统计物理中最重要的玻尔兹曼方程,乃至飞行器进入稀疏大气层、土星光环、星系形成等有关问题的方程.不仅如此,在无穷维最优控制及随机最优控制,以及反应扩散方程、双曲守恒律方程等方面,利翁斯都取得了一系列进展.特别是对二阶非线性偏微分方程,他运用系统方法即粘性解方法证明解的存在性、唯一性、对系数连续依赖性、正则性等,使得非线性偏微分方程理论及应用大大向前迈进了一步.

约科兹1957年5月29日出生于法国,1975年以第一名的成绩同时考入赫赫有名的巴黎高等师范学校和综合工科学校,这在两校历史上是极为罕见的,他选择进入高等师范学校.1985年他获得国家博士学位,1987年成为法兰西学院教授.他还兼任南巴黎大学教授,是法国科学院院士.

约科兹是当代动力系统理论(特别是混沌理论)的主要研究者.这领域虽然花样很多,理论结果却较少.他在统一理论方面迈出了重大一步.例如,过去分开处理的二次多项式变换、有理分式变换、埃农(Henon)映射分开的极个别处理,他完全统一加以考虑,对于映射的双曲性、遍历性、概周期性等,都给出重要结果.

高尔斯是英国数学家,1963 年 11 月 20 日生于马尔波洛.1982 年进入剑桥大学攻读,其后在剑桥读研究生,在匈牙利组合数学家博洛巴什(B. Bollobás)指导下,于 1990 年获博士学位.1989 ~ 1993 年任剑桥大学三一学院研究员,1991 ~ 1995 年在伦敦大学学院任教,1995 年回到剑桥大学,在纯粹数学与数理统计系任教,同时兼任三一学院研究员.他是英国皇家学会会员.

高尔斯的重要贡献在巴拿赫空间理论.用他 1995 年获得怀特海(Whitehead)奖时的评语说:他在过去五年中使得巴拿赫空间的几何完全改变了面貌.巴拿赫空间理论是 20 世纪 20 年代由波兰数学家巴拿赫(S. Banaeh)一手创立的,数学分析中常用的许多空间都是巴拿赫空间及其推广,它们有许多重要的应用.但从那时起,遗留下许多基本问题有待解决,特别是与超平面定理和施罗德-伯恩斯坦(Schroeder-Bernstein)定理有关的问题,它们并不难懂,可以看成康托(G. Cantor)无穷集合论到无穷维空间的推广.大多数巴拿赫空间是无穷维空间,可看成通常向量空间的无穷维推广.因此,康托发现的关于无穷集合的两个定理是否对无穷维空间也成立,自然成为大家关注的问题.

第一个是无穷集一定与其一个子集同势(即一一对应或等价),相应的巴拿赫空间定理就是任何巴拿赫空间一定同它的超平面同构?而施罗德-伯恩斯坦定理是,如果 X 与 Y 的一个真子集同势,Y 与 X 的一个真子集同势,则 X 与 Y 同势,相应的定理是,如 X 是 Y 的有补子空间,Y 是 X 的有补子空间,则 X 与 Y 同构.高尔斯对这两种情形都举出反例,从而否定地解决了这些基本问题.

高尔斯证明了一系列基本定理,例如,如果所有无穷维闭子空间都同构,则它是希尔伯特空间;发现了所谓高尔斯二分法定理:任何无穷维巴拿赫空间不是包含具有无条件基的子空间,就是包含一个子空间,其上每个算子都是指标为 0 的弗雷德霍姆(Fredholm)算子.他的贡献还在于独特创新的方法——无穷的拉姆齐(Ramsey)理论.

麦克马伦是美国数学家,1958 年 5 月 21 日生于加州伯克利.1976 ~ 1980 年在威廉斯城的威廉斯学院学习,1980 ~ 1981 年赴英国剑桥大学进修,1981 年在哈佛大学读研究生,师从沙利文(D. Sullivan).1985 年获博士学位,其后在麻省理工学院任教,继而在普林斯顿大学任助理教授,1990 年任加州大学伯克利分校教授,1998 年起任哈佛大学教授.

麦克马伦主要有两大研究方向,一是黎曼面和双曲 3 维流形,这个方向为阿尔福斯开拓.麦克马伦研究泰希米勒空间的紧化的边缘性质,肯定地证明了贝尔斯(Bers) 猜想,还解决了克拉(Kra) 猜想.另一方向是复解析动力学,这是当前一大热门,麦克马伦在一系列论文和专著中,对于复动力学用重正化概念研究,取得重大的突破,而且与 3 维流形的理论建立了密切的关系.

菲尔兹奖与20世纪数学(二)[①]

拓扑学在20世纪数学中占有核心的地位.布尔巴基学派的主将迪厄多内(J. Dieudonné)在20世纪70年代中曾这样概括:"代数拓扑学与微分拓扑学通过它们对于所有其他数学分支的影响,才真正应该名副其实地称为20世纪数学的女王."

一、拓扑:加速发展的渗透性学科

在拓扑学还是灰姑娘的时候,20世纪最伟大的数学家之一、规范理论的奠基者外尔(H. Weyl),已经多次强调抽象代数学和拓扑学是理解数学的两种途径,并论述拓扑学的奠基人黎曼和庞加莱工作的意义.但直到20世纪下半叶,通过本文介绍的12位菲尔兹奖获得者以及其他一些大数学家的工作,拓扑学才真正脱颖而出,成为数学发展的领头羊,把传统的数学领域——数论、代数、几何、分析加以改造,并推向一个全新的水平,而且还给理论物理、化学、生物科学、经济学甚至心理学带来意想不到的应用.这种成就是高斯的数学女王——数论与传统的前沿——分析所达不到的.

20世纪下半叶获奖的12位数学家正好反映了拓扑学的蓬勃发展及其影响的扩大.他们是1954年获奖者塞尔(J. P. Serre),1958年获奖者托姆(R. Thom),1962年获奖者米尔诺(J. Milnor),1966年获奖者阿蒂亚(M. Atiyah)、斯梅尔(S. Smale),1970年获奖者诺维科夫(S. Novikov),1978年获

① 胡作玄,《科学》第53卷(2001年)第6期.

奖者奎伦(D. Quillen),1982 年获奖者瑟斯顿(W. Thurston),1986 年获奖者弗里德曼(M. Freedman)、唐纳森(S. Donaldson),1990 年获奖者琼斯(V. Jones)、威滕(E. Witten).

米尔诺　因在代数拓扑、微分拓扑方面的工作获奖

塞尔　因在代数拓扑、代数几何、数论、多复变等方面的贡献获奖

托姆　因在配边理论上的成就获奖

阿蒂亚　因在代数拓扑、代数几何方面的贡献获奖

值得注意的是,他们虽都因拓扑学上的成就获奖,但大都在其他数学领域乃至理论物理和哲学方面取得了新的突破,而这正反映了拓扑学的地位.许多人是真正的数学大师,是当今数学界的领袖人物.

这 12 位获奖者的工作显示出 20 世纪拓扑学的发展轨迹.在 20 世纪上半世纪,不仅建立了一般拓扑学的基础,还创立了拓扑学中相互关联的四大领域:(1) 同调论,特别是同调论的公理化,引入上同调及上同调运算;(2) 同伦论;(3) 纤维丛和示性类理论;(4) 拓扑变换群和不动点理论以及连续映射、可微映射、莫尔斯(M. Morse) 理论等.可是对至关重要的球面同伦群的计算,到 20 世纪 50 年代末只计算出一两个,算第三个同伦群时,苏联著名数学家庞特里亚金还出过错(他由此离开拓扑学领域).这时,法国学派领导世界新潮流,在韦伊

(A. Weil)、嘉当(H. Cartan)、勒雷(J. Leray)等老一辈数学家的指引下，新一代数学家迅速成长，最突出的有塞尔、托姆、吴文俊等人，正是他们在20世纪40年代末和20世纪50年代初成就了拓扑学的辉煌时期，对于5维和5维以上的流形拓扑学取得重大突破. 然而对于低维(特别是3维及4维拓扑学)却无能为力. 在20世纪70年代中，拓扑学进入一个低潮.

不久，瑟斯顿、弗里德曼分别在3维和4维拓扑学上取得突破，这与物理学有着不可思议的关系，拓扑学进入第二个黄金时期. 这也从获奖者获奖时间明显划分出来，前7位主要研究高维拓扑，而后5位则研究低维拓扑.

二、高维拓扑学的辉煌成就

第一位因拓扑学方面的成就荣获菲尔兹奖的是塞尔，他也是迄今为止最年轻的获奖者，获奖时还不满28周岁. 塞尔1926年9月15日生于法国南部巴热，在七八岁时就喜欢数学，11岁到尼姆上中学，14岁开始看微积分. 1944年参加中学会考，获数学第一名. 1945年考进高等师范学校，1948年毕业. 1948～1953年在国家科学研究中心任实习研究员，1951年获博士学位. 1953年升任助理研究员，1954～1956年到南锡大学任数学系讲师. 1956年，30岁的塞尔成为法兰西学院代数和几何讲座教授，1994年成为荣誉教授.

塞尔在1951年的博士论文里把同伦论发展到新的高度，开拓了拓扑学广泛的应用前景. 他首先攻克球面同伦群计算的大难题，证明有限性定理，证明除了两个无穷系列之外，其他同伦群都是有限阿贝尔群，还发展一些新方法来计算它们. 在取得拓扑学的突破之后，他把拓扑学的方法成功应用到其他数学领域并取得一系列成就. 首先是同嘉当在多复变函数论上利用勒雷的层的观念取得划时代的成果，证明定理A,B，发展斯坦因(K. Stein)空间理论. 他独立证明代数几何和复解析几何的相似性，他的论文以GAGA著称. 他还发展了同调代数学，简单说就是应用拓扑方法来研究抽象代数. 他取得同调代数学的首批重大结果，而这是用抽象代数方法得不到的. 这又一次显示拓扑方法的成功. 最后，他的兴趣转向数论，也是引进一系列的拓扑方法，特别是伽罗瓦上同调，成为解决问题的有力工具.

塞尔的工作博大精深，在解决大问题上也毫不逊色. 在1994年英国数学家怀尔斯(A. Wiles)成功证明费马大定理的过程中，关键一步便是证明塞尔的ε猜想，这里的ε表示塞尔大猜想的一个极小部分. 他的论文在1986年已收集成《全集》3卷，1985～1998年的论文收集成第4卷于2000年出版，其中不乏经典之作. 他获得许多荣誉，包括法国科学院院士和美国科学院外籍院士，英国伦敦皇家学会外籍院士. 他还荣获了2000年度沃尔夫奖和1985年巴尔赞(Balzan)

奖. 他出版了十几种论述性著作，论述清楚明白深入浅出，为此获得美国数学会斯蒂尔(Steele) 奖中的论述奖.

托姆于 1923 年 9 月 2 日生于法国蒙特利亚尔. 1943 年进入高等师范学校，1946 年毕业后到斯特拉斯堡大学，跟随嘉当和埃雷斯曼(C. Ehresmann) 读博士，在这里他结识了吴文俊并受到吴文俊的影响. 1951 年他写出博士论文《球丛空间及斯廷罗德(Steernod) 平方》文俊，获得国家博士学位，其后两年去美国访问，1953 年回国后任格林诺布尔大学讲师，1954 年回斯特拉斯堡大学任讲师，1957 ～ 1963 年任教授. 1964 年到巴黎高等科学研究院任数学教授，1988 年退休.

托姆的获奖工作主要是 1954 年发表的配边理论. 配边是流形间的一个等价关系，两个 n 维流形称为配边，如果它们共同构成一个 $n+1$ 维流形的边. 流形按配边关系划分成等价类，这些等价类构成一个阿贝尔群 N_n. 而各维的群构成一个分次环 N. 托姆的功绩在于完全定出 N 的结构并定出其生成元. 其中关键定理是 N_n 与托姆复形的同伦群同构. 他还把配边理论推广到定向流形，并且得到相应的结果. 这个漂亮的工作不仅引出一系列新配边理论，而且对数学产生冲击性的影响.

利用托姆的配边理论，德国数学家希策布鲁赫(F. Hirzebruch) 证明了高维代数的黎曼 - 洛赫定理，米尔诺证明了 7 维球面上有多种微分结构，阿蒂亚和辛格(I. M. Singer) 给出指标公式最早证明. 托姆其后发展了奇点定理，并提出突变理论，引起了轰动. 突变理论系统论述于 1972 年出版的《结构稳定性与形态发生》一书中. 这时他的兴趣转向生物学、语言学和哲学，并建立“语义物理学”. 1989 年《语义物理学概要》出版，提出他的一套科学哲学体系. 托姆是法国科学院院士.

米尔诺 1931 年 2 月 20 日生于新泽西州奥兰治，中学时期就是数学竞赛的优胜者. 1948 年进入普林斯顿大学学习，1951 年毕业，1954 年获博士学位，后留校任教，1956 年任教授，1962 年任亨利 • 帕特曼讲座教授. 1968 ～ 1970 年任麻省理工学院教授. 1970 年任普林斯顿高等研究院数学教授. 1989 年起任纽约州立大学石溪分校数学科学研究所所长.

米尔诺的工作继续托姆对于定向配边群的确定，并推广到复配边、酉配边、自旋配边等理论的研究. 1956 年他证明 7 维球面上存在多种微分结构而引起轰动，由此开创微分拓扑学的新纪元. 接着他与瑞士数学家刻维尔(A. Kervaire) 得出高维球面上微分结构群的结构，他提出的换球术成为研究高维流形的基本方法. 1964 年他证明微分流形的切丛和庞特里亚金示性类不是拓扑不变量. 他在 1961 年首先举出主猜想的反例，系统建立怀特海(J. H. C. Whitehead) 扰元理论，同穆尔(C. C. Moore) 建立的霍普夫(H. Hopf) 代数是量子群的原型. 其后，他的工作涉及微分几何学、动力系统理论、代数K理论、二次型理论、代数数论等，尤其在复超曲面理论、迭代映射等多方面有重大贡献. 他是美国科学院院士，曾获美国国家科学奖章(1966)，1989年获沃尔夫奖.

阿蒂亚1929年4月22日生于伦敦. 1949年进入剑桥三一学院学习，1952年毕业，1955年获博士学位，1954～1958年任研究员，1958～1961年任讲师. 1961年去牛津大学任高级讲师，1963～1969年任塞维尔几何讲座教授. 1969～1972年任美国普林斯顿高等研究院数学教授. 1973年回牛津任皇家学会研究教授. 1990年回剑桥任三一学院院长.

阿蒂亚的最重大贡献是同辛格在1963年证明了指标定理，把拓扑不变量通过解析不变量来表示. 由这个定理可以推出许多数学上的重要定理，其证明也涉及数学上诸多领域，特别是偏微分算子和他参与建立的K理论. K理论是第一个重要的广义上同调理论，有广泛应用，英国拓扑学家亚当斯(J. Adams)曾用来解决球面上独立向量场的数目问题. 到20世纪70年代阿蒂亚启动新一轮研究，即规范理论和拓扑与几何关系，进而导致20世纪最后25年低维拓扑及几何和理论物理如量子场论与弦论的奇妙关系的发现，它把拓扑、几何和物理都带到一个全新的境界.

阿蒂亚是英国伦敦皇家学会会员，美国国家科学院和法国科学院外籍院士，1983年获爵士称号. 1990～1995年任皇家学会会长，1990年他任新建牛顿数学科学研究所首任所长，在这些位置上对科学政策、教育与研究方向发挥重大作用.

斯梅尔1930年7月15日生于密歇根州弗林特. 1948年进入密歇根大学学物理，后转为数学，1952年毕业，1953年获硕士学位，1956年获博士学位. 其后在芝加哥大学任讲师，并在普林斯顿高等研究院作研究，1961～1964年任哥伦比亚大学教授，1964年起任加利福尼亚大学伯克利分校教授，1998年任中国香港市立大学教授.

斯梅尔早期工作是关于流形的浸入问题，特别是他发现了不弄破球面而把里面翻到外面的方法. 他最大的成就是证明5维及5维以上的庞加莱猜想，即一个与S^n(n维球面)具有相同同调群的单连通闭n维流形一定与S^n同胚($n \geqslant 5$). 而原来$n=3$的庞加莱猜想至今尚未解决，成为21世纪最大难题之一. 1960年以后他开始研究微分动力系统，通过拓扑方法奠定这门科学的理论基础，这理论其后获得飞速发展(如混沌理论). 他还研究数理经济学、计算复杂性理论、非线性泛函分析及其在物理学、生物学等方面的应用，成为当代最有影响的数学家之一. 他获得过多种荣誉，如1965年获美国数学会维布仑(Veblen)几何学奖. 1970年，他当选为美国国家科学院院士.

苏联数学家诺维科夫1938年3月20日生于高尔基城，父母都是杰出的数学家. 1955 年进入莫斯科大学数学力学系学习, 1960 年毕业后到数学研究所当研究生, 1964 年获副博士学位, 1965 年获博士学位, 其后回莫斯科大学任教授. 1971 年以后, 他转向理论物理, 任科学院理论物理研究所数学室主任. 到戈尔巴乔夫时代, 他才获准出国访问, 1992 年后定期在美国马里兰大学任教.

诺维科夫在 1970 年获奖之前的工作方向主要是拓扑: 研究稳定同伦群的计算以及复配边理论, 证明 3 维流形上余维 1 的叶状结构一定存在紧叶. 他最大的贡献是证明单连通流形有理庞特里亚金示性类的拓扑不变性(注意: 庞特里亚金示性类不是拓扑不变的), 还对 5 维及 5 维以上单连通光滑流形进行微分同胚的分类. 他引入高阶符号差并提出诺维科夫猜想, 推动了其后拓扑学的发展. 1971 年以后他研究数学物理学, 特别是研究孤子解的周期性及其与黎曼曲面和 θ 函数的关系, 完全可积系统的哈密顿力学, 量子力学与量子场论中一些拓扑不变量等. 诺维科夫早在 1966 年就当选为苏联科学院通讯院士, 1981 年当选为院士, 1994 年被选为美国科学院国外院士.

奎伦于 1940 年 4 月 22 日生于美国新泽西州奥兰治. 1961 年大学毕业后到哈佛大学随拓扑学家博特(R. Bott, 也是斯梅尔的博士导师, 2000 年沃尔夫奖获奖者) 做博士论文, 1964 年获博士学位. 此后他一直在麻省理工学院任教, 1971 年起任教授. 他是美国科学院院士.

奎伦继续前人的工作: 首先在米尔诺和诺维科夫的复配边理论中, 发现其结构与形式群的关联, 其后解决拓扑 K 理论的亚当斯猜想, 在同伦理论中引入有理同伦理论及其重要工具, 微分分次代数(DGA) 以及极小模型. 他的巨大贡献在于运用拓扑思想解决代数及其他领域中的问题, 其中最重要的是系统建立代数 K 理论, 现在已成为庞大分支. 另一个重要成就是证明塞尔的猜想: 多项式环上的射影模必是自由模. 正如前面几位大师一样, 奎伦最近的研究也与物理有关, 这涉及当前的热门: 黎曼曲面的参模空间, 其上的向量丛等, 它们与规范理论和弦论有关.

三、低维拓扑学的振兴

瑟斯顿于 1946 年 10 月 30 日生于华盛顿. 1967 年在佛罗里达州的萨拉索塔新学院获生物学学士学位, 后去加利福尼亚大学伯克利分校读数学研究生, 1972 年获博士学位. 在麻省理工学院工作一年, 1973 年任普林斯顿大学教授. 1992 ～ 1997 年任伯克利数学科学研究所所长, 其后到加利福尼亚大学戴维斯分校任教授.

瑟斯顿的主要贡献是闭 3 维流形的分类. 他把 3 维流形分解为"素"流形的连通和, 然后提出一个分类纲领, 即每一种素流形都具有 8 种几何结构的一种,他完成了这个纲领的大部分.他还对泰希米勒空间、克莱因群、动力系统等理论得出重大成果,在拓扑学方面对叶状结构理论以及证明史密斯(P. Smith)猜想做出贡献.他是美国科学院院士,获得1976年美国数学会维布仑奖.

弗里德曼1951年4月21日生于洛杉矶,1968年在伯克利分校读一年之后,去普林斯顿大学读博士,1973年获博士学位,其后在伯克利任讲师.1976年到加利福尼亚大学圣迭戈分校任助理教授、副教授,1982年起任教授.1984年当选为美国科学院院士,1987年荣获美国国家科学奖章.

弗里德曼的主要贡献是打破4维流形的禁区,在1981年率先证明了4维庞加莱猜想,而且完成4维单连通流形的拓扑分类,他的主要结果是任何整系数公模二次型都是某4维流形的交截形式.他的工作直接影响唐纳森进一步的结果.到20世纪90年代,他的方向转向应用拓扑学与物理学,特别是等离子体物理和磁流体力学.

唐纳森于1957年8月20日生于剑桥.1976年进入剑桥大学彭布罗克学院学习,1979年毕业.1980年到牛津大学伍斯特学院读研究生,1983年获博士学位,其后在牛津大学万灵学院任初级研究员.1985年以后任牛津大学沃利斯(Wallis)数学讲座教授.

唐纳森的数学工作紧随弗里德曼.他证明光滑单连通4维流形如具有正定交截形式,则可以化为整数系数的对角形式.结合弗里德曼的工作,由此得出惊人结果:4维流形上可以存在不同的微分结构.尤其是4维欧氏空间上存在着不可数无穷多种微分结构.更令人惊异的是他的结果建构在拓扑与规范理论的奇妙的联系之上,这引发后来不可思议的发展.

琼斯于1952年12月31日生于新西兰吉斯伯恩.1970年进入奥克兰大学,1973年毕业.1974年到瑞士日内瓦进修,先学两年物理,后来师从拓扑学家黑富利格尔(A. Haefliger)学数学,1979年获博士学位.1975～1980年间任日内瓦大学助教.1980年赴美,1981年在宾州大学任教,1985年起任加利福尼亚大学伯克利分校教授.

琼斯的重要贡献在于引入分类纽结与链结的不变量——琼斯多项式.从1928年美国拓扑学家亚历山大(J. Alexander)得出分类纽结的亚历山大多项式以来,这一领域50多年进步不大,直到1984年琼斯得出他的多项式.有趣的是,他是通过冯·诺依曼代数来构造多项式的,这种联系完全难以想象.琼斯多项式在一两年内得到快速推广,先后得出HOMFLY多项式和考夫曼(L. Kauffman)多项式,最后得到瓦希里耶夫(V. Vassiliev)不变量.几年之内,纽结理论成为一大热门.琼斯多项式的意义还不限于纽结理论,它与3维拓扑学以及物理领域有密切关系.

威滕于1951年8月26日生于马里兰州.他在布兰迪斯大学学习历史和经

济学,1971 年毕业,曾参加 1972 年总统竞选事务. 其后到普林斯顿大学学习物理,1974 年获硕士学位,1976 年获博士学位. 而后在哈佛大学做研究工作,1980 年任普林斯顿大学物理教授. 1987 年起任普林斯顿高等研究院物理教授.

威滕物理学家的身份曾引起许多数学家对他数学工作的疑虑,但阿蒂亚据理力争,他认为很少有数学家具有威滕的数学能力. 威滕的目标是建立大统一理论,他的方法很大程度是拓扑的,特别是他对莫尔斯理论、德·拉姆(de Rham)和霍奇(Hodge)理论,尤其是指标定理给出新的表述及证明. 他给出威滕不变量,结果以琼斯不等式、弗洛尔(A. Floer)不变量和唐纳森不变量为其特殊情形. 20 世纪 90 年代威滕的工作更为辉煌:一是在 1994 年同塞伯格(N. Seiberg)引入塞伯格-威滕不变量,这通过解线性方程可以计算的不变量使得过去许多不变量相形见绌. 二是在 1998 年建立 M 理论、统一不同形式的弦论成为完整的框架. 他已经发表 200 多篇论文,被誉为当代最有影响的物理学家之一. 追根溯源,这些都来自拓扑学的威力.

菲尔兹奖与20世纪数学(三)[①]

代数几何学的对象原来是欧氏平面上的代数曲线,即由多项式 $P(x,y)=0$ 定义的轨迹,以及3维欧氏空间中的代数曲线和曲面.后来推广成高维欧氏空间中的代数簇,即由多项式方程组 $P_i(x_1,x_2,\cdots,x_n)=0(i=1,2,\cdots,k)$ 定义的 n 维欧氏空间中的公共零点.从这个意义上讲,它是最古老的数学分支,20世纪下半叶,在抽象代数学和代数拓扑学的推动下,代数几何学获得飞速发展,成为数学中最活跃的领域之一.

历届国际数学家大会上,代数几何学总是十几个大组之一,而且菲尔兹奖获得者中,有十几位因代数几何学或与其有关工作而获奖.本文介绍其中的9位,他们是:1954年的获奖者日本数学家小平邦彦,1966年获奖者法国数学家格罗滕迪克(Alexander Grothendieck),1970年获奖者日本数学家广中平祐,1974年获奖者意大利数学家邦别里(Enrico Bombieri)和美国数学家曼福德(David Mumford),1978年获奖者比利时数学家德林(Pierre Deligne),1986年获奖者德国数学家法尔廷斯(Gerd Fahings),1990年获奖者日本数学家森重文,1998年获奖者俄国数学家康采维奇(Maxim Kontsevich).另外还介绍1998年特别奖获得者英国数学家怀尔斯(Andrew Wiles).其他菲尔兹奖获得者中,也有不少人对代数几何学做出贡献,特别是塞尔、阿蒂亚、托姆、米尔诺、诺维科夫、威滕等人.

① 胡作玄,《科学》第54卷(2002年)第1期.

小平邦彦　因代数几何学、复解析几何学等领域的一系列卓越成就获奖

格罗滕迪克　因对现代代数几何学做了极其根本而广博的工作获奖

邦别里　因在数论、分析、代数几何、群论等很多领域的重要工作而获奖

德林　因证明算术代数几何中最重要、最深刻问题之一的韦伊猜想而获奖

一、漫长的历史，广泛的联系

代数几何学的历史至少可以追溯到解析几何学的诞生. 考虑到直线、圆、圆锥曲线都是代数曲线，它的历史可以说同几何学本身一样久远. 不过，解析几何学的诞生明确无误地把几何对象通过解析表达式表示出来，这不仅给几何学研究提供强有力的代数手段，而且极大地扩充了几何学研究的对象范围. 当时的解析几何学已不限于研究一次和二次代数曲线和曲面，牛顿已经开始分类三次曲线，并引进当前至关重要的代数曲线 —— 椭圆曲线. 由于坐标和方程的系数都选的是实数，研究实代数曲线和曲面可以称为实代数几何学，这是一个极为困难的领域，希尔伯特第 16 问题就是关于实代数几何学的，至今仍然进展不

大.而代数几何学之所以有今日之辉煌,完全是由于在19世纪中把实数域上的几何学推广到复数域上的缘故.可以说,当时的德国大数学家黎曼真正给几何学带来一场大革命.

黎曼的贡献如此博大精深,单在代数几何学上就有如下4个方面.

(1)研究复代数几何学,以至现如果不特别声明的话,代数几何学指的是复数域上的代数几何学,有时也推广到特征0的代数闭域上,而复数域就是这种域的典型代表.

(2)引进黎曼曲面的观念,并且发展一整套复分析方法来研究它.

(3)把几何学的对象由1维的曲线、2维的曲面推广到任意多维的流形,代数几何学的对象也由1维的代数曲线和2维的代数曲面推广到任意维的代数簇.

(4)引进拓扑的观念,把代数几何学的研究引入正确的道路.

黎曼对于代数几何学的贡献绝不只是高瞻远瞩地指出未来的发展方向,而且切实得出伟大的具体成果,特别是代数几何学基本定理——黎曼-洛赫(Roch)定理、参模理论、阿贝尔函数论和θ函数等,至今仍是代数几何学家包括菲尔兹奖获得者们热切研究的课题.

黎曼以后,代数几何学成为各种类型的数学家竞相研究的领域,这反映出代数几何学同数学各个分支间的密切关系,另外也给代数几何学带来不同的研究方向:由黎曼所奠定的分析方向;由一些德国数学家奠定的几何方向,这个方向在19世纪末到20世纪前半叶由意大利学派所继承;由19世纪德国数学家戴德金(R. Dedekind)等所奠定的代数方向,这个方向后来发展成抽象代数学的前身,同时也衍生出第四个方向——算术方向,这个方向到20世纪发展成算术代数几何学,它把代数几何学的对象由实数域和复数域拓广成一般域,特别是有理数域和有限域,从而为成功地解决数论大问题提供了不可代替的工具.

20世纪结构数学特别是抽象代数学和拓扑学的创立和发展,给予整个数学前所未有的冲击,而最大的受益者可以说是代数几何学.一个直接结果就是对于过去的经典代数几何学加以严格改造,并且提供强有力的工具.在这方面,三位去世不久的数学家——荷兰的范·德·瓦尔登(B. L. van der Waerden)、法国的韦伊(A. Weil)、美国的查瑞斯基(O. Zariski)做出突出贡献.后面两位因此荣获沃尔夫数学奖.韦伊提出的韦伊猜想是算术代数几何学发展的指路明灯.这里还要提到俄裔美国数学家莱夫谢茨(S. Lefschetz),他在拓扑学和代数几何学的结合方面做出很大贡献,他的不动点定理是数学许多研究领域的重要工具.

20世纪50年代是拓扑学的黄金年代,也是代数几何学的黄金时代.此期间对代数几何学做出最大贡献的,是曾加入过有非凡建树的布尔巴基学派的塞尔和格罗滕迪克.后者把代数几何学完全改造成一个抽象的体系.在他们的手中有全套的最新武器——拓扑学,特别是上同调与层的理论以及同调代数学.这套武器的精良,有点像20世纪90年代先进的电子制导武器,比起以前的武器系统上了一个大台阶.下面就等着大丰收了:20世纪70年代德林证明韦伊猜想,20世纪80年代法尔廷斯证明莫德尔(Mordell)猜想,20世纪90年代怀尔斯证明费马大定理,成为算术代数几何学三大突破,也被公认为其所处10年内数一数二的数学成果(当然,怀尔斯的成就还是世纪性的).但是,这些成就还不足以表明代数几何学的广泛联系,它不仅与传统的数学领域——数论、代数、几何、分析有着血缘关系,而且与新兴领域——数理逻辑、组合数学、拓扑学密不可分(如代数几何码以及模型论).最近20多年,代数几何学更进一步深入到物理学中去,从KdV方程到量子场论无处不见代数几何学的身影.无疑,代数几何学将成为21世纪的领头羊之一.

二、日本数学:一个突破口

日本有三位菲尔兹奖获得者,他们都是在代数几何学方面有巨大贡献的.在他们的引导下,日本的代数几何学形成一个世界一流的学派.

小平邦彦1915年3月15日生于东京,1935年进入东京大学数学系学习,在大学期间已经自学当时很时髦的抽象代数和拓扑学的著作,并且做出这方面的论文.1938年毕业后又到物理系学习,但主要还是自学数学,1941年毕业后在东京文理科大学任助教授和东京大学助教授,1949年获理学博士学位.他在战时和战后的研究工作是把大数学家外尔的黎曼面理论推广到高维,即所谓调和积分理论,这个工作被外尔称赞为“伟大的工作”.外尔邀请他到普林斯顿高等研究院工作,小平邦彦于1949年8月赴美,在普林斯顿高等研究院任研究员(1949～1953,1956～1961),并先后在普林斯顿大学(1953～1961)、哈佛大学(1961～1962)、约翰·霍普金斯大学(1962～1965)、斯坦福大学(1965～1967)任教授.1967年他回到日本,任东京大学教授,1977年退休任学习院大学教授,1987年退职,1997年7月26日去世.

小平邦彦在美期间取得代数几何学上一系列成就,主要是把黎曼-洛赫定理推广到代数曲面,证明狭义凯勒(Kähler)流形是代数流形,证明小平消没定理.他同斯潘塞(D.C.Spencer)合作把黎曼的参模理论推广成高维复结构的变形理论,并把代数曲面的分类扩展到复解析曲面的分类,特别证明除直纹面之外极小模型存在,小平维数和极小曲面成为向高维推广的关键.他的变形理论是代数几何学和复解析几何学的重要方向.小平邦彦被认为是日本产生的最伟大的数学家,他是日本学士院院士和美国等科学院的院士,他不仅获得菲尔兹奖,而且获 1984/1985 年度沃尔夫数学奖.

广中平祐 1931 年 4 月 9 日生于山口县. 1950 年进入京都大学学习,开始接触欧美代数几何学以及其他数学理论,1954 年毕业进入研究院,1957 年获得硕士学位,同年赴哈佛大学读博士,导师是代数几何学大权威查瑞斯基,1960 年获博士学位,其后在美国布兰代斯大学任教,1964 年任哥伦比亚大学教授,1968 年起任哈佛大学教授,1975 年起兼任东京大学教授,1976 年成为日本学士院院士.

广中平祐的主要成就是解决特征 0 的域上代数簇的奇点解消问题. 简单说,代数簇的奇点是那些不光滑的点,例如代数曲线的奇点有结点和尖点. 奇点解消的问题是指通过双有理变换把奇点消去或者把复杂的奇点分解为简单的奇点. 这个问题极为困难,19 世纪末已经解决代数曲线的奇点解消问题,而代数曲面的奇点解消到 1935 年才得到证明. 查瑞斯基到 1944 年才解决 3 维代数簇的问题,方法十分复杂. 随着维数的增高,奇点变得更加复杂. 广中平祐一举解决这个问题,靠的是格罗滕迪克等人发展的一套先进工具 —— 概形理论与交换代数学. 广中平祐继而把他的定理推广到解析簇上,并由此推出许多重要结论.

森重文 1951 年 2 月 23 日生于名古屋. 1969 年进入京都大学学习,1973 年获学士学位,1975 年获该校硕士学位,并任助教,1978 年获博士学位. 1977 ~ 1980 年任哈佛大学助理教授,1980 年任名古屋大学讲师,1982 年升为副教授,1988 年升为教授. 其间(1985 ~ 1987)任美国哥伦比亚大学访问教授,1990 年起任京都大学数理解析研究所教授.

森重文的贡献很多,用一句话来概括就是完成了 3 维代数簇的粗分类. 代数几何学的中心问题就是对代数簇进行分类. 代数曲线也就是黎曼曲面的分类是黎曼奠定基础的:先是用离散变量亏格进行粗分类,然后用连续参数对每亏格的代数簇进行细分类,后者即所谓参模问题. 代数曲面的粗分类经历了 100 年才由小平邦彦等严格证明,可见维数增加 1,难度变得极大. 在 20 世纪 70 年代,3 维簇的分类被认为基本上是不可想象的. 而森重文则勇于面对这项大工程,他制定一个纲领,这个纲领被称为森重文纲领或极小模型纲领. 简单说,他把分类问题一分为二,大部分的 3 维簇有极小模型存在,小部分的法诺(Fano)簇单独加以分类. 10 年间他引进一系列的专门技术,克服一个又一个的困难,最终在 1988 年完成了这个纲领,为此,他获得了日本学术界最高奖 —— 日本学士院奖以及文化勋章,还得到美国数学会的柯尔(Cole) 奖.

三、数学怪杰格罗滕迪克

法国数学家格罗滕迪克,是 20 世纪最伟大的数学家之一,但他基本上属于另类，与学术界的数学家距离很远. 他没有受过正规教育，也没有按部就班地在学术阶梯上晋升，而且在 1970 年以后完全脱离学术界.

格罗滕迪克于 1928 年 3 月 24 日生于柏林，13 岁(1941 年) 作为难民来到法国. 他父亲是俄国人，在二战中被纳粹杀害，母亲是德国人. 格罗滕迪克在难民营中长大，受到一些初等教育，战后他到法国高等师范学校和法兰西学院听课. 1949 年起，他开始研究泛函分析，并取得突出结果，1953 年，开始转向同调代数学，1957 年转向代数几何学，14 年间，完全改变代数几何学的面貌. 1960 ～ 1970 年，格罗滕迪克任法国高等科学研究院教授. 1970 年以后回家务农.

格罗滕迪克在代数几何学方面的贡献博大精深，大致可以分为 10 个方面：(1) 连续与离散的对偶性(导来范畴，6 种演算)；(2) 黎曼 － 洛赫 － 格罗滕迪克定理，把黎曼 － 洛赫定理由代数曲线和代数曲面推广到任意高维代数簇，其间发展了拓扑 K 理论；(3) 概形概念的引入，使代数几何学还原为交换代数学；(4) 拓扑斯理论；(5) 平展上同调与 l 进上同调；(6) 动形(motive) 理论；(7) 晶状上同调；(8) 拓扑斯的上同调；(9) 稳和拓扑；(10) 非阿贝尔代数几何学. 他和其他人合作出版十几部巨著，共 1 万页以上，这些巨著成为代数几何学的圣经.

迄今为止，格罗滕迪克的著述中还有很多思想未被完全了解，但已经产生许多大结果，如德林证明韦伊猜想以及 K 理论的诞生. 1984 年，格罗滕迪克的手稿《纲领草案》在部分数学家中流传，1994 年正式发表，其内容尚有待发掘. 1988 年瑞典科学院授予他克拉福德(Crafoord) 奖，他拒绝领取，并痛斥当前的学术界腐败. 不过，现在仍有许多同事和学生继续他的工作.

四、美国和意大利的代数几何专家

曼福德 1937 年 6 月 11 日生于英国萨塞克斯郡三桥县，16 岁进入哈佛大学学习，1957 年取得学士学位. 他在查瑞斯基指导下读研究生，1961 年获博士学位. 1958 年他留校任教，1962 年任副教授，1967 年起任教授，1975 年被选为美国科学院院士，1995 ～ 1998 年担任国际数学联盟主席.

曼福德在代数几何学方面的工作主要是参模理论. 为此他发展了几何不变式论，应用该理论，他在 1965 年证明亏格为 g 的曲线的参模空间 M_g 的存在性，并且证明 M_g 是拟射影簇，即射影簇的开子集. 1969 年他和德林证明 M_g 是不可约的. 他们还定义了 M_g 的自然紧化 $\overline{M}_g$，这项研究可推广到阿贝尔簇的参模空间以及高维代数簇的参模空间. 关于 M_g 的双有理结构，他与哈里斯(J. Harris) 在 1984 年否定了意大利数学家塞梵利(F. Severi) 的猜想，即 M_g 是单有理簇. 他们证明当 $g \geqslant 24$，M_g 均为一般型代数簇，而在此之前已知 $g \leqslant 10$ 时塞梵利猜想正确，其间的某些维数还没有完全解决. 1983 年，他研究 M_g 的计数几何学,这与弦论有关.

邦别里1940年11月26日生于米兰.他进入米兰大学学习,1963年获博士学位,其后访问剑桥大学一年,1965年任意大利卡尔加里大学教授,1966年任比萨大学教授,1974年任比萨高等师范学校教授,1977年起任美国普林斯顿高等研究院教授.邦别里是一位多面手,而最为难得的是,他不仅对分析诸领域十分精通,还对结构数学有突出贡献,同时通晓这两大领域的数学家实在不多.这样看来,邦别里在代数几何学方面的贡献只不过是他的十大领域之一.

邦别里对代数几何学的贡献是把代数曲面的分类结果由特征0推广到特征 p,而这是极为困难的事.此外,他对算术代数几何学的一个贡献是给莫德尔猜想另一个证明,还推广到高维情形.他在有限群分类中证明一种特殊群的刻画定理.他的主要兴趣还在数论和分析方面;研究的方向有大筛法不等式、超越数论、几何函数论、偏微分方程、极小曲面、多复变函数等.

五、算术代数几何的三大突破

代数几何学由一个专门的学科变到数学的中心地位,首先在于它表现出解决数论问题的巨大威力,反过来,数论问题也推动代数几何学的抽象化.因为通常代数几何学是在复数域上考虑,而数论问题则需要考虑有理数域以及有限域等.处理这些域的问题需要一整套工具,特别是拓扑学尤其是各种上同调.

德林于1944年10月3日生于布鲁塞尔,还是中学生时就阅读布尔巴基的大著,后进入布鲁塞尔自由大学学习,1965 ~ 1966年到巴黎高等师范学校学习,深受法国学派的影响.1968年他在布鲁塞尔大学获博士学位,并任教授.1970年他成为巴黎高等科学院教授,1973年,德林证明韦伊猜想,引起了轰动.韦伊猜想简单说就是有限域上代数簇点数的估计,这实际上也就是不定方程在有限域内的解数.这个问题用到格罗滕迪克代数几何学的重要工具,特别是平展上同调.德林的成就使他在1978年被选为法国科学院国外院士,并于1988年获得克拉福德奖.

法尔廷斯于1954年7月28日生于德国盖尔森基尔申一布尔市.他在家乡读小学和中学之后,进入明斯特大学,并于1978年得到博士学位.其后到哈佛大学访问一年,1979年在德国乌柏塔尔大学任教授.1983年5月,法尔廷斯在德国发表了他的莫德尔猜想的证明,引起了轰动,当年荣获格丁根科学院颁发的海涅曼(Heinemann)奖.1985年起,他去美国普林斯顿大学任教授.法尔廷斯的结果极为一般,他证明,在任何代数数域 K 上,任何亏格大于1的不可约代数曲线至多只有有限多个 K 有理点.1990年邦别里等人得出其定量形式.

算术代数几何的第三个大突破是怀尔斯对费马大定理的证明.由于他发表

证明时已超过40岁,因此他没有获得1998年的菲尔兹奖,但大会破例给他一个特别奖,以表彰他做出的世纪性成就.

怀尔斯1953年4月11日生于剑桥,1971年去牛津大学学习,1974年获学士学位,其后到剑桥大学跟科兹(J. Coates)读博士,1977年获博士学位.1977年他任克莱尔学院初级研究员兼哈佛大学助理教授,1981年到普林斯顿高等研究院访问,1982年任普林斯顿大学教授,1994年任普林斯顿大学欧仁·希金斯(Eugene Higgins)讲座教授.他证明费马大定理之前,在数论上已有许多贡献,因此在1989年被选为英国皇家学会会员.1995年费马大定理全文发表后,怀尔斯又获得一系列荣誉,特别是1995/1996年度沃尔夫数学奖、欧洲奥斯特洛夫斯基(Ostrowski)奖、专为费马大定理设置的沃尔夫斯凯尔(Wolfskehl)奖等.费马大定理证明的关键一步是对半稳定椭圆曲线证明谷山－志村猜想,怀尔斯为此奋斗多年,终于成功.到1999年,对所有椭圆曲线的这个猜想已完全得到证明.

六、走向新世纪

20世纪最后20多年,代数几何学已不仅仅在数论方面显示威力了.它已经涉及所有数学领域并进而推进到数学物理学.这在康采维奇的工作中充分显示出来.

康采维奇于1964年8月25日生于苏联西姆基,1980～1985年在莫斯科大学学习,毕业后在莫斯科信息传输问题研究所任初级研究员.1990年后,他先后去哈佛大学、德国波恩的马克斯·普朗克数学研究所,以及普林斯顿高等研究院访问,并于1992年在波恩大学取得博士学位,同年获得首届欧洲数学家大会颁发的青年数学家奖.1993～1996年他任美国加州大学伯克利分校教授,1995年起任巴黎高等科学院教授.

康采维奇对代数几何学的贡献主要是发展19世纪奠基的计数几何学,特别是定出各种代数簇上各阶有理曲线的数目,这是长期以来一直毫无进展的难题.在此之前他证明威滕关于复曲线参模空间的交截理论的猜想,它与著名的KdV方程有关.此外,他构造一般的纽结、环链和3维流形不变量,与统计物理、量子场论、无穷维代数等密切相关.最新的工作则是泊松(Poisson)流形的量子化,这是数学和数学物理的交会点.他的工作代表新世纪发展的方向.

读者如果想进一步了解菲尔兹奖的情况,可参看文末的三种文献[1～3],这是关于菲尔兹奖的一般介绍,适用于本系列文章(原定分三篇发表,因为篇幅原因,现改为四篇发表).其他参考文献包括历届国际数学家大会会议录(1936～1998),获奖数学家全集或选集(如阿尔福斯、塞尔、米尔诺、斯梅尔等),获奖数学家传记(如施瓦兹、斯梅尔等)以及各门数学分支的专著及历史等,限于篇幅就不一一列举.

参考资料

[1] 胡作玄,赵斌.菲尔兹奖获得者传.湖南:湖南科学技术出版社,1984.

[2] ATIYAH M,et al,eds. Fields Medallists' Lectures. Singapore:World Scientific,1997.

[3] MONASTYRSKY M. Modern Mathematics in the Light of the Fields Medals. Wellesley,Massaehusetts,A K Peters,1997.

菲尔兹奖与20世纪数学(四)[①]

本文介绍的是42位菲尔兹奖获得者的最后10位,他们的主要成就分属数理逻辑、数论和代数三大领域.

一、数理逻辑

在42位菲尔兹奖获得者中,只有一位主要是因为在数理逻辑上的成就而获奖,他就是1966年获奖者、美国数学家科恩(P. Cohen).这似乎与数理逻辑在20世纪数学中的重要性不协调,而实际上有历史的原因.20世纪最初30年,数理逻辑起着举足轻重的作用.其中至少有两方面的问题备受关注:一方面是希望把全部数学建立在某种无矛盾的公理系统之上,而这个系统最好是集合论;另一方面是集合论的种种问题.

第一方面的问题由于奥地利数学家哥德尔(K. Gödel)在1931年证明不完全性定理而被否定.它表明:一个包含初等数论的形式系统,如果是无矛盾的,那就是不完全的.也就是说,在这个系统中存在着命题A,A在系统中既不能被证明也不能被否定.由此,数理逻辑走上自己独特的发展道路,形成了证明论、递归论、集合论和模型论四大分支,成为与数论、代数、几何、拓扑、分析等一样的专门学科.这样,集合论的问题便突出出来,归根结底,20世纪许多新兴学科如抽象代数、拓扑学、测度与积分理论、泛函分析等都建立在集合论的基础之上.

① 胡作玄,《科学》第54卷(2002年)第2期.

众所周知,集合论是德国数学家康托一人的独创,19 世纪末得到了大多数数学家的承认.但是,它也遇到三大问题:一是集合论悖论的出现,二是连续统假设(简称 CH)是否成立,三是选择公理是否成立.这三大问题也推动 20 世纪集合论三大成就:一是德国数学家策梅罗(E. Zermelo)在 1908 年首先建立集合论的公理系统,这个公理后来经过多人补充修正成为标准的集合论公理系统,简称 ZF 公理系统,这样通过公理化解决了悖论问题.但是,另外两个问题仍是悬案.集合论第二大成就是 1938 年哥德尔证明.如果 ZF 无矛盾,则 ZF 和连续统假设放在一起也是无矛盾的,换言之,连续统假设是相对无矛盾的.同样,他还证明选择公理(简称 AC)也是相对无矛盾的.

所谓连续统假设,就是在整数集合的基数 $\aleph_0$ 与实数集合的基数 C 之间没有其他的基数.如果把无穷基数按大小顺序排列:$\aleph_0$,$\aleph_1$,$\aleph_2$,…,则连续统假设是指 $C=\aleph_1$,而集合论的第三大成就是科恩在 1963 年证明:由 ZF 既推不出连续统假设,也推不出连续统假设不成立.换句话说,科恩证明 ZF 与 CH 是相对独立的.同样,他也证明选择公理的独立性.他的证明用到他独创的力迫法,在集合论中有重要应用,特别是证明许多数学命题在 ZF 或更一般的系统中是不可判定的.

科恩是波兰犹太移民的后裔,于 1934 年 4 月 2 日生于美国新泽西州的长溪,不到 20 岁就从纽约的布鲁克林学院毕业,然后进入芝加哥大学读研究生,20 岁获得硕士学位,1958 年获博士学位,1957 ~ 1958 年在罗切斯特大学任教,其后在麻省理工学院任教一年.1959 ~ 1961 年在普林斯顿高等研究院做研究,1961 年起到斯坦福大学任教,1964 年升任教授至今.

1962 年之前科恩的主要工作是在调和分析方面,1959 ~ 1960 年,他做出杰出的工作,特别是证明利特尔伍德猜想,这个成就是如此杰出,以至科恩获得美国数学会 1964 年度波谢(Bôcher)奖.这是美国在分析方面的最高奖,是个了不起的荣誉.可是,这时他已转向另一领域并取得更大的成就:在 1963 年证明连续统假设的独立性,这时离他转行还不到一年.由于这个成就相当于在数学中建立了非欧几何 —— 非康托集合论,从而荣誉纷至沓来:除了荣获菲尔兹奖之外,科恩还在 1967 年被选为美国国家科学院院士,同年荣获总统颁发的国家科学奖章.

二、数　论

20 世纪数论虽然不再是“数学的女王”,但是,数论中的重大成就总是令人刮目相看.20 世纪最伟大的数论成就当属费马大定理的证明,以及算术代数几何一系列成就和代数数论的多项突破.而本文介绍的是在经典数论、丢番图逼近和超越数论取得巨大成就的四位数学家的工作. 在经典数论取得成就的是1950年获奖者、挪威数学家塞尔伯格(A. Selberg)以及1974年获奖者、意大利数学家邦别里(E. Bombieri);而在丢番图逼近和超越数论取得成就的则是1958年获奖者、英国数学家罗斯(K. F. Roth)和1970年获奖者、英国数学家贝克尔(A. Baker).

汤普逊　因有限群论的一系列重大成就而获奖

塞尔伯格　因在素数定理、黎曼猜想的研究中发展了解析数论而获奖

孔涅　因算子代数的研究并将其同各个主流学科的广泛联系而获奖

科恩　因证明ZF公理系统与连续统假设的相对独立性而获奖

经典数论最主要问题之一是黎曼猜想(或黎曼假设)以及其各种推广,这也是21世纪头号数学问题. 黎曼猜想与高斯在200年前的一个猜想有关,这就是关于素数分布的猜想,其最初形式称为素数定理. 设$\pi(x)$表示x以下的素数数目,则素数定理断言:当$x\to+\infty$时,$\pi(x)$渐近等于$\frac{x}{\ln x}$. 经过近一个世纪的

努力,法国数学家阿达玛(J. Hadamard)和比利时数学家瓦莱—布桑(de la Vallee-Poussin)独立证明素数定理,用的都是当时刚刚发展起来的复变函数论方法.他们的结果引起了轰动,被认为是19世纪数学的重大成就之一.这个结果还正式把解析方法推向前台,导致解析数论的诞生.解析数论的确给数论带来一系列新成果,却引起了一个自然的问题,也就是杀鸡是否非得用牛刀,初等方法也就是不用复变函数论,能否证明看来十分简单的素数定理.大多数人表示怀疑,又经过半个世纪的努力,塞尔伯格终于取得突破,他说行!

塞尔伯格于1917年6月14日生于挪威朗根松.1935年他进入奥斯陆大学学数学,毕业后继续攻读博士学位,1942年发表关于黎曼猜想的著名结果,1943年获得博士学位.1942～1947年,他在奥斯陆大学任研究员.集中研究黎曼猜想.1947年他移居美国,1947～1948年在普林斯顿高等研究院任研究员,其后一年在叙拉古大学任副教授,1949～1951年任普林斯顿高等研究院终身研究员,1951年起升为教授直到1987年退休.1987年6月奥斯陆举行庆祝他七十大寿的国际会议.

塞尔伯格到美国之后,发现了著名的塞尔伯格不等式,由此证明素数定理.同时,匈牙利数学家爱尔特希(P. Erdös)独立得到了证明,用的工具也是塞尔伯格不等式.他们的论文均在1949年发表.同时,塞尔伯格大大改进他的同胞布伦(V. Brun)的筛法,塞尔伯格筛法对解析数论的影响很大,例如对哥德巴赫猜想研究的推动.作为大数学家,塞尔伯格对现代数学还有两大贡献,实际上开拓两个至今仍在发展的新分支:一是迹公式及相关的调和分析,另一是离散子群.由于这些贡献,塞尔伯格成为美国科学院、丹麦科学院、瑞典科学院、挪威科学院、印度科学院等科学院的院士,1986年他获得沃尔夫奖.

罗斯于1925年10月29日生于德国的布雷斯劳(现为波兰布雷斯瓦夫),9岁移居英国,在英国受教育.1943年他中学毕业后进入剑桥大学彼得豪斯学院学习,1945年获学士学位.工作一年后他到伦敦大学学院读研究生,1948年获硕士学位,1950年获博士学位,1948～1966年在伦敦大学学院任教,1961年升任教授,1966～1988年任伦敦帝国学院纯数学教授,1988年起任访问教授.

罗斯的主要工作是关于代数数的有理逼近问题.自从发现无理数后,自然考虑其用有理数逼近的可能性与精度问题.到了19世纪,发现有两类无理数——代数数和超越数.所谓代数数,即它是一个整系数代数方程的根,而不是代数数的无理数称为超越数.后来发现,这两类数用有理数来逼近的性质是不同的.罗斯证明:如果α是任何代数无理数,假如有无穷多个有理数$\frac{h}{q}$逼近α,使得$|\alpha-\frac{h}{q}|<\frac{1}{q^k}$,则$k\leqslant 2$.这个结果的重要性在于它是最佳的,也就是说,如

果 $k > 2$,则只有有限多个有理数 $\frac{h}{q}$ 使得上式成立.另外,他在组合理论和筛法等分支也有许多贡献.由于这些成就,除了获菲尔兹奖外,罗斯还于 1960 年当选为伦敦皇家学会会员,并于 1991 年获皇家学会的西尔维斯特(Sylvester)奖章.

贝克尔的结果实际上是对罗斯等人的结果一个定量的改进.在贝克尔之前,几乎所有的有限性结果都是定性的,它只告诉我们具有某种性质的数只有有限多,但究竟多少不得而知.贝克尔发展的方法在于能给出解的一个上界,这在数论中称为有效方法,在数学中产生许多应用.

贝克尔于 1939 年 8 月 19 日生于伦敦,1958 ~ 1961 年在伦敦大学学院学习,获学士学位.1961 年起他到剑桥大学三一学院读研究生,先后获得硕士及博士学位,1964 年起在剑桥大学三一学院任研究员,1974 年起成为剑桥大学纯粹数学教授.

贝克尔的中心结果是给出代数数对数线性型的有效下界,由此证明具有类数 1 的虚二次域的高斯猜想,即这样的域只有高斯已经算出的 9 个,没有第 10 个.他还给出一系列丢番图方程的解的上界,这样基本解决卡特兰(Catalan)猜想.这些结果后来都得到进一步的发展.由于上述贡献,他于 1973 年被选为伦敦皇家学会会员,1980 年被选为印度科学院外籍院士.

三、有限群论

20 世纪的伟大数学家外尔曾有言:抽象代数的魔鬼和拓扑的天使争夺数学的灵魂.的确,20 世纪数学的辉煌与这两大领域密不可分.但从菲尔兹奖来看,代数学的影响到 1970 年才突出地显示出来,这是由于抽象代数学在这之后上了一个大台阶,特别是同主流数学和数学物理的结合.

抽象代数学的核心是群.早在 19 世纪末,群已成为数学统一性的象征,到 20 世纪更在物理、化学等领域起着必不可少的作用.群因其元素数目分为有限群和无限群.而 20 世纪最主要的成就之一是有限单群分类的完成.所谓单群,也就是相当于构成更复杂群的原子.而完成这个世纪伟业的大数学家中,1970 年菲尔兹奖获得者、美国数学家汤普逊(J. G. Thompson)是无可争议的领袖人物.

汤普逊于 1932 年 10 月 13 日生于美国堪萨斯州奥塔瓦,1955 年毕业于耶鲁大学,1959 年在芝加哥大学获博士学位.在博士论文中,他已经解决经过半个多世纪久攻不下的弗洛宾尼乌斯(Frobenius)猜想,这使他在 1962 年被聘为芝加哥大学教授.1968 年起他访问剑桥大学,1971 年起被聘为剑桥大学劳斯·鲍尔(Rouse Ball) 讲座教授,到 20 世纪 90 年代才又返回美国.

汤普逊证明许多大定理,首先是 1963 年同费特(W. Feit) 证明伯恩塞德(W. Burnside) 的一个猜想:任何奇数阶有限群都是可解群. 这个结果使他们荣获美国数学会 1965 年度柯尔(Cole) 奖,其后的系统论文"关于局部子群都可解的不可解群" 解决了这类群的分类问题. 有限单群除了 18 个无穷系列之外,还有 26 个散在单群,其中阶数最高的称为大魔群. 汤普逊不仅证明大魔群的唯一性,而且把大魔群与模函数等领域联系起来成为新的研究热点. 到20 世纪 80 年代汤普逊进一步突破有限群论的专业范围,研究当代的热门领域:编码理论以及有限射影平面等组合问题,其后又研究一个经典问题:伽罗瓦理论的逆问题. 汤普逊的一系列成就带来一系列荣誉:1971 年他被选为美国科学院院士,1979 年被选为伦敦皇家学会会员,1992 年还荣获另一项数学大奖 —— 沃尔夫奖.

与汤普逊工作密切相关的是 1998 年获奖者、英国数学家博尔切兹(R. E. Borcherds),他于 1959 年 11 月 29 日生于南非开普敦,1960 年即移居英国. 1978 年他进入剑桥大学学习,1981 年毕业,后在康韦(J. H. Conway) 的指导下,于 1983 年获博士学位. 1983 ~ 1987 年他任三一学院研究员,1988 ~ 1992 年任皇家学会的大学研究员,1993 ~ 1996 年在美国加州大学伯克利分校任教授,1996 年起回剑桥大学任教.

博尔切兹的主要贡献是证明汤普逊所发现的大魔群与模函数之间不可思议的关系,这个关系由他导师康韦等人总结成"月光猜想". 他在 1992 年证明了这个猜想,证明过程中用到他在 1986 年发展起来的顶点算子代数以及广义的卡茨 - 穆迪(Kac-Moody) 代数. 博尔切兹得出一系列新的恒等式,它们还与数学物理的前沿有密切的关系. 为此,他获得 1992 年第一届欧洲数学会大会奖以及 1992 年度伦敦数学会怀特海(Whitehead) 奖,还被选为英国皇家学会会员.

四、苏联代数三杰

苏联在其存续的 75 年中,产生了上百位世界一流的数学家,苏联的数学实在太强了,以至 5 位菲尔兹奖获得者并不是其中最杰出的,当然他们的贡献的确十分了得. 其中主要因代数方面的工作而获奖的有:1978 年获奖者马古利斯(G. Margulis)、1990 年获奖者德林费尔德(V. Drinfeld)、1994 年获奖者齐尔曼诺夫(E. Zelmanov).

齐尔曼诺夫生于 1955 年 9 月 7 日,他在新西伯利亚大学学习,1977 年毕业后继续读研究生,1980 年获得副博士学位,其后在苏联科学院数学研究所新西伯利亚分部任初级研究员,1985 年在列宁格勒大学获博士学位,1986 年起在新西伯利亚数学所任主任研究员. 1989 年起他到国外兼职,1990 ~ 1994 年任威斯康星大学教授，在芝加哥大学任教一年后，从1995年起任耶鲁大学教授.

齐尔曼诺夫的主要成就是肯定解决狭义伯恩塞德问题.1902年伯恩塞德提出伯恩塞德问题：G是有限生成群，每个元素都是有限阶，G是否为有限群？这答案一般是否定的.后问题推广成有界的伯恩塞德问题，G是有限生成群，所有元素都满足$x^e=l$，G是否为有限群？这答案一般也是否定的.这两个问题主要都是苏联数学家解决的.20世纪50年代又提出狭义伯恩塞德问题：对于d个生成元、具有有界指数n的有限群，其阶是否也有界？这个问题又是苏联数学家取得突破，首先是科斯特里金(A. Kostrikin)对素数指数肯定解决狭义伯恩塞德问题，而齐尔曼诺夫在1990年对奇素数幂指数继而在1991年对2幂指数肯定解决狭义伯恩塞德问题，这导致狭义伯恩塞德猜想最终完全解决.值得注意的是，证明方法用的是若尔当(Jordan)代数的深刻结果.

马古利斯1946年2月24日生于莫斯科，1962～1967年在莫斯科大学学习，1967年起读研究生，1970年获得副博士学位.其后在苏联科学院信息传输问题研究所工作，期间于1983年在明斯克获得博士学位.1986年他升任主任研究员，1991年离开苏联到美国耶鲁大学任教授.马古利斯的工作是塞尔伯格关于李群的离散子群工作的自然延续.1978年他的主要获奖工作是证明塞尔伯格猜想，而获奖之后，他的又一大成就是证明数论中的奥本海姆(Oppenheim)猜想.他的工作深刻而且涉及数学许多领域：组合数学、微分几何、遍历理论、动力系统理论、数论等.马古利斯和其他人的一些重要猜想在20世纪90年代已由苏联女数学家拉特娜(M. Ratner)解决.在最近的报告中，马古利斯称他的理论为刚性理论.

德林费尔德1954年生于苏联哈尔科夫(现属乌克兰)，1969年进入莫斯科大学数学系.1974年他毕业后读研究生，在马宁(Y. Manin)的指导下获副博士学位，1981年起在哈尔科夫乌克兰科学院低温物理技术研究所做研究工作.

德林费尔德的工作遍及数学许多领域，特别是在代数几何、微分几何、数学物理等方面都有杰出的工作.但其最重要的贡献有两方面：一是对朗兰兹纲领的研究，特别是对于函数域上GL(2)证明朗兰兹(Langlands)猜想；二是建立量子群理论体系.量子群是一种霍普夫(Hopf)代数，同李群、无穷维李代数以及数学物理如杨－巴克斯特(Yang-Baxter)方程密切相关.在1986年之后，已有千篇量子群的论文发表.

五、从算子代数到非交换几何

一般认为，法国数学家孔涅(A. Connes)是分析专家，因为他在1982年获奖的主要依据是对冯·诺依曼代数的研究，而冯·诺依曼代数来源于1929年冯·诺依曼 对希尔伯特空间的算子理论的研究，这通常被认为是泛函分析的领域，但冯·诺依曼一开始就从诺特(E. Noether)的抽象代数找到灵感，而且把他的研究对象称为算子环. 冯·诺依曼和马瑞(F. Murray)在1936～1943年合写的4篇论文奠定这个理论的基础. 但30多年过去了，这个孤立的理论进展甚微，一直到孔涅的工作完全改变这个领域的面貌.

孔涅于1947年4月1日生于法国的德拉吉尼昂，1966～1970年在巴黎高等师范学校学习，其后在国家科学研究中心做研究，1973年获国家博士学位，在博士论文中解决了 Ⅲ 型因子的分类问题，引起广泛的注意. 1976～1980年他在巴黎第6大学任教，1979年以后在高等科学研究中心任教授，1984年起兼任法兰西学院教授.

孔涅在20世纪70年代系统地把冯·诺依曼代数的结构理论推向完整，使算子代数产生革命性的变化，但这只是一个学科的进展. 孔涅的伟大之处，在于把算子代数同各个主流学科联系起来，特别是微分几何、叶形理论、拓扑学、K理论等，并且统一成非交换几何理论. 这个理论不仅对量子理论给予全新的理解，而且同数论这种似乎全不相干的理论建立联系. 这种几乎包容一切的理论并非只是一套形式理论，而是解决大问题的工具. 孔涅在20世纪末的论文的确使人叹为观止，他把非交换几何与黎曼 ζ 函数、各种 L 函数联系在一起，从类域论到塞尔伯格迹公式，从阿德尔(Adele)到代数几何到量子统计样样都有. 这就是新世纪的数学！孔涅在2001年独得瑞典科学院克拉福德奖，也许是新世纪大数学家的象征.

参考资料

[1] ARNOLD V, et al. eds. Mathematics: Frontiers and Perspectives, AMS, 2000.

[2] CONNES A. Noncommutative Geometry. New York: Academic Press, 1994.

[3] AUBERT K E, et al. eds. Number Theory, Trace Formulas and Diserete Groups. New York: Academic Press, 1989.

[4] WITTEN E. Magic, Mystery and Matrix. Notices of AMS, 1998(10).

[5] FRENKEL I, et al. Vertex Operator Algebras and the Monster. New York: Aacdemic Press, 1989.

[6] 胡作玄，等. 二十世纪数学思想[M]. 济南：山东教育出版社，1999.

第二编

当代数学人物

我的朋友——几何学家陈省身[①]

为了庆祝陈省身的成就，他的朋友和同事们计划出版这本选集.他们要我写一篇文章.这是我不肯随便推却的荣誉.我其实不能对他的工作给予恰当的评价，虽然我相信未来的微分几何史一定会认为他是E.嘉当[②]的继承人.我所能做的是写一点我们长期交往的回忆——同他的交往，不管学术或私人方面，都是我一生中最宝贵的经历之一.

我必须承认，当1942年《数学评论》杂志要我评论他的一篇关于积分几何的文章时，他的名字对我是陌生的.其实在1936～1937年间我曾在巴黎见过他，那时他在E.嘉当那里做研究工作.不过当时我们没有什么往来，所以后来我不记得他了.我对他的那篇积分几何的文章印象很好.虽然我也指出文章中有一二弱点，但总的来讲它把布拉施克[③]学派的积分几何工作推进到了更高的阶段.我尤其对文章中的深刻见解有很好的印象.我把这些印象写在评论里面，而且和H.韦尔[④]讨论

① 安德烈·韦依，《自然杂志》第2卷(1979年)第8期.André Weil(1906—)是当代法国大数学家.在数论、代数几何和微分几何方面都有巨大贡献.这是最近出版的《陈省身选集》(Springer Verlag出版社，1978年)中的第一篇介绍性的文章.陈省身教授是当代大数学家.1911年10月26日出生于浙江省嘉兴县.1930年毕业于天津南开大学.1934年毕业于清华大学研究院.曾任教于清华大学、西南联大和美国芝加哥大学.现任美国加州大学伯克莱分校教授.最近受聘为北京大学名誉教授.——译者注

② Elie Cartan(1869—1951)是法国大数学家.Gauss(1777—1855)，Riemann(1826—1866)和Cartan被公认为历史上最伟大的微分几何学家.——译者注

③ W.Blaschke(1885—1962)是德国数学家.陈省身的博士论文(1936年)是在他的研究室中做的.——译者注

④ H.Weyl(1885—1955)是德国大数学家.1933年起任美国普林斯顿高等研究院教授.——译者注

过. 恰好那时维布伦已经知道陈在射影微分几何方面的工作，他和韦尔正在考虑请陈到普林斯顿高等研究院来. 这在战时情形下不是一件简单的事情. 当时我自己只是一个在美国的难民，不能对实际请陈的事有多大贡献，只向韦尔竭诚赞助这计划. 我对 1943 年把陈请到普林斯顿这件事做了这一点推动工作，这是一直使我很高兴的.

他 1943 年到普林斯顿以后，离我的工作地点不远，所以他常常来访问我. 我们很快发现我们有很多共同的兴趣. 我们都对 E. 嘉当的工作和卡勒书中对嘉当工作的介绍有极深的印象. 我们都曾在德国认识卡勒. 我们都对高斯－邦尼特定理感兴趣. 我们都开始认识纤维丛[①]概念在很多几何问题中的重要性，虽然这些重要性当时还不是很明显. 更重要的是我们似乎对这些问题，和对整个数学，都有许多共同的观点. 我们都企图能不管别人的看法而直接向每一个问题从根上下功夫.

陈和我都对当时数学界关于示性类的概念很有兴趣，虽然当时对于示性类的知识还是很少的. 在他第一次访问我时我们就谈到了这些问题，以后又一再谈到这些问题. 大家都知道，不久后示性类的概念被陈的工作整个地改观了，先由于他对高斯－邦尼特定理的证明，然后通过他对复结构和准复结构的基本发现. 这些都是历史了，我不想多谈，只想指出陈对高斯－邦尼特定理的证明第一次用了内在的丛，也就是切向丛，因而把整个问题大大地明朗化了.

1944 年底我去巴西，他于 1946 年回到中国去和他的家庭团聚. 我们在分开的几年内没有通过多少消息. 我自己对纤维丛在代数几何中的应用通过他在复流形上的工作而逐渐成熟起来.

1949 年夏他全家来到芝加哥，我们成了邻居，住在芝加哥大学教员公寓. 以后十多年的时间是他和我的工作都颇有成果的一段时间. 纤维丛、复流形、齐次空间都是我们当时研究的对象. 记得我们在埃克哈特大楼我们的办公室中讨论，在我们家中讨论，在附近公园中一面散步一面讨论，在一切时候讨论. 我们与同事、与研究生的关系都很好. 美国和其他国家的数学工作者经常来芝加哥大学，作短期或长期的访问. 爱德·斯帕尼尔当了芝加哥大学教授以后，我们又有了一位拓扑学同事. 陈和我在那十几年内的工作都充分表现出当时芝加哥大学数学系活跃的科学研究空气对我们的影响.

后来他和我都由于各种原因，包括气候和居住环境方面的考虑，离开了芝加哥. 像我们曾戏言的一样，他迁往伯克莱离中国近了些，我迁往普林斯顿离法国近了些. 我们的友谊并没有因此而受到影响，但是我们彼此间工作的接触自

---

① 纤维丛是重要的几何概念，近年来在基本粒子物理学中有重要的应用. 各种相互作用(即基本粒子间的力量)都与纤维丛的概念有密切关系. —— 译者注

然地减少了，虽然我们仍设法不时见面.他与他的中国同事们保持了联系，通过他的关系，我在1976年秋被邀请访问了中国——一次给我极深印象的访问.我不想对这些私人往来的事再多叙说，也不想对陈在近十五年间的工作加以评述(它们的价值是众所周知的，我不是最有资格讨论的人)，只想对几何在数学中的地位——对今天的数学和未来的数学——讲一些意见.

显然，微分几何中的一切都可以翻译成分析的语言，就像代数几何中的一切都可以翻译成代数的语言一样.有时候数学工作者，因为他们的自然喜爱，或者错误地为了“严谨”，太注意翻译后的语言而忘掉了原文.虽然这种办法也曾偶尔引导出重要的结果，但是如果没有真正几何学家出来挽救的话，几何题材的形式化处理一定会把这门学科扼杀掉.历史上的蒙日对于解析几何，近代的列维－齐维他和更重要的E.嘉当对于张量分析的工作，都是真正几何学家的贡献的例子.

真正的几何直观恐怕是心理学所永远不能了解的.过去几何直观主要与三维空间中的构想有关.现在既然我们经常讨论更高度空间的概念，构想最多只能是部分的或象征的.触觉的想象[①]也多少有一些作用.不管怎样，假如没有E.嘉当、海因茨·霍普夫[②]、陈省身和另外几个人的几何构想，20世纪的数学是不可能有它的惊人进展的.我相信未来的数学进展还要靠他们这样的数学工作者.

① 原文是tactile imagination.作者似乎认为几何的构想与触觉有关.这是很重要的问题，据译者所知，研究这问题的工作还很少见.——译者注

② Heinz Hopf(1895—1971)是瑞士大数学家.——译者注

名师与高徒——陈省身与丘成桐[①]

当今国际数学界，设有两项奖励，可谓举世瞩目，堪与诺贝尔奖相比. 一项是在国际数学家大会上颁发的菲尔兹(Fields)奖，这项奖只授予年龄不超过40岁的年轻数学家，一项是由以色列沃尔夫基金会于1978年开始颁发的沃尔夫(Wolf)奖，每奖十万美元(这数目最初与诺贝尔奖接近)，授予当代最伟大的数学家.

1983年，旅美中国年轻数学家丘成桐教授荣获菲尔兹奖，而他的老师、美籍中国数学家陈省身教授则荣获沃尔夫奖. 师生双双在同一年度里，分获这两项世界数坛的最高奖励，一时在科学界传为佳话. 人们异口同声地赞誉：真是名师出高徒.

一、当代几何大师

陈省身教授是美国科学院院士，1975年美国国家科学奖获得者，当代世界最有影响的数学家之一，现代微分几何的奠基人.

陈省身1911年10月26日出生于我国浙江省嘉兴县. 1926年毕业于天津扶轮中学，1930年毕业于天津南开大学，1934年毕业于清华大学研究院，1936年获德国汉堡大学博士学位. 曾任清华大学、西南联大、美国芝加哥大学、美国加州大学伯克莱分校教授，并曾任南京数学研究所代理所长和美国国家数学研

① 李心灿，《自然杂志》第12卷(1989年)第6期.

究所所长. 自1972年以来,他多次回国讲学,并担任了北京大学、南开大学、暨南大学,以及其他许多大学的名誉教授和中国科学院系统科学研究所的名誉研究员、名誉学术委员. 1984年,他接受我国教育部的聘请,到天津南开大学任南开数学研究所所长.

陈省身教授是国际数学界整体微分几何方面的领袖人物. 他1931年在清华大学研究院发表的第一篇研究论文,就是关于投影微分几何的. 他在德国汉堡大学的博士论文是研究E. 嘉当方法在微分几何中的应用. E. 嘉当(Elie Cartan,1869—1951年)是20世纪最伟大的数学家之一,曾荣获罗巴切夫斯基奖和巴黎科学院的多次奖金,他和高斯、黎曼被誉为历史上最伟大的3位微分几何学家. 陈省身在汉堡取得博士学位后,即决定到巴黎追随E. 嘉当. 1936年至1937年陈省身在E. 嘉当那里做研究工作. 陈省身后来回忆说:"这一年对我在数学研究发展上,影响极大."他后来利用E. 嘉当所创的方法,开辟了一条自己的路. 1937年他回到中国,任教于西南联大. 当时正值抗日战争最艰苦的年代,图书与资料极少,他只好"拿一些从E. 嘉当先生那儿带回来的论文单行本自己苦读,并由此而探研思索很多从未有人想过的数学问题". 在西南联大任教的6年中,他不断发表论文,声望渐隆. 他在投影微分几何方面的工作,早为人们所知,并受到美国著名数学家、普林斯顿高等研究院教授维布伦(O. Veblen,1880—1960年)的赏识. 他写的积分几何论文,把布拉施克学派的积分几何工作推到了更高的阶段. 文中的深刻见解,给当时享有国际声誉的大数学家韦尔(H. Weyl,1885—1955年)和魏伊(A. Weil,1906—)留下了很深的印象. 1943年,陈省身应邀到美国普林斯顿高等研究院做研究工作,当时这里正是维布伦、韦尔、魏伊等数学精英的荟萃之地,陈省身在这里展开了他在微分几何方面的重要研究.

1941年,魏伊与阿伦道佛(A. Allendoerfer)把曲面的高斯-邦尼特公式推广到了任意维的黎曼流形上. 但是,这个定理的证明依赖于当时还不知道是否存在的一种嵌入,因此不是"内蕴的". 陈省身看到这篇论文后,便出色地完成了这个被称为"现代微分几何的出发点"的定理的内蕴证明,并且用易于为人接受的初等方法澄清了所涉及的一些概念. 1944年,他将结果发表在美国的数学杂志上. 瑞士大数学家霍普夫(H. Hopf)非常赞赏陈省身的工作,称它"开辟了微分几何的新纪元".

陈省身对当时数学界知之甚少的示性类理论很感兴趣. 1945年他发现复流形上有反映复结构特征的不变量,后来这些不变量被命名为陈省身示性类. 陈省身示性类是微分几何学、代数几何学、复解析几何学中最重要的不变量,"它的应用及于整个数学及理论物理"(沃尔夫奖评语). 魏伊说:"示性类的概念被陈的工作整个地改观了."陈省身因建立代数拓扑与微分几何的联系,推进了整体几何的发展，而彪炳于数学史册.

E.嘉当早在广义相对论诞生之前，就产生了局部一样但整体不同的空间的思想.1937年，美国数学家惠特尼(H. Whitney)把流形和流形上各点的切空间结合在一起得到了纤维丛的概念.1941年，法国数学家艾勒斯曼(C. Ehresmann，1905—1979年)发展E.嘉当的思想，不仅正式提出了纤维丛的概念，而且细致地研究了纤维丛的一些基本性质.后来，陈省身认识到E.嘉当关于联络的几何思想与纤维丛理论有密切的关系，从而把微分几何推广到整体的情形.纤维丛理论作为一种严谨、成熟的数学理论，人们通常认为是由艾勒恩曼、陈省身和斯丁路德(N. E. Steenrod)在1950年提出的.

在将近半个世纪里，陈省身教授在微分几何研究中，取得了一系列丰硕的成果，其最突出的有：

(1) 关于卡勒(Kȧhleian)G结构的同调和形式的分解定理.

(2) 欧几里得空间中闭子流形的全曲率和紧嵌入的理论.

(3) 满足几何条件的子流形唯一性定理.

(4) 积分几何学中的运动公式.

(5) 他同格里菲思(P. Griffiths)的工作使网几何(web geometry)获得新生命，最近有重大的发展(I. Gelfand，R. Mcpherson).

(6) 他同莫泽(J. Moser)关于CR流形的工作是最近多复变函数论进展的基础.

(7) 他同西蒙斯(J. Simons)的特征式是量子力学异常(anomaly)现象的基本数学工具.

(8) 他同沃尔夫森(J. Wolfson)关于调和映射的工作是整体微分几何的一个基本问题，在理论物理有重要应用.

1959年陈省身教授在芝加哥大学所撰写的《微分几何》是一部经典名著，他和陈维桓合著的《微分几何讲义》荣获我国(1976～1985年)优秀教材国家特等奖.1950年和1970年，他曾两度被邀请在国际数学家大会上报告微分几何的进展，这至少意味着在长达20多年的时间里，他在微分几何这个领域的研究一直处于世界领先地位.陈省身教授在当今数坛的地位极高，国际上一些权威学者评论道："陈省身早期关于积分几何，特别是关于运动公式的研究，以及关于示性类跨越领域的发现，是使得整体微分几何进入激动人心的发展阶段的转折点.他的领导、他的研究成果和他众多的学生，繁荣了整体微分几何，而整体微分几何又影响了拓扑、代数几何、复流形、数学物理规范场理论的发展.""陈省身是20世纪最伟大的几何学家E.嘉当的当之无愧的继承人.""陈省身先生就是现代微分几何."

陈省身教授不仅在数学研究上做出了卓越的贡献，而且还指导、培养了许多人才.据不完全统计,截至20世纪80年代初,他已为世界各国培养了40多名数学博士.1983年菲尔兹奖获得者,旅美中国年轻数学家丘成桐教授就是其中出类拔萃的一位.

二、数学新星

丘成桐1949年4月4日出生在我国广东省汕头市,不久他全家移居香港,他的小学和中学教育是在香港完成的.丘成桐早年丧父,家里人口又多,兄弟姐妹7个,生活比较困难.在香港念中学时,他的家住郊外,每天上学途中要花费很多时间.念到中学后两年,他一边上学一边替别人补习功课,挣钱以贴补家用.1965年,他考入香港中文大学数学系,仍勤工俭学.他非常勤奋刻苦,仅以两年的时间就学完了数学系4年的课程.当他"无课可上"的时候,数学系的外籍教师沙拿大给美国加州大学伯克莱分校写信,推荐丘成桐到那里的研究院去深造.当时正在伯克莱分校任教的陈省身教授见信后,对这个青年人表示了特别的关注.刚巧那年他接受了中文大学的名誉博士称号,同丘成桐有过短期的接触.一向注意发现和培养青年人的陈省身教授,以他敏锐的眼光,发现丘成桐是一株有培养前途的好苗子.可是,当丘成桐要来伯克莱分校研究院的时候,却又碰到一个困难,因为这里不接受还没有取得大学毕业文凭的人.陈省身教授以极大的热忱竭力推荐,不仅使该校破格录取了这个成绩优异的学生,而且还为他争取到了一笔奖学金.

在陈省身教授的亲自指导下,两年之后,丘成桐就获得了博士学位,时年仅22岁,这么年轻的博士在美国人当中也是少有的.取得了学位之后,他又到普林斯顿高等研究院深造,后来到纽约州立大学及斯坦福大学任教.1974年升为副教授,1977年升为正教授,时年仅28岁.

1976年,年仅27岁的丘成桐就解决了微分几何中的一个著名难题——卡拉比(Calabi)猜想.这个问题是20世纪50年代初美国数学家卡拉比提出的,它来自代数几何.问题的解决要涉及紧凯勒流形上具有给定的体积形式的凯勒度量存在性的证明,在分析上则涉及一个高度非线性椭圆型方程的存在证明.丘成桐的解法从实质上来看是经典的方法,即通过先验估计.他关于这些估计的推导可以说是他雄厚的数学基础的一次显示.卡拉比猜想是一项对高维空间曲线所做的几何研究,其结果在微分几何、代数几何、偏微分方程、多复变函数都有很重要的应用,对物理、力学等也有深刻的影响.卡拉比猜想的解决,使丘成桐成为新升起的一颗数学明星.

1978年,4年一度的国际数学家大会上,高手云集的数百名与会者中只有16位顶尖人物赢得了作一个小时报告的资格,丘成桐便是其中之一.1979年,加州科技及工业博物馆授予他"1979 年加州科学家"的称号，30 岁的丘成桐成了第一个获得这一荣誉的数学家．这些年来，丘成桐在微分几何和偏微分方程方面做出了极其深刻、极有影响的工作．他是一位具有分析学家气质的几何学家，或者说是一位具有几何学家气质的分析学家．

丘成桐除解决了卡拉比猜想外，他还解决了许多停滞多年毫无进展的问题．例如：

(1) 正质量猜想．这个问题来自相对论，它涉及大范围黎曼几何和非线性椭圆型偏微分方程．丘成桐和他的学生一起应用微分几何的方法，构造出极小曲面，用非线性方程的技巧完全加以解决．

(2) 实与复的蒙日 — 安培方程．丘成桐在同郑绍远合作的工作中，对于高维闵可夫斯基问题给出了完全的证明．他们还构造出 C^n 中拟凸域里具有给定里奇曲率的爱因斯坦流形．这里再一次表现出他非凡的构造技巧和高超的估计能力．

(3) 丘成桐的一系列文章对某些紧流形(或有边界的流形)上的拉普拉斯算子的第一特征值，以及其他特征值，都做了深刻的估计，这些流形的里奇曲率适合一些不易表现流形几何信息的条件．其中所用到的论证极其复杂多样，技巧极为高超．

(4) 丘成桐和肖荫堂合作，利用极小曲面对弗兰克尔猜想给出了一个漂亮的证明，也就是证明了完备的、单连通的、具有正全纯双截面曲率的凯勒流形与一个复射影空间双全纯等价．

(5) 丘成桐和米斯克第三利用三维流形的拓扑方法解决了极小曲面的经典理论中一些老问题．反过来，他们利用极小曲面理论得出了三维拓扑学的一些结果：德恩引理、等变环圈定理、等变球定理等．

丘成桐的工作的一个突出方面是他能仿照以前应用测地线那样应用极小曲面．这通常涉及一些极端困难的需要高度技巧的拓扑问题和分析问题．这些问题的解决，除了表现出他高超的技巧及深厚的功底外，也表现出他很了不起的勇气．

丘成桐的出色成就，使他于 1981 年获美国数学会颁发的维布伦奖．评奖者认为，很少有数学家能够在成就的深刻性、影响力以及所用方法和应用的广泛性方面比得上丘成桐．1983 年，他在华沙举行的国际数学家大会上荣获菲尔兹奖是当之无愧的．功成名遂，饮水思源．丘成桐在谈到自己成功的体会时说："陈先生在科研选题和科研方法上给了我很多极有价值的指导．他是一位诲人不倦的学者．"

三、拳拳之情，赤子之心

法国著名科学家巴斯德(L. Pasteur，1822—1895 年)说过："科学是没有国界的，因为它是属于全人类的财富，是照亮世界的火把，但学者属于祖国."陈省身教授和丘成桐教授都极为关心祖国数学事业的发展，炎黄子孙的爱国之心跃于他们的言谈、书信、文章和行动之中.

陈省身教授说："要使中国数学突进，…… 第一，要培养一支年轻的队伍.成员要有抱负，有信心，肯牺牲，不求个人名誉和利益，要超过前人，青出于蓝，后胜于前.中国数学如在世界取得领导地位，则工作者的名字必然是现在大家所未闻的.第二，要国家的支持.数学固然不需要大量的设备，但亦需要适当的物质条件，包括图书的充实，研究空间的完善，以及国内和国际交流的扩大.一人所知所能有限，必须和衷共济，一同达成使命."为此他积极倡导和组织了中国数学界每年举行的 3 项大活动：

(1) 国际微分几何、微分方程会议.每次会议都由陈省身教授出面，邀请世界第一流学者前来参加.借此机会，让国内数学界了解这个领域最新的研究成果和动态.

(2)"暑期数学研究生教学中心".每次约请活跃在数学研究第一线的国际知名数学家，利用暑假来华为全国优秀的数学研究生讲授现代数学的主要基础课程.

(3) 选派中国数学研究生赴美参加"陈省身项目"的研读，每年 20 名.由陈省身教授出面联系，由美国数学会来华招考.选中的研究生由美国数学会介绍到有关的大学免费就读.

陈省身教授于 1984 年辞去美国国家数学研究所所长职务，回到他一直抱有深厚感情的母校南开大学应聘担任南开数学研究所所长.他的办所宗旨是"立足南开，面向全国，着眼世界".

在不少公开场合，陈省身教授充满自信地说：中国人是有数学天才的.经过努力奋斗，到 20 世纪末，中国有可能成为"数学大国".他殷切寄希望于青年一代，愿 20 年后的中国的数学夺得世界现代数学的"金牌".

丘成桐教授也满腔热情、充满期望地说："现在，中国的数学要发展起来，主要是要尽快培养一大批青年人.在国外，最好的数学问题大都是青年人做出来的.如果中国培养青年人的工作抓好了，我相信，很快会追上去，跨进国际数学界的先进行列."他曾于 1980 年回国参加"微分几何与偏微分方程北京(国际)学术讨论会"，并被聘为中国科学院数学研究所的名誉学术委员.

参考资料

[1] WEIL A.(杨振宁节译),《自然杂志》,2,8(1979),479.

[2] 周文斌,李肇东,《光明日报》,1980 年 9 月 7 日.

[3] 郭梅尼,《中国青年报》,1980 年 9 月 4 日.

[4] 汤华,《瞭望》,51(1984)10.

[5] NIRENBERG L.(胡作玄译),《数学译林》,1(1984)91.

[6] 胡作玄,赵斌,《菲尔兹奖获得者传》,湖南科学技术出版社(1984)133.

[7] Notices of the American Mathematical Society,31,1,(1984)7.

[8] PARKER S. P.,Modern Scientists and Engineers,Vol. 1,McGraw-Hill(1980)201.

一代学者陈建功[①]

20世纪30年代初期,有一位日本地质学家访问中国,会见了鲁迅先生.这位地质学家问鲁迅:“陈建功博士现在在什么地方?”鲁迅回答:“不知道.”客人感到非常奇怪,说道:“陈建功博士在日本是大家都知道的,为什么在中国没有人知道呢?”鲁迅先生当时告诉他,蒋介石反动政府从来不重视科学,也从来不重视科学家.

陈建功是一位杰出的数学家,他治学谨严,涉及面广,是我国“三角级数论”“复变函数论”“实函数论”“函数逼近论”等数学分支的学科带头人,推动我国赶超世界先进水平.他早年三次留日,1929年获得日本理学博士学位.清朝政府早在19世纪末期便开始向日本派遣留学生,三十余年之后,陈建功成为第一个获得日本理学博士学位的中国人,也是在日本取得这一荣誉的第一个外国科学家.日本的这一学位,当时公认比较难获得.一个中国人取得理学博士学位,这件事在日本引起了轰动,不但全日本各所大学的报纸和在日本发行的西文报纸纷纷报道,而且日本的理科学者们特地集会庆祝陈建功取得了这样的成就.陈建功博士于1929年应老师藤原教授的要求,用日文撰写了数学专著《三角级数论》,由日本东京的岩波书店印行.这部书是国际上最早出版的三角级数论的专著之一,它比1935年出版的齐格蒙特(Zygmund)的标准著作《三角级数论》要早六年.因此他在日本成了一位著名人物.抗战胜利那年,几位教

① 蔡漪澜,《自然杂志》第4卷(1981年)第2,3期.

授到台湾接收台湾大学，陈教授任代理校长兼教务长. 当时由于中国科学落后，日本人对待中国的接收人员态度甚是傲慢，但一听到陈建功教授的名字，不由得肃然起敬.

十年浩劫期间，一代学者陈建功教授没有来得及看到林彪、四人帮的末日就离开了人世，许多人深深怀念着他，然而他的事迹仍然很少为数学界以外的人士所知.

陈建功教授生前不求闻达，性情脾气亦无乖张悖理之处，对于意在猎奇搜胜的人来说，这个人物似乎比较平淡. 然而陈教授正是一位典型的中国学者，从感人的事迹中来探索他的内心世界，也许有助于了解中国究竟需要什么样的知识分子.

一、好学不倦的少年

清朝末年和民国初期，绍兴城里官办的慈善机构同仁局里，有一个忠厚老实的小职员，名叫陈心斋，娶妻鲁氏，生下七个儿女. 长子取名建功，字业成，下面六个都是女孩子. 对一个月薪只有两块大洋的小职员来说，这一付生活担子是够沉重的. 鲁氏夫人生就一双巧手，经常到成衣铺去取些活计来做，帮助丈夫维持生计. 同仁局的业务，除施药、施棺材之外，还有小额无息贷款一项，主要给一些小贩临时解决资本短缺的困难，规定只要铺保，不取利息. 陈心斋就是经管贷款的. 这位洁身自好、爱惜名誉的公务员，在同仁局做事二十四个年头，从来没有一点银钱上的差错. 对于这点，老先生在儿女面前时常引以为自豪. 据说他六十多岁告老以后，接任的那个职员不出一年就搞成一笔糊涂账，弄得身败名裂. 陈心斋的正直从此更加为人称道.

陈建功四、五岁时，父亲送他到某户人家的私塾先生那里附读，虽要花一点银钱，但不必管饭，负担可以稍轻一些. 他从小十分喜欢读书，有一天祖母见他发烧，不让他去上学，四岁的孩子嘴里说着“娘娘，我要去的，我要去的.”挣脱了祖母的手，朝外就走.

跟私塾先生读书，学生的主要作业是背书，陈建功记性好，又用心，书背得特别快，“喧宾夺主”，学业比那户请先生的人家的孩子长进得更快，惹得那家主妇很不放心，特地关照私塾先生，要等她家的孩子背熟了功课才能往下讲，她家孩子背不出时，先生不可讲授新课，于是陈建功只得时常停课等待.

读了几年私塾之后，他进了绍兴有名的蕺山书院，与历史学家范文澜同学.

蕺山书院有悠久的历史，明末清初年间，有位曾经在这个书院念过书的明朝遗臣刘念台，效法古代的伯夷、叔齐，义不食清粟，不肯当清朝顺民，绝食而亡. 陈建功从绍兴县志上看到刘念台的事迹，敬仰不已，常把这个故事讲给妹妹听.抗日战争爆发的前夕,日本侵华的意图十分明显,陈建功想起了宁死不肯变节的绍兴志士刘念台,就给自己起了陈念台这样一个别名,以明宁死不当亡国奴的志向.

蕺山书院就是后来的绍兴县立第一小学;从该校毕业后,他考入了绍兴府学堂,当时鲁迅先生就在那里教书.

陈建功读书十分专心.放学回家,他喜欢爬到自己床上去看书,年幼的妹妹们有时走来和他捣乱,他并不斥骂她们,却想出一个改善学习条件的办法,将床脚垫高,使妹妹们够不着,无法再翻乱他的书本.有一天他坐在高高的床铺上,双脚搁在床边的一张旧茶几上,看书入了神,无意中以脚摇动茶几,一不小心将茶几踢翻在地.祖母听见声音,走进屋来问他,陈建功竟连茶几倒地也不曾发觉.

1910年,十七岁的陈建功离别故乡,来到山明水秀,风景绮丽的文化名城杭州,进入杭州两级师范学校.这所学校分设初级师范和高级师范,他念的是高级师范.念高师的三年期间,他最喜爱的一门功课是数学.毕业以后怎么办?同学们有的要去北京,进师范大学深造,有的想到日本留学,将来好以科学救国,使古老的神州国富民强.国家,家庭,还有心爱的数学,使陈建功选择了出国深造的道路.

陈建功回到绍兴,一家人无不欢天喜地.父亲将儿子唤到跟前,郑重其事地对他说:"你高师毕业,可以当小学教员了,以后就帮我一道养家吧."不料陈建功指着几个幼小的妹妹,反问父亲:"我当小学教员,叫几个妹妹都去当'白吃饭'吗?"使做父亲的一时目瞪口呆."白吃饭"是当时绍兴人对女童工的称呼,她们出卖廉价劳动力之后,由厂主管饭,故称"白吃饭".要是去当小学教员,待遇当然是极低的,只够自己糊口,没有余力帮助妹妹们.出国深造,将来让妹妹们也能读书识字,有个较好的前途,这是他为家庭所做的考虑.至于为国家,为数学,他想得很多,但不好意思在父母面前高谈阔论.他只讲了为妹妹着想的几句话,便静待父母点头.陈心斋听他说得有理,不禁暗暗赞许儿子比自己目光远大.他当初不是替儿子取名建功么!看来陈家真要出一个不寻常的子孙了."好吧,多学点本事也好."他朝妻子望了一眼,知道她舍不得心爱的儿子,但又望子成龙,不会阻拦的.

陈心斋手里经管着公家的银钱,但却无法为儿子筹措东渡的路费.陈建功有个同学,家里在绍兴后街上开着爿绉纱店,和他家去商量,总算借到五十元盘缠钱.父亲告了几天假,将儿子送到上海.然后陈建功只身由上海漂洋过海,来到了人地两疏的日本.

二、三次东渡

陈建功1913年来到日本.那时辛亥革命刚成功不久,中国政府把培养工程技术人员视为当务之急,故而官费留学生的名额以工科学校居多.陈建功第二年考入东京高等工业学校,取得官费待遇.每月领得的生活费用,自己只花去一部分,省下一部分逐月寄给父亲,分期还清五十元盘缠钱之外,还能补贴家用,让几个妹妹可以念一点书.

他在高等工业学校学的是染色科,从大的专业范围来说,属于化工一类.但他不愿意放弃自己在数学方面的志趣,又考进了一所夜校——东京物理学校.

同时读两所学校,白天学化工,夜晚念数学、物理,除去上课,还要做大量习题,学习何等紧张!连吃饭的时间都不得不尽量缩短,为了节约时间和节省开支,他时常啃糯米糰充饥,久而久之,牙齿蛀坏了好几个.

这样的岁月过了好几年,除了学得理、工两方面的知识和技能之外,他更学会了珍惜时间.后来他回到祖国,看到有些人办事不知讲究效率,常感慨说:"这些人真会浪费时间,空话讲讲,只知道东西值钱,不知道时间宝贵,实际上时间最宝贵."待到当了教授以后,他最不爱听学生叫嚷"时间不够",他说:"根本没有'时间不够'这回事,是自己不抓紧."时间对陈建功来说实在太宝贵了,他非但善于抓紧时间,养成了高速度、高效率的工作习惯,而且连小说、电影也视作一种耗费时间的因素而避之唯恐不及.

他一生看过的电影是屈指可数的.外国电影只看卓别林的片子;中国电影中,欣赏的是《林则徐》、《聂耳》、《甲午风云》和《十五贯》.他常说,小说都是编造出来的,"看看(小说或电影)还不如我想想(数学问题)好."

来到日本的第五年,1918年陈建功从高等工业学校毕业,1919年春天又毕业于东京物理学校.在异国的六年中,他学业突飞猛进,但耳闻目睹中国人在国外受人歧视,心头郁结着积愤.

陈建功从小爱读历史,在远离祖国的日子里,他时常想念着隔海相望的神州故土.祖国有过灿烂的文化,科学上岂能长期落后于人.他相信,中国一定会繁荣富强起来,他愿意为此献出自己的一分力量.1919年他学成归国,到浙江大学工学院的前身,浙江甲种工业学校教书,教的是染织工业方面的课程,作家夏衍那时候是他班上的一名学生.陈建功业余时间继续钻研数学,负责指导一个数学兴趣小组.

1920年陈建功离别新婚的妻子,第二次到日本去留学.

他来到日本仙台,考进日本东北帝国大学数学系.大学一年级时,他在日本发表了第一篇论文,登载在日本《东北数学杂志》上.据数学家苏步青先生最近在《陈建功先生数学论文选集序言》中介绍,这是“一篇具有重要意义的创造性著作,无论在时间上或在质量上,都标志着中国现代数学的兴起.”中国数学史上,正式在外国发表学术论文者,第一位是留美的胡明复,第二位就是留日的陈建功,两人的论文发表日期相隔不远.从这时候开始,陈建功成了一位在日本十分引人注目的中国留学生.

1923年,他从日本东北帝国大学毕业,回国后在浙江工业专门学校教数学,翌年应聘到国立武昌大学担任数学教授.

1926年,他第三次东渡,到日本东北帝国大学去做研究生,在导师藤原松三郎指导下研究三角级数论.

纯数学过去长期以来习惯上分成三个方面:分析数学,几何学,代数学.这当然不能包括全部纯数学,但是可以概括大部分.分析数学主要研究函数以及函数概念的进一步扩展后的有关概念.函数论是分析数学中最重要的基础之一.陈建功毕生的精力就用在研究函数论方面.

他在日本做研究生的时候,就发表了许多数学论文.他曾致力的研究工作,跨越了数学中的不少分支.

在三角级数理论的早期发展中,主要研究对象是富里埃级数的收敛与求和问题.研究这类问题的目的,是从理论上弄清怎样可以把函数表示为三角级数.陈建功年轻时代的主要工作就属于这个领域.例如,他研究了如何刻画一个函数能用绝对收敛的三角级数来表示的问题.当时,这类问题是世界上许多第一流数学家极力企图解决的问题.1928年,陈建功和当代最著名的数学家黎斯、哈代以及李特伍特等各自独立地解决了这个问题.陈建功证明了这类函数就是所谓的杨氏(Young)卷积函数.陈建功的论文发表在日本帝国科学院1928年的院刊上.同年,哈代和李特伍特的论文在英国伦敦数学会的会刊上发表.这样重要的定理,理应称为陈建功定理或陈建功-黎斯-哈代-李特伍特定理,可是遗憾得很,由于当时西方蔑视东方被压迫民族的科研成果,这样的命名是不可想象的!

陈建功对于直交级数的研究也得到了很深刻的成果.大家知道,当代著名数学家孟孝夫、拉特玛哈以及卡子玛茨等都是这一领域中的权威人士,而陈建功又把他们各自得到的一些理论归结为另一条基本定理,证明了它们之间是完全等价的.

在日本期间,陈建功飞速地前进着.他仅用了两年多的时间,就取得了一系列重要的研究成果.他把这些成果分别用英文写成十多篇论文,发表在日本的几种数学学报上.就是这些工作奠定了他取得理学博士学位的基础.1929年,他把两年多的研究成果加以综合,写出了自己的博士论文,取得了博士学位.他的成就不但惊动了当时的日本舆论界,而且使藤原教授引以为豪.据周建人同志回忆，有位朋友曾经告诉他，在日本学者专为庆祝陈建功博士的成就而召开的一次大会上，藤原教授发言说："我一生以教书为业，没有多大成就. 不过，我有一个中国学生，名叫陈建功，这是我一生的最大光荣."

藤原教授多年来苦于自己专业领域内日文著作的匮乏，只能采用英文原著作教材给研究生上课，此刻看到自己的中国学生有了造诣，便要求陈建功用日文撰写一部《三角级数论》. 陈建功以自己一贯的风格，高速度、高效率地完成了这部专著. 书中反映了当时的国际最新成就，其中也包括了他自己的研究成果. 一年后这部著作由日本东京岩波书店印行，成了当时函数论方面的一部重要著作. 函数论方面的专门术语，日本人过去无论讲课、做报告、还是写论文，一直采用英文字眼，陈建功撰写这部日文著作时，为创造日文术语颇费了一番心血，他当年首创的不少日文术语至今仍在沿用.

三角级数论方面的重要研究成果，当时国际上公认难于夺得的日本理学博士学位，再加上颇有分量的专著，这都是陈建功为祖国争光所作出的贡献. 再借用苏步青在《陈建功先生数学论文选集序言》里的一句话，"长期被外国人污蔑为'劣等人种'的中华民族，竟然出了陈建功这样一个数学家，无怪乎当时举世赞叹与惊奇."

这样一位才华横溢的优秀数学家，藤原教授当然是舍不得放走的，他暗暗希望陈建功能长期留在自己身边. 科学无国界，在日本不是同样能够研究数学么！而且条件比中国好. 陈建功到老师家中交出《三角级数论》手稿的那天，藤原夫人像往常一样，按照日本妇女的习惯，恭恭敬敬地跪在榻榻米上奉上一杯清茶. 藤原教授笑盈盈地望着陈建功，心里说不出的高兴. 不料陈建功说出一句话来，使老先生大吃一惊. "先生，我是来向您告辞的，过几天就要回国去了." 陈建功终于说出久已埋藏在心底里的决定，不觉松了一口气，但他十分明白老师的心意，所以语调格外柔和，希望取得老师谅解.

"为什么要走？" 老师开始耐心地开导他. 这个学生已经在三角级数的研究方面取得了十分重大的成就，如果留在东北帝大研究院，继续研究数学，前途是无可限量的. "在我们日本，获得理学博士学位相当难，这点你是知道的. 你在日本数学界有了这样的声望和地位，还愁将来没有灿烂的前程吗？" 教授还说了许许多多坚决挽留的话，断言留在日本对陈建功有利. "先生，谢谢您的美意. 我来求学，是为了我的国家，也为了家里的亲人，并非为我自己." 短短几句话，道出了陈建功不可动摇的决心. 陈建功是一位富有成就的数学家，但他首先是个热情的爱国者，在他看来，一个人的学问绝不是他个人的私产，而应当是为国家为人民效力的本领. 东渡求学的目的本来是"科学救国"，岂能为个人打算而忘却亟待振兴的祖国？ 祖国既然贫弱，出外求学的儿子，正该以报国为己任！他终于辞别老师，登上一艘西行的客轮，离开了求学十二年的异乡. 轮船朝着他昼夜思念的祖国大陆驶去，陈建功望着汹涌的海涛，心潮澎湃，涌起了一股美好的愿望：中国需要人材，哪怕自己今后少出一些成果，也要为国家多多培养数学人材.

三、陈苏学派

陈建功博士从海外归来的消息很快就在各所高等院校传开了. 北京大学、武汉大学、浙江大学一齐寄来聘书，争聘陈建功博士去当数学教授. 论待遇，前面两所大学的月薪高，浙大低一些；论研究条件，北大和武大历史久，藏书多，条件无疑比创办不久的浙江大学优越. 研究物理、化学、生物学都需要借助实验设备，而研究数学，专业书籍和杂志最为重要. 故而数学系的图书馆，作用简直与物理系的实验室不相上下，藏书多少绝非一件小事. 陈建功在绍兴接到三份聘书，婉言谢绝了前两所大学，决定赴浙大任教.

陈教授为什么选择了浙大？至今有几种不同的说法. 许多人说，他不太看重银钱，又特别孝顺母亲，到浙大为了便于照顾住在绍兴的父母和妹妹；也有人说，他喜欢到杭州去工作，因为这个城市幽静、美丽，而且政治色彩比北平、武汉两地淡薄；还有人讲，正因为浙大数学系新建不久，新僻的天地更利于他施展自己的抱负. 很可能三种因素兼而有之吧.

赴任前夕，妻的病却日见加重了. 她与体弱多病的大妹、四妹商量，同去找附近村里的巫婆看病. 三人悄悄雇了一条小船，不想惊动陈建功. 她们都知道，他是素来不信神道的.

绍兴风俗，初一、月半要用饭菜、香烛供奉灶司菩萨，十二月二十三日还要隆重地送灶，让菩萨到天上“多言好事”. 四妹还记得，哥哥十来岁时有一次将家里的灶司菩萨牌位扔进了鸡埘，一边关鸡埘门一边说：“灶司菩萨要奏，让他去奏好了.”

她们担心，让他知道了，一定会阻挡她们去找巫婆. 不料三人动身的时候陈建功已经得到了消息，果然不赞成. 无奈何姑嫂三人求医心切，劝阻不住，他便要求陪她们一同去. 病人一上门，巫婆又打呵欠，又伸懒腰，说是菩萨附身了，给三位女病人一一施了法术. 正在胡闹，一位斯文先生忽然走上前来，厉颜正色地对她说：“你刚才那一套我根本不相信，要是你真有菩萨附身，就叫菩萨让我肚子痛好了.”陈建功说罢，拉了妻子和妹妹就走，肚子当然始终也没有痛起来.

浙江大学校长邵斐之把陈建功请来之后，浙大的正教授又增加了一位. 直到三十年代前期，浙大只有五位正教授，除一位土木系的外籍教授外，另外四位是数学系的陈建功教授和 1931 年归国的苏步青教授，土木系的吴复初教授，以及化工系的李寿恒教授.

陈建功1929年来到浙大时,1928年招入的第一届学生已经念二年级了.第一届两个学生,第二届三个学生,当时数学系的学生共有五人.陈建功教二年级的代数课,采用的教材比较艰深,据说在美国是供研究生使用的.

有一次,两个学生学习中遇到了困难,摸不透新来的教授性情脾气如何,课后不敢贸然去问他.一个学生自己先反复看书,反复思考,看到某处实在不懂,才到老师房间里去请教.他原以为老师会马上替他答疑,不料陈先生表情十分严肃,对他说:"你先把上面这部分讲给我听."幸亏这个学生有所准备,把书上的内容讲了一遍,陈先生才简单地提示他如何解决那个疑问.从此学生们知道老师对他们要求非常严格,遇到问题总是自己先反复看书,不敢用简单得不像话的问题去打搅老师.不太难的问题让学生自己去解决,有利于培养他们的钻研精神和工作能力,许多国家在高等教育中都很注重这点.

他对学生既严格又亲切,没有高傲的气息,这不是一般教授所能做到的.学生感到他坚持高标准是为了希望学生日后能够成功,对他既敬畏,又爱戴.有一段时间陈建功住在单身宿舍里,学生们看书到夜深时,感到疲倦了,抬头朝窗外一看,遥遥望见陈先生的房间仍有灯光,他们的精神也就振奋起来了.

一天陈建功去找浙大校长邵斐之,告诉他日本东北帝大的中国留学生苏步青最近考取了理学博士学位,他在回国之前与苏有过交往,知道这位青年数学家学问好,能力强,浙大应当请他来当教授.邵斐之听说苏步青是中国第二位留日理学博士,很乐意请他来壮大浙大数学系的阵营.陈建功接着又说,苏步青的工资待遇应当和他自己一样,而且把苏步青请来之后,自己不再当系主任,让苏步青来当."行政工作我不大会做,我做学术工作好了.叫我开会讲话,我不行.苏先生能干,他做好."后面这项要求,使邵斐之十分为难.让同事和学生都十分敬重的陈教授辞去系主任职务,似乎不妥.

其实陈建功不愿意当系主任是有道理的.并非所有的科学家都适合担任行政工作,或愿意为行政工作牺牲时间.陈建功教授是一位典型的学者,既不愿意让校务会议占去宝贵的时间,也不肯在会上为本系争经费争条件而多费口舌,更不屑为本系的利益去应付上面派来的大员.清高的教授看不惯官僚作风,也不肯敷衍人,但本系的利益又不能不维护,在他看来,最好的办法是让一位既有学问又善理行政事务的教授来担当系主任的职务.

陈建功再三申明,自己辞去行政职务是为了集中精力搞科研和教学,并无其他意思.邵斐之与这位数学家相处将近两年,知道他为人正直不会作假,只得勉强同意他的要求.

微分几何专家苏步青来到浙江大学之后,与函数论专家陈建功密切合作,相得益彰.两位教授从1931年起,在高年级学生和助教中举办数学讨论班(seminar),那时称为"数学研究".通过"数学研究"对青年教师和高年级大学生进行严格训练,培养他们的独立工作和科学研究能力,成为陈苏两位教授的一大工作特色.当年这套行之有效的培养方法,后来不断推广和发展,如今已经成了浙江大学、复旦大学、杭州大学数学系的优良传统.陈苏两位教授用这种办法培养出大批数学家,逐渐形成了国内外广泛称道的陈苏学派.

在三十年代,数学讨论班分为"数学研究甲"和"数学研究乙"."数学研究乙"函数论与微分几何两个专业分别进行,每个学生要读一本指定的新近出版的数学专著,读后登台讲解.陈教授总是坐在下面提问,有时一直追问到基本概念.

"数学研究甲",函数论与微分几何专业的学生混合在一起,每个报告人事先要读懂一篇最新外国杂志上的指定的数学论文,接触当时数学研究的前沿阵地,难度比前一种讨论班大些.陈教授精通多种外文,往往根据学生掌握的不同语种做出不同的布置,有时特地选择第二外语的文章,促使学生更快地掌握第二外语.陈建功教授不但要求学生搞懂所读数学论文的内容,而且要求他们领会作者的思路,也就是弄懂别人的研究方法,因此往往在学生讲完论文的内容之后还要追问一句:"他怎么样会想出这个结果来的?"

面临专业和外文两方面的困难,学生阅读外国杂志上的最新文献相当费劲,然而一旦花时间钻研下去,印象就深了,因此尽管有时准备不足而被责令重新准备,大家还是欢迎这个办法的."数学研究"当时特别受到重视,"数学研究"不通过的教师不得晋升,不及格的学生即使其他课程都及格也不得毕业.

从1930年到1937年,陈教授在教学任务十分繁重的情况下,写出了九篇有创见的数学论文.

为什么说陈建功教授教学任务繁重?他不但要指导"数学研究甲"和"数学研究乙"两个讨论班,还要给二、三、四年级的学生开好几门课.高等微积分、级数概论、实变函数、复变函数、微分方程论.五门课程中,有三门他是同时开课的.除了《高等微积分》有现成课本之外,其他几门课当时都没有合适的教材,由陈建功自己一面编写讲义,一面上课.他教的内容相当深,例如1935年他为二年级学生编写的《级数概论》讲义,二十年后浙大数学系还用来作为青年教师进修的教材,难怪当年的学生都说上陈先生的课要花比较多的时间.

艰深的内容,他采用了自己独特的方式来传授给学生.从他的第一届学生到最后一届学生都还记得,陈先生每次都空身走进教室,从来不带书本,讲义或笔记本,唯一要用的就是学生为他准备好的几枝粉笔.每次讲授的内容,他都花了许多时间熟记在心,因此讲起课来内容丰富,思维严密、敏捷,课堂气氛格外生动.

三十年代的学生们如今回忆起来,有的说"陈先生记忆力好到无以复加,比陈先生记忆力更强的人我从来没有见过",有的说"这样好的老师不大有的".

许多学生自己后来也当了数学教师，体会到陈先生采用这种教学方法是很不容易的.这不但要求完全消化讲授的内容，而且要求多花时间备课，事实也确实如此.直到五十年代后期，富有教学经验的陈建功先生每次上课之前还要在家把讲课的内容准备一遍.

一位把时间视为最珍贵财富的数学家，自己手里还有研究课题要做，有研究论文要写，若没有对学生的真挚感情，没有为教育事业献身的崇高精神，绝不可能数十年如一日坚持这种对教师来说难度很高的教学方法.陈教授的许多学生如今也采用了同样的教学方法.事先认真备课，上课不带讲义，无形中已经成为陈门弟子的一大特征.

陈教授上课时态度严肃，一丝不苟，学生既有点怕他，又深受感动，对他十分敬重.然而课后他对学生和蔼可亲，态度随和，毫无名教授的架子，因而师生感情十分融洽.

现今的浙大校址在杭州西郊，近黄龙洞、玉泉等风景区.当年老浙大是在城市的东部，今日的大学路一带.陈建功的家就在校舍旁边，学生去找他十分方便.到了每学期一度的“吃酒会”上，师生简直像朋友一般，一起玩个痛快，也喝个痛快.“吃酒会”实际上是欢迎新生和欢送毕业生的联欢会，既不做报告也不演节目，不过是郊游和聚餐，因为每餐有酒，所以大家戏称为“吃酒会”.陈先生一喝了酒，往往变得格外健谈，喜欢说几句笑话，学生们在哈哈大笑之后，也不那么怕老师了.

四、战争年头

1937年抗日战争爆发后，在中国共产党抗日救国十大纲领的影响下，浙大师生克服重重困难，于1937年11月自杭州出发西迁，历经浙江建德、江西吉安、泰和、广西宜山，辗转跋涉五千里，于1940年2月抵达贵州遵义、湄潭建校.起初都集中在遵义，后来工学院设在遵义，理学院设在湄潭.直到1946年，这所大学方始迁回杭州.

陈建功把家眷送往绍兴，自己始终坚守教学工作岗位，只身随浙大西迁.当时的教学和生活条件极端困难，但他的研究工作并未中断.

1938年暑假，陈建功回绍兴探亲.他虽然早已当上大学教授，但是始终敬重文化程度不高而经济上需要自己负担的父母双亲.父亲为人正直，修身治家都很严正，对儿女们颇有影响.有一天，陈建功在里屋看书，听得父亲在外间接待客人.那是个姓杜的邻居，来为一个事发被捕的走私商人当说客.当时的绍兴县长贺某人，在武汉大学当过陈建功的学生，走私商人想要利用这段社会关系，托那邻居来央求陈建功替他到贺县长面前“讲一句话”，愿送两、三万元大洋.陈心斋斩钉截铁地当场回绝道:“业成不会答应的.”那个邻居讨了一场没趣,临走直嘀咕:“书呆子,现成的钞票不要……”人们时常说,知子莫若父,陈心斋那句话确实道出了父子二人的共同决定.

1938年夏天到1939年冬季,浙大师生在广西宜山逗留了一年半.日本飞机时常到宜山空袭,在浙大学生宿舍前面扔了不少炸弹.然而浙大的师生们在任何条件下都不肯放松教学与科研.数学系的“数学研究甲”和“数学研究乙”也照常进行,每星期各一次.

当地用红灯来报警,敌机侵入广西境内,挂一盏红灯,飞近宜山了,就挂两盏.红灯一挂,人人都进防空洞,有时候一天要躲几次警报.陈教授时常带上自己编写的讲义、饭盒、酒瓶,一上午都在防空洞里备课.警报解除之后才回校上课.陈教授千里跋涉,弦歌不辍,学生无不为之感动.1939年冬天,陈建功随学校来到了贵州遵义.

战争年头,不带家眷的浙大教师都吃够了物价波动和邮政不便的苦头.陈建功从贵州寄回去养家的钱,经过长时间耽搁,到绍兴往往跌去一半价值.过去他每月从杭州寄钱回去,信上总说是给大家维持生活的,“不可太节省.如有节余,千万不要买田.”因此陈家始终并无田产.此刻邮件一有迟误,家里生活时常发生问题.有一天陈教授接到家书,知道父亲已经亡故,家里又遭了偷盗,将要断粮,顿时悲痛得流下了眼泪.他向学校借了一点钱,回绍兴料理丧事.

动身前夕,陈建功想到家里饭都吃不上.自己决心戒烟.他长期熬夜看书,习惯于抽烟提神,这时每天要吸两三包烟,有时甚至上课之前还要站在教室门口吸完最后一口烟.这天早上八点钟,陈教授走进隔壁房间,对助教张素诚说:“我戒烟了.”张素诚原是陈建功的学生,知道老师烟瘾很大,见他突然下此决心,不免有点惊奇.过了三个钟点,陈建功又走进屋来,对他说:“我戒好了.”从这天起,他整整十四年不曾抽烟.1954年母亲去世时,他在极大的悲痛中又拿起了烟卷.第二年他到北京出席一届人大第二次会议,有一天他过去的学生程民德到旅馆里看他,临时加了一张铺,师生二人畅谈到深夜,钟敲十二点,陈建功连忙扔掉手中的香烟,原来这是他预定的戒烟时间.从那天以后,他再也没有抽过一支烟.

1940年陈建功教授开始招收研究生,提高培养要求,他的头一个研究生是程民德,以后人数渐多,还有一个印度学生.1941年在湄潭成立了浙大数学研究所,所址设在一座祠堂里,虽然晚上只有菜油灯,科研气氛却很浓厚.

这年家乡第二次沦陷,他的六妹建琳任教的稽山中学内迁,建琳只得暂居家中,教几个学生勉强糊口,母亲和两个妹妹,陈建功的五个子女,还有三个早年丧父的外甥,都要靠陈建功维持生活,日子十分艰难,那时一封书信要在路上耽搁一个月,甚至两个月,物价腾贵,收到的汇款不够买米,只能买六谷吃.有一天陈建功的一个幼子得了急病，送到医院，说要先交三十元钱才能住院，当时拿不出钱来，只得把孩子抱回家去，还不曾抱到家里，孩子就在半路上断了气.

这场侵华战争，给陈建功带来了接二连三的灾祸.爱好音乐的陈教授，后来每逢听到播放日本音乐，总要吩咐孩子将收音机关上，也许是国家和家庭的苦难在他脑海中印象太深了吧.

1945年抗日战争胜利，生物学家罗宗洛教授邀陈建功等人同去接收台湾大学，陈先生临行对同事们说："我们是临时去的."第二年春天，他果然辞去台大代理校长兼教务长的职务，仍然回浙大当他的数学教授.当时陈省身教授在上海主持数学研究所，陈建功在那个研究所兼任研究员，每月往来于上海，杭州两地.

从1942年到1947年，陈建功发表了十篇学术论文.其中较有代表性的成就，是他获得了关于富里埃级数蔡查罗绝对可和性的充分必要条件.前面已经提到过，富里埃级数的收敛性与可和性问题，是富里埃级数研究中的最重要的问题，陈建功在二十年代和四十年代，先后在这两方面做出了基本的贡献.因而，西方国家数学史专家在介绍中国现代数学家时，在往首先举出陈建功教授.

1947年他与王淦昌教授同船来到美国，陈建功教授担任普林斯顿研究所的研究员，当时华罗庚教授也在普林斯顿.不久，陈建功给两个妹妹寄去一封短简，信上写着"四妹、六妹：十二月廿四俗称外国冬至，据云热闹非凡，但是我们华人反而格外冷静.我很忧虑如何过这外国冬至，还有两个月.兄建功启 十月廿四日"

美国的物质文明并没有打动这位数学教授，他怀着强烈的民族意识，第二年秋天如期返回浙大.

陈建功教授的民族意识还有一个重要的例子.从前的大学讲坛上，教授们上数学课都采用英文教材，讲课也用英语.陈建功教授英语相当好，也一贯提倡，学生刻苦学习外语，但是他总认为，中国的大学讲坛上应当用中文来教数学，就第一个坚持上课全部用中文讲解.现代的不少数学名词术语，便是陈建功首先定名的.在他的影响下，新中国成立前许多大学里就已改用中文讲课.

陈建功从美国归来时，中国人民已经看到了解放的曙光.下一年春天，有位著名教授来找陈建功商量一件事.那位教授子女众多，生活困难，想把孩子送几个到住在台湾的哥哥那里去.陈建功竭力劝阻，那位教授接受了他的意见.新中国成立后，那位教授还动员国外的儿子也回到祖国参加建设.如今回忆起来，他说连自己当初从国外归来，也是陈建功教授劝说的结果.这两位教授都热爱祖国，"爱国"岂不属于政治态度的范畴！然而新中国成立以后，热爱祖国，热爱社会主义的陈建功教授竟长期被一些专门搞政治的人误认作"只专不红"的典型，从这一点看来，历史真会嘲弄人！然而历史也是最公正的，陈教授身后，许多人终于发出了感叹:中国太需要象陈建功这样正直的科学家.

五、"培养人比写论文意义更大"

杭州一解放,陈建功先生知道往后俄文资料会多起来,当年暑假便开始学俄语,就连跑到绍兴老家也依然每天背诵俄语生字.当时他五十六岁了,虽已精通日、英,德、法四种外文,再学一个新的语种终究不太容易.直爽的教授在学生面前毫不掩饰自己学习俄语中遇到的困难.过了一年多,他又告诉学生,自己不久前到北京开会,如何在火车上和苏步青先生尝试俄语对话.他俏皮地形容道:"我们俩讲的俄语,中国人听不懂,苏联人也听不懂."

1950年起,浙大数学系研究生开始阅读俄文版专业书.接触俄文书刊、资料后,陈建功发现苏联数学相当先进,有许多杰出的数学家.他最推崇函数论大师戈鲁辛,后来自己将戈鲁辛的名著《复变函数的几何理论》从俄文译成中文.译书之前还有一段故事.那本书的译者序中记载着"本书著者戈鲁辛乃是这方面杰出的专家,不幸右耳患癌,1951年冬,嘱其门人朝鲜李君,求中国医药治疗未果.1952年,李君将其遗著《复变函数的几何理论》赠建功;乃知戈鲁辛于1952年1月17日逝世."实际上,"求中国医药"一节,与陈先生有关.陈建功是中国的函数论专家,戈鲁辛欲求中药,自然而然就想到这位中国同行.陈建功接到李的来信,设法买来了戈鲁辛要用的药,打算通过外事部门寄去.但长期闭关锁国的封建思想,在中苏友好时期也竟然阻拦两国人民之间的交往,以至这批中药当时并没有寄成.陈建功是一位热忱的爱国者,但绝不是盲目排外的庸人,直到六十年代中苏关系恶化以后,他每当在学生面前提起那次寄药未成的情况,总不无遗憾,甚至有点气愤.

陈教授规定他的学生第二外语要学德语,并且向他们解释这样规定的理由.俄语当时是第一外语;英语数学文献最多,将来的工作会逼着大家去自学;德国数学也相当发达,把德语定为第二外语,可以促使学生多掌握一门外语,读懂更多的专业文献.

由于国际交流的需要,研究生必须学会用英文写数学论文,陈建功时常替学生逐字逐句修改,并且指导他们英文写作方法.他告诉学生:"写英文不能创造,只能模仿,到外文杂志上抄些句子,改几个字用上去.自己造出来的英文是中国式的,往往不通."

正当他全力以赴培养新中国第一批研究生时,他的大儿子在抗美援朝的日子里参加了军事干校,准备奔赴战场.家乡农民久经战乱生活还很困难,为什么要出兵打仗,陈建功起初是不理解的,他甚至不由得想起了古代帝王的征战.但一旦在学习中提高了认识,陈建功就毅然送子参军,自己还在全校大会上作了发言.

陈建功先生的大儿子陈翰麒当时是浙大电机系的三年级学生，国家号召学生参军参干，他和同班的表哥都想报名，但怕祖母不放，不敢去跟父亲谈. 有一天表兄弟两人几次走进陈建功房间，略坐片刻又退出去，迟疑了许久不敢开口. 陈建功已经窥破孩子的心思，对他们说："你们是不是想参军？你们去吧. 我如果年轻二十几年，自己也会去的."翰麒担心祖母不肯答应，父亲对他说："娘娘的思想工作我去做."陈建功专程到绍兴去了一次，说服母亲同意翰麒参军. 儿子体检合格，出发的前夕，父子二人睡在一张床上，长谈到深夜. 陈建功对儿子说："伯诗，你母亲临死，要我把你抚养大，教育好，你现在去参军，为国家出力，你母亲的愿望总算实现了."

他自己也很想为国家多贡献一点力量. 新中国需要科学人才，陈建功教授急于为国家多培养人才，招了许多研究生. 有人说，除了陈建功，全国没有一个数学家带这么多研究生的. 研究生经过陈教授的悉心指导和严格训练，打下了坚实的数学基础，提高了研究能力，有的日后成为著名的函数论专家，有的因发展新学科的需要而转入新的研究方向，也能很快在新的领域做出贡献. 浙大的研究生如此，复旦大学和杭州大学的陈门弟子也是如此.

陈建功调到上海复旦大学是 1952 年的事. 那一年全国大学进行院系调整，综合性大学浙江大学改组成一所工业大学，数学系师生大部分并入上海复旦大学. 当时陈望道校长对陈建功、苏步青两位教授特别重视，特地让学校行政部门在校长住宅前面造了两幢房子，给陈、苏两位教授居住. 从此陈苏学派在复旦大学建立了第二个基地.

社会上有一种说法，似乎科研是输入，教书是输出. 陈建功反对这种论调，始终主张一边讲学一边搞科研，并且身体力行，坚持每年教课. 从五十年代开始，他反复对别人讲："我觉得培养人比自己写论文意义更大."

这位热爱教育工作的教授，决不肯因为自己名望高而在课堂上少费一点力气. 陈建功先生常说："上一堂课像打一场仗一样."虽然渐渐上了年纪，他一站到讲台上就精神饱满，全神贯注，似乎身体也好了，年纪也轻了.

年过花甲以后，他的工作量仍然是惊人的. 在每一届招五个研究生的情况下，他往往要同时指导一、二、三年级的十几个研究生，1956 年以前他还每年给数学系的大学生上大课. 这位精力过人的老教授，像所有献身科学和教育事业的学者一样，一接触到他的数学领域，一面对求知欲旺盛的学生，就变得不知疲倦了.

勤于培养人才的教授也善于识才. 陈建功的第一个研究生程民德，现在是北京大学数学研究所所长，1956 年曾与陈建功、苏步青、华罗庚、吴文俊一同到苏联出席全苏数学大会. 陈建功 1950 年培养的研究生夏道行，如今也已经是中国数学界的佼佼者.

夏道行毕业于山东大学,1950 年被北京大学和浙江大学同时录取为研究生,由于敬仰陈建功教授,他决定进入浙大. 当时陈教授正在继续研究单叶函数论,他过去在对称单叶函数的系数值问题上做出了开创性的工作,在相当长一段时间内,他的研究结果在国际上一直是领先的. 夏道行跟陈建功研究单叶函数论,取得了一系列成果. 陈建功和夏道行单叶函数论方面的出色成果,有些迄今在美国、北欧的同行中仍有很好的影响,被这些同行们引用. 学生在各方面深受老师的影响,老师也为学生的成就感到高兴. 夏道行教授如今担任复旦大学数学研究所副所长,是一位享有国际声誉的著名泛函分析专家. 他始终十分崇敬自己的老师 —— 中国函数论的开创者陈建功教授,回忆起老师的学术成就,回忆起老师当年治学严谨,对青年人进行严格的科研训练的情形,回忆是老师刚直不阿,不求名利的品德,他不由得赞叹:这是一位从来不肯随风倒的正直的学者.

每一个学生都还记得,陈先生极其尊重学生的劳动. 他付出许多精力指导学生写出了论文,总是拒绝与学生联名发表*,也不允许学生在文章后面向他致谢. 学生写了,他一律划去,甚至开玩笑地对他们说:“再写就不准你发表.”

他素来重视研究工作,往往以一个人是否做过研究工作来衡量能否让他开课. 他鼓励年轻人要多出成果,多发表论文,告诉他们,开始总有一个练习阶段,能不断地做工作就好. 然而他自己并不计较个人的荣誉,1956 年国家颁发科学奖时,大家动员他提出申请他坚决不肯,原因是“我不要得奖”.

这样一位不慕高位,不求闻达的科学家,“文化大革命”期间的主要罪名竟然是“名利思想”,实在是对这场“大革命”的莫大讽刺. 如果套用“事出有因”的公式,那么第一因为他鼓励青年出成果,翻译成“大革命”期间的语言叫作毒害青年;第二因为他数十年来总爱在课堂上介绍各国的著名数学家.

他讲过,控制论的创始人,美国数学家维纳不善交际,不喜欢和人打招呼,走在路上一边走一边往上扔花生米,昂起头来用嘴巴去接,这样边走边吃,眼睛只朝上看,就免去了和人打招呼的麻烦. 他也说过,德国数学家高斯,每天伏案工作,久而久之,写字台下的地板上磨出了两只脚印.

讲完魏斯特拉斯定理,他站到讲台旁边做几个体操动作,接着告诉大家,魏斯特拉斯年轻的时候是个体育教师,四十几岁搞数学,六十岁真正成名. 可见研究数学不必因年岁增长而丧失信心.

他在讲解杨不等式时,提到美国人杨,全家都是数学家. 他还说过,法国数

---

* 查阅了陈建功教授的论文和著作目录,他只在 1952 年与越民义、谷超豪联名发表过一篇论文,其余论文都是单独署名的.

学家阿达玛，威望很高，他带夫人一起出席国际会议，别人以能吻他夫人的手为荣，苏联女数学家巴莉，很会跳舞，她丈夫鲁金是苏联科学院的院士，十月革命刚胜利时，鲁金对革命不理解，态度比较消极，苏联科学院曾经对他进行谴责.后来他拥护革命，培养了许多学生.

陈教授最反对别人不读书.解放初期，政治运动比较多，学生要求减少学时，他坚决不同意，批评学生“不要读书，以后出去怎么办！”批评持续了一个月，每次上课前讲几分钟.谁知隔了十几年之后，一场特大的政治运动把学时多少之争彻底解决了，这一次陈教授的反应只能是完全沉默.

六、他要在有生之年多做贡献

杭州大学是一所新办的综合性大学，陈建功 1958 年被任命为杭大副校长，仍旧在复旦大学兼职.他仍然是复旦大学校务委员，数学系函数论教研室主任.复旦大学继续为他招收研究生，他每年定期到上海指导，有时将研究生带到杭州上课.这时他的研究方向主要是复变函数逼近论.

函数逼近论主要研究如何用某些“简单”的函数去近似地代替“复杂”的函数.这里的所谓简单和复杂都是相对的，往往因不同的要求而有不同的衡量标准.在数学上抽象地说，就是用一类函数去近似地代替某个函数.假如所考虑的函数是复变函数，那么就称为“复变函数逼近论”.陈教授在复变函数逼近论方面，研究了用低于一级的整函数来均匀逼近连续函数的问题.他曾应邀去东欧罗马尼亚等国家讲学，介绍他自己在这方面的成果，受到国外数学家的赞赏.

五十年代末，陈建功又涉足一个新的领域，着手研究拟似共形映照理论.函数论的这个分支，当时在国际上很受重视.1959 年和 1960 年，陈教授连续发表了两篇关于拟似共形映照函数的赫耳窦连续性的研究论文.不拘泥于自己熟悉的研究阵地，不断涉及新的研究方向，陈教授自己以身作则，他的学生中不少人也是如此.

除了研究论文之外，陈教授在新中国成立后还出版过好几部数学专著.1954 年出版的《直交函数级数的和》是他的第二本代表作，汇集了他从 1928 年到 1953 年关于直交函数富里埃级数的研究成果.陈教授在实函数的基础理论方面曾做过研究工作，又在大学讲坛上讲授实函数论近三十年，1958 年出版的《实函数论》便是他多年讲学的结晶.六十年代他应上海科学技术出版社之约，在自己早年的日文著作《三角级数论》的基础上，补充国内外最新成果，写成了中文版的《三角级数论》(上册 1965 年出版，下册直到粉碎“四人帮”之后方始问世)，内容比前书更加丰富多彩.

1961 年开始，陈建功先生在杭州大学招收研究生，到 1966 年被迫中断招生为止，一共招了五届. 1965 年入学的第五届研究生，刚入学就根据学校的安排去搞一年四清，一年以后整个国家天翻地覆，他们就此被剥夺了读书的权利. 所以说，陈建功在杭大实际上只培养了四届研究生.

陈教授七十岁上下了，但是学术上毫不守旧，关心国际最新动态，注意数学上的新方向. 他指导研究生研读的，多半是函数逼近论方面的最新文献. 古稀之年的老教授，同时指导十四个研究生，工作量如此之大，足见他事业心何等的强！我国在国际乒乓球锦标赛上夺得世界冠军后，老教授时常对学生说："中国乒乓球能上去，其他方面也能上去." 他对国家的前途充满信心，他要在有生之年多为国家做出贡献.

七、"这是一位学者"

陈建功当了副校长，仍然怕开会，有时空洞的报告像催眠曲似的诱他入睡. 但他绝不是完全不问政治的人，他政治态度十分严肃，所以对空话和假话深恶痛绝. 他是全国人大代表，从北京开会回来，总是兴致勃勃地在课堂上对学生插上一段会议情况介绍，郑重其事地说："我有责任向大家传达."1962 年他曾应邀参加国务院召开的广州会议，回到学校，心情舒畅极了，告诉学生："(资产阶级) 帽子脱掉啰！" 从来没有剥削过别人的大学教授，听到一位共产党的领导人承认他不是剥削阶级，竟然像孩子般的高兴！

教授和副校长的地位，陈建功从来不肯滥用.

院系调整之前，他是浙大聘任升等委员会的主任，与另几位教授一起执掌全校教师晋级的大权. 他的夫人朱良璧在浙大当数学讲师. 数学系有位教授有一天对他说："朱良璧先生毕业早，她不升副教授，下面的年轻人压着不好办." 陈建功断然地说："她小孩子多，在外系教课，以讲师身份上课还可以，不能升副教授." 后来陈建功当了杭大副校长，同在杭大执教的朱良璧始终没有升级.

1931 年陈建功有个亲戚要投考浙大数学系，当时试题是教授出的，一个妹夫来对他说："他考不出的，哥哥把题目给他看看好了." 陈建功回答："题目都在我脑袋里，我不能拿出来." 这个亲戚后来没有考取.

1961 年前后，有个亲戚为孩子的事来找他. 这个孩子原来考取上海同济大学，因病休学后取消了学籍，希望陈建功让他到杭大来念书. 陈建功不同意，那亲戚说："这种事情人家都做的." 陈教授却说："人家做，我不做的."

1963 年校党委研究了发展陈建功入党的问题. 陈建功历史清白，事业心强，校党委认为应当吸收他入党，便派专人向省里反映，省里回话："这是一位学者"，同意发展他.

系主任徐瑞云和系党总支书记先后来找陈建功，启发他考虑入党问题. 他们并不知道，陈建功在复旦大学曾经在课堂上讲过自己不要入党.1958年人人都制订红专规划，有的教授积极申请入党，并且在规划中写明要在多少天内达到党员标准，陈建功却告诉帮助他订规划的学生："共产党的主张我赞成，我想入党，但想来想去我有一个困难，入了党要开会，我时间不够."这一回陈建功打消了这方面的顾虑，找出《共产党宣言》反复细读，认认真真写好一份入党报告.

新中国成立以后，共产党给了科学家优厚的待遇，他家的生活是大大改善了.

回顾过去，抗战八年期间，家里吃了许多苦.六妹告诉他，平时吃六谷，祭灶时煮了三盅饭，一盅给母亲，两盅给两个孩子.孩子吃了不够，一个劲儿问她："六娘，我几时再有饭吃？"

抗战胜利后，国民党滥印纸币，通货不断膨胀，大学教授的实际收入往往不及一名按实物领取薪金的银行工友，以至社会上有人嘲弄地说："大学教授的清高，以清为主."

至于社会风气，新旧社会更有天壤之别，老教授不由得对共产党十分信服.

1964年支部大会通过决议吸收陈建功入党，总支、党委和省委也逐级批准了，但是报到中央，搁置了下来.据说当时有不少科学家遇到类似的情况.

陈建功等了多日，以为自己大概可以算已经入党，便去向支部缴纳党费，听说上面不批，心里难受了许久.后来他收到上面来的一封措辞十分婉转的信，说明为了照顾他的健康，希望他留在党外.陈教授虽然不曾入党，谁能说他不是心向共产党的呢！

恐怕他做梦也不会想到，自己不久就要遭到一场空前的灾祸.

为了科学教育事业不懈奋斗

—— 祝贺苏步青教授九十华诞[①]

中国科学院数理学部学部委员苏步青教授，今年迎来了九十华诞，也是他从事教学科学研究 65 周年. 中国科学院、国家教委、中共中央统战部、全国政协、复旦大学相继致电，或举行隆重仪式，向苏步青教授表示热烈的祝贺，高度评价苏老几十年来为我国的科技、教育事业，以及爱国的统战工作做出的贡献. 笔者在苏老身边工作 12 年之久，遵照中国科学院数理学部的约请撰文，全面介绍苏老的生平、学术上的主要成就与贡献，以及他的优秀品质和业余爱好，并以此热烈祝贺苏老九十华诞.

一、生平及主要任职

1902 年 9 月 23 日，苏步青诞生在浙江省平阳县腾蛟区带溪乡的一个农民家庭. 父亲苏宗善靠种地为生，苏步青童年时代就开始帮助父亲干些割草、喂猪、放牛等农活. 由于家境贫寒，苏步青不能像富裕人家子女一样上学读书，他就自己找书看，不止一遍地阅读了《水浒》、《聊斋》、《左传》等名著. 每当他放牛回家路过村上私塾，总要凑上去偷听一阵. 父亲深知没文化之苦，又眼看儿子如此好学，终于决定勒紧腰带送他进了平

① 王增藩，《自然杂志》第 15 卷(1992 年) 第 8 期.

阳县第一小学，当了高小插班生.

1915 年 8 月，苏步青以优异的成绩考取旧四年制的浙江省立第十中学(现今温州中学前身). 在老校长的资助下，苏步青于 1919 年自费赴日本留学. 先进入东亚日语补习学校学习. 第二年 3 月，他以第一名的成绩考入东京高等工业预科. 在电机系的 3 年学习中，他每年都因成绩优异领取了奖学金，并获得免交学费和书籍费的优厚待遇，为外国人接受该项奖学金待遇开创了先例.

1924 年，苏步青又以第一名的成绩考取东北帝国大学数学系. 在老师的指导下，他读三年级时就在《日本学士院纪事》上发表了第一篇代数学论文. 1927 年 4 月，苏步青直升本校研究生院当研究生，并于 1931 年 2 月通过国家论文评审会，被授予日本理学博士学位.

1931 年 3 月，苏步青学成归国，执教于浙江大学数学系，并任副教授. 1933 年，他任该校数学系主任、教授. 1937 年至 1946 年抗日战争期间，苏步青跟随浙江大学西迁江西、广西、贵州等地，继续为国家培养数学人才. 1948 年，他被选为中国科学院院士兼任学术委员会常委.

新中国成立后，苏步青于 1950 年任浙江大学教务长，1951 年担任中国数学会理事. 1952 年全国院系调整，苏步青来到复旦大学，历任教授、教务长、复旦大学数学研究所所长. 1955 年当选为中国科学院数理学部学部委员. 1956 年任复旦大学副校长. 1960 年任中国数学会副理事长. 1978 年出任复旦大学校长. 1980 年任上海市人大常委会副主任. 同年当选为全国人大常委、教科文卫专门委员会副主任. 1983 年 2 月任复旦大学名誉校长. 1984 年 6 月任中国对外友好协会上海分会主席. 1986 年 5 月任上海市对外文化交流协会会长、中国对外友好协会上海分会名誉会长. 1988 年 2 月当选为第七届全国政协常委. 同年 4 月任全国政协副主席.

苏步青于 1935 年参与发起成立中国数学会，并当选为《中国数学会学报》(旧刊) 的主编. 1980 年创办《数学年刊》，任主编. 1959 年 3 月他光荣地加入了中国共产党. 历任第二届全国政协委员，第二、三、五、六、七届全国人大代表，上海市人大常委会副主任，第五、六届全国人大常委，民盟中央副主席. 从 1955 年起，他曾到日本、保加利亚、罗马尼亚、匈牙利、苏联、德国、法国、比利时、泰国等进行讲学或参加学术活动.

二、学术成就与贡献

19 世纪后期和 20 世纪的 30 ～ 40 年代，仿射微分几何学和射影微分几何学都得到迅速的发展. 苏步青的大部分研究工作是属于这个方面的. 此外，他还致力于一般空间微分几何学和计算几何学的研究，一共发表了 150 多篇论文，并有专著和教材20多部问世.其中有不少成果已被许多国家的数学家大量引用或作为重要内容写进他们的专著.苏步青教授在数学上的主要贡献如下:

1.在仿射微分几何学方面,他引进和决定了仿射曲面和旋转曲面,求出了所有仿射铸曲面的具体表达式并讨论了它们的性质.他对仿射曲面论的另一发现是:在曲面的正常点做出了一个仿射不变的四次(三阶)代数锥面,在国际上被命名为苏锥面.这方面的研究成果,已写入1980年由科学出版社出版并英译(由美国戈尔东和伯里曲出版)的《仿射微分几何》一书中.美国《数学评论》认为,该书的许多内容是"绝对杰出的","这本漂亮的、现代化的书是任何学术图书馆所必备的".

2.在射影曲线论方面,苏步青发现平面曲线在其奇点的一些协变的性质、他运用非常巧妙的几何结构,定出了曲线在其一正常点的射影标架,从而为射影曲线论奠定了几何结构的基础,得到国际上高度的重视.研究局部微分几何的学者,往往把奇点扔掉,而苏步青恰恰是从奇点发掘出隐藏着的特性,陈省身教授对此十分欣赏.这项完成于30～40年代的工作,总结在1954年由中国科学院出版社出版的《射影曲线概论》中,后来又出了英译本.《数学评论》的评阅者说:"现在射影几何被应用于数学物理和广义相对论中的各种问题,这本书显得更为重要了."

3.在射影曲面论方面,苏步青做了非常深入的、内容丰富的研究.他发现了曲面在其正常点的一个射影协变的二次曲面,它紧联于李二次曲面之后,而被称为苏二次曲面.他还研究了一种特殊的曲面,称为S曲面,并且做出了分类.他对射影微分几何的又一重大贡献,是对周期为4的某种拉普拉斯(Laplace)序列的研究,指出这种序列的许多特性.这种序列被国际上命名为苏链.1964年上海科技出版社出版的专著《射影曲面概论》全面总结了这一研究成果.

4.在高维空间共轭网理论方面,苏步青运用现代数学的重要成就,研究高维射影空间中的共轭网理论.1977年由上海科技出版社出版的专著《射影共轭网概论》,总结了这一方面的成果.

5.苏步青从30年代后期开始,对于一般空间的微分几何学发展,做出了许多重要的贡献.1958年,由科学出版社出版的专著《一般空间微分几何学》,总结了这方面的研究成果,并获得我国第一届自然科学奖.

6.在计算几何方面的成果,是苏步青70年代初期身处逆境但仍坚持科学研究而获得的.当时他了解到用旧方法作船体放样十分困难,便毅然投入了这项密切联系工业生产的研究.他把代数曲线论中的仿射不变量方法,首创性地引进了计算几何学科.这些工作的一部分,已经在我国造船工业中的船体放样、航空工业中的涡轮叶片空间造型以及它们的外形设计等方面,获得了成功的应用,因而两次得到国家科技进步奖.有关工作的理论部分,已写入1981年由上海科技出版社出版的专著《计算几何》(和刘鼎元合著)一书.该书英译本的出版,在国际上引起了重视.

除上述工作外,苏步青早年还研究过凸闭曲线的理论,这属于整体微分几何的范畴.这方面的工作已反映在1979年由上海科技出版社出版的《微分几何五讲》一书中.

总之,苏步青在微分几何领域中所做的大量的、卓有成效的研究,在各个时期中均处于国际的先进行列,并为几何学今后的发展,提供了宝贵的财富.他的高超的科学成就,必然永远载入数学史册.

苏步青教授从事教育工作的65年期间,在实践中创造和总结出了一系列高等教育、中等教育思想,为我国教育事业做出了重要贡献.这主要包括以下几个方面的内容.

1.教导学生要养成独立思考的习惯,重视培养创造能力.早在浙江大学数学系执教期间,苏步青和陈建功两位教授共同倡导和主持"数学讨论班",现在已被公认为培养学生独立思考的有效方法.在几十年教学过程中,他总是精心备课,熟记教材内容,进行启发式教学.由他编著的《微分几何学》讲义,经1948年初版后,1988年又被国家教材评审会决定改写为白话文,作为新版问世.

2.坚持教学和科学研究相结合.苏步青认为,要使教学取得好的效果,除了靠经验积累之外,主要是依靠科学研究,了解每一学科的新发展,把更新的成果编入教材.这样既可提高教学水平,又能促进科学研究,为培养高水平人才奠定基础.

3.坚持基础理论与应用数学相结合.在长期的实践中,苏步青深刻地认识到,必须加强应用科学的研究,重视基础科学的研究,让数学在现代化的经济建设中发挥更大的作用.他认为,"基础研究方面,确有一些课题,现在还无法在生产上应用,对于特别擅长于这类课题的同志,我们应当尊重他们的劳动.但是,基础科学决不能离开我国的实际情况去另搞一套,而要从我国国情出发,充分发挥基础科学的作用,直接、间接地为提高经济效益多做贡献."

4.培养人才,一代超过一代.严格要求学生德才兼备,鼓励学生超过教师.苏步青的这一教育思想,在各个时期都为数学人才的培养产生重要的影响,《光明日报》的"每周评论"称之为"苏步青效应".

5.提出根据国情,调整高等教育的专业设置和学制,加速教育改革.苏步青认为,综合性大学的理科要从纯理论中解脱出来,同工农医科结合,同经济实践结合,要融汇进管理科学、计算机科学、应用数学等同经济密切相关的学科.他倡导试办两年制大学专科,为经济建设加速培养人才.

6.强调基础课教学的重要性,鼓励学生拓宽知识面.苏步青认为,"基础打得牢靠些,将来在它的上面造起来的房子就不会坍毁."他还提倡"理工科学生要有文史知识”,鼓励学生掌握一些历史、文学知识,学好外国语,使培养出来的学生,具有更大的适应性.

三、重要事迹和品德

苏步青教授为发展我国数学科学研究和教育事业,奋斗了几十年,积累了大量丰富的治学经验.他热爱祖国,事业心强,品德高尚,治学严谨,为世人所敬重,成为青年人学习的楷模.

1.执着追求的事业信念

1931年春天,苏步青回到祖国,在浙江大学数学系任教,实现了他和著名数学家陈建功教授两年前的约定:一起回国工作,要把浙江大学数学系办成世界第一流的数学研究中心.

当时国内的条件很差,学校常常发不出工资,一欠薪就是4个月,苏步青连本人的生活都难以维持,一度产生过想离开浙江大学的念头.但是,当校长登门拜访,并视他为学校的宝贝时,苏步青为了事业,决心再苦也不离开这块教育、科研的阵地.在他得到较好的安顿后,便登台讲授微分几何课程,并且与陈建功开创“科学讨论班”,这在中国是首创.

“七七事变”后,苏步青与浙江大学师生迁往建德,后又经江西到广西,1940年终于落脚于贵州遵义.他一家人吃山芋蘸盐巴,住破庙,生活上的艰苦可想而知.有时还要躲避敌机的骚扰、轰炸.但是他仍坚持教学,在山洞里开办几何讨论班.这种不畏艰难、一心培育人才的精神,终于使他培养出了一代数学家.

建国之后,苏步青在19世纪30年代就完成的著作,受到政府的重视,很快给予出版.他的聪明才智得到充分发挥,研究成果获得国家的最高奖赏.

可是在那几年里,将届古稀之年的数学家却遭到劫难.他被关进复旦大学学生宿舍的一间小屋里,失去了人身自由.即使在这样的恶劣环境里,苏步青只要有机会,就要搞研究,就要教学.

1972年,他被“勒令”到江南造船厂“劳动改造”.但他却利用这种机会,为工人、技术员上课,并且登上船台,为船体放样改革做出贡献.即使在这种恶劣的环境中,他也不忘培育人才.各地数学爱好者寄来论文,他都一一阅读、登记,后来推荐了一批优秀青年报考研究生,其中12人被录取,成为恢复研究生招生制度后的首批硕士生.

在担任复旦大学校长期间,苏步青拨乱反正,整顿校规和教学秩序,使学校较快地走上正轨,并为复旦大学的发展和繁荣打下了良好的基础.在繁忙工作中,他把星期天当成“星期七”利用“零头布”,继续在科研中做出卓越的贡献.

他培养的硕士和博士,都取得可喜的成绩.

退居二线荣任名誉校长后,苏步青继续先前尚未完成的研究工作,几乎每隔一、二年就有著作问世.苏步青在科学研究中所取得的成就,正是他对科学、教育事业执着追求的结果.

2.刻苦严谨的治学态度

早在求学时期,苏步青就养成独立思考、严谨求实的习惯.对于求解的每一道数学题,即使题目解出来了,他还要试着用多种方法解题,决不满足于一种解法.

成为大学教师后,这种严谨、刻苦的作风,又被他引进到课堂中来.他相信的是,与其说"名师出高徒",毋宁说"严师出高徒".在浙大数学系任教时,有一位从上海来的女学生,过不惯浙大紧张清苦的生活,开学不几天就溜回繁华舒适的上海,整天打扮得花枝招展,看电影、串亲戚、会朋友.后来在父母的催促下回校上课.苏步青一进教室,就点名叫她上讲台演算习题,算不出不准下讲台,一直在黑板前"挂"了一个多小时.从那以后,她把全部心思用到学习上,后来成了一位物理学家.

苏步青培养人才素以严格著称.在选苗时,他很注意学生的治学态度和独立思考问题的能力.1944年,颇有才气的谷超豪进入浙江大学数学系学习,才华日益显露出来.苏步青为了考察他的独立思考能力,把一篇高难度的数学论文交给谷超豪,要他在一个月内读完.谷超豪打开文章一看,不禁头冒冷汗,这哪像论文?简直是一幅没有文字说明的地图.但是他深知老师的苦心,并以艰辛的劳动,终于做出了使老师满意的成绩.

但是,苏步青看到谷超豪学有余力,又不断向他提出更高的要求,在参加自己主持的微分几何讨论班的同时,支持他参加由陈建功主持的函数讨论班,把两位老师的学问和长处都学到手.谷超豪就是在这个基础上做出了偏微分方程方面的高水平的研究成果.他现任中国科学院数理学部学部委员、中国科技大学校长.苏步青的另一位学生胡和生教授,早年跟随苏步青当过研究生,40多年来一直没有离开过.她在黎曼空间完全运动群、规范场等研究方面有较高的建树.1991年她当选为中国科学院数理学部学部委员,成为我国第一位女数学学部委员.至于像李大潜教授这样有成就的数学家,已是苏步青的第三代学生,人数就更多了.新中国成立以来,浙江大学、复旦大学共有近千名学生出自苏步青的门下,他们在各自的岗位上,为祖国的社会主义建设做出了许多贡献,不少人成了劳动模范、教授、总工程师等.

师恩难忘,师教永恒.不少学生谈起当年老师给予自己的严格教育,无不感激异常.老师刻苦、严谨的学风代代相传,而且正是这种严谨的好风气,使学生们才有充满活力和果实累累的今天.

3. 无私奉献的高尚品德

《中国教育报》在一篇题为《无私的奉献》的报道中，详细记载了苏步青教授在退居二线、年逾八旬之时，还为培训中学数学教师所作出的奉献.

1984 年 1 月，63 位“幸运者”走进上海科学会堂 2 楼的一间会议厅，望着这位著名的老数学家，一个个感慨万千. 有的教师在中学埋头教了 20 多年课，却从来没有获得过系统的进修，而现在久仰的教授亲自为他们开课，怎不无比兴奋呢?

苏步青精神抖擞地走上讲台，他目光清澈，腰杆挺直，步履稳健，说起话来高嗓门，真不像八旬老人. 为了上好课，苏老事先写出教案，在大学高年级学生中试讲，听取意见，并且自己动手制作投影仪灯片，以供教学之用. 在上课的那天早晨，苏老乘车穿过上海市区，冒着严寒提早半个小时抵达，等候中学数学教师的到来. 所有的听课者，对他的这种奉献精神，无不赞颂.

1985 年 11 月、1987 年 11 月，苏步青又两次为中学教师举办讲习班，教导他们用高等数学的观点来观察初等数学，以提高中学数学的教学水平. 他的讲课教材，也已形成《圆和球》、《拓扑学初步》、《高等几何讲义》3 本书，公开出版发行，使更多中学教师得益. 苏老期冀的不是颂扬，不是名望，更不是报酬，而是要借此吸引更多的老教授、老专家来关心中学教育，这是多么难能可贵啊!

其实，早在 60 年代初，他就受上海有关部门委托，主持中学数学教材编委会. 他和编委会成员利用星期天和寒暑假期间，讨论和编写教材. 而年届九旬的苏步青，去年又担任了《中学百科全书》的主编.

在科学研究中，苏步青同样热心指导学生，为他们在科学上的进步，煞费苦心，找合适的选题，指导学生去做;学生需要帮助时，又给予无私的指点，不留一手，而且总是鼓励学生超过他. 就是这样，一批批学生在他的教导下茁壮成长起来了. 在这方面，他的做法是:先鼓励他们尽快赶上自己;再是，不挡住他们成才之路，让他们超过自己继续前进;三是自己抓紧学习和研究，用自己的行动，从背后鞭策学生，戒骄戒躁. 他说:“要真正培养出比自己更出色的人才，不是容易的事，这需要花上许多心血. 而且当学生超过自己的时候，更要有‘老夫喜作黄昏颂，满目青山夕照明’的伟大胸怀.”

4. 忠诚坚定的爱国情操

在人生道路上，苏步青经历了许多重要关口的考验. 在建国以前就有三关:第一关，他在日本留学获得理学博士学位后，亲友挽留，导师相劝，可是他毅然回国，为培养祖国数学人才辛勤耕耘;第二关，抗日战争爆发时，他在日本的母校聘请他去任教，岳父病危来电催他赴日，他仍坚决地留在战火弥漫、遭受侵略者蹂躏的祖国;第三关，在建国前夕的学生运动中，他主持正义，爱护学生，顶住压力为营救和保护被迫害的学生和共产党员做出了很大的努力. 1949 年初，国民党某些人士企图劝他到台湾去,苏步青又拒绝了.

中华人民共和国诞生后,苏步青经历40多年的思想逐步深化过程,认识到中国共产党的伟大,从一位爱国主义者向共产主义战士迈进.

杭州刚解放时,苏步青对共产党能否领导经济建设,特别是能否领导教育、科学,疑信参半.此时,浙江省军管会主任谭震林派一位负责的同志来到苏老家里,亲切地与他谈心,介绍党的政策,通知苏步青到北京出席全国自然科学工作者代表会议.在北京,他受到党和国家领导人的接见,参加了周总理主持的宴会.所有这一切,都使他树立起对党的坚定信念,并于1959年3月加入中国共产党.此后,他以共产党员的标准要求自己,在遇到恶劣的环境时,也坚信党的领导,坚持走社会主义道路.在党的支部组织生活中,他以一位普通党员的身份,接受党组织的教育,关心党的建设,受到一致好评.

苏步青深深地感受到,青年是祖国的未来,把老一辈热爱祖国、热爱社会主义的好思想传给青年人,是十分必要的.他出差每到一个地方,总要联系自己的曲折经历,向青年们讲爱国主义,讲理想,讲又红又专,帮助青年解决思想上的苦闷和问题,在他们当中产生了强烈的影响.

1988年,苏步青荣任全国政协副主席.按规定,他可以配上专职秘书、司机,出门可以乘专厢等等.但是他看到国家的经济建设还没搞上去,就严格要求自己与祖国同甘共苦.他的供给关系仍留在复旦大学,基本上享受着和以前差不多的待遇.苏老表示,"此身到老属于党",要活到老、学到老、改造到老,继续为人民服务.

5.丰富多彩的业余生活

苏步青是著名的数学家,同时又是一位造诣很深的诗人.工作之余,他爱好吟诗,经常阅读唐诗宋词.要是出差开会,在他的随身携带的皮包里,准能找到一两本古代诗人的集著.他不仅爱读诗,而且还勤于写作,已有五六百首诗词出版、发表.他经常用诗来抒发自己爱党、爱社会主义、献身于祖国科学事业的炽烈情感,激励自己克服艰难险阻,攀登科学高峰.

体育锻炼又是苏老的一大爱好.年轻时,他是划船、网球运动员和足球守门员,又是摩托车、滑冰运动的爱好者.新中国成立以后的20年间,他坚持冬天洗冷水澡.年逾八旬之后,他坚持每天做练功十八法;身体好时,还要步行2公里.直到现在,他还常在庭院里除草、浇花、施肥.这种坚持不懈的体育运动和体力劳动,使他有一个健康的体魄,并能适应比较繁忙的政务和业务.近5年来,他每年出席全国政协、人大会议多达五、六次,还要到其他地方参加学术讨论会和《数学年刊》的编委会等.苏老常说:生命在于运动,活力来自锻炼.可以说,"全国健康老人"的称号对于苏步青是当之无愧的.

苏老还爱好书法,字迹娟秀.或许都姓苏吧,他特别爱好苏东坡的墨迹,一遍遍地临摹苏东坡的《赤壁赋》.夜晚工作之余,或者早晨活动之前,他总爱写上一两张条幅,细细观赏;偶有得意之笔,则喜形于色.来自美国、日本的著名数学家向苏老索诗,他都一一满足他们的要求,并将诗写成条幅,赠送给他们.他为能用诗作进行中外文化交流而感到欣慰.

“绿滋萝屋最娇娆,七月庭园似火烧.夹竹桃遮红月季,鸡冠花映美人蕉.雪泥无复印鸿爪,银汉空传渡鹊桥.两袖清风双短鬓,退居二线自逍遥.”这是苏老为他的居舍萝屋七月所做的一首诗.30年前,苏步青在自己屋墙边种了一棵藤萝,如今整幢小楼已被藤萝爬满.据温度计测量,夏天屋内可比不种藤萝时低2至3摄氏度.苏老还爱种花草,屋里屋外,花卉常开不败.

著名的数学家谷超豪教授,在一次为老师举行的庆祝会上激动地说:“苏步青是国际上公认的几何学权威,他的仿射微分几何的高水平工作,至今在国际数学界仍占着无可争辩的地位,苏老对我国数学学科的建设建立了功勋.”然而,“丹心未泯创新愿,白发犹残求是辉”,苏老仍在继续学习,不断进步.这种生命不止、奋斗不懈的精神,体现出我国老一辈科学家的高贵品质,也是我们青年一代学习的榜样.祝苏老健康长寿,我们期待他取得新的成就!

辛勤耕耘，硕果累累

——祝贺柯召先生八十大寿[①]

今年4月12日是我国著名数学家、中国科学院学部委员柯召先生80岁生日.今年，也是先生执教60周年纪念.我们怀着无比崇敬的心情，祝贺他的八十大寿，回顾他几十年来所走过的成功而艰难的道路和他为发展祖国的数学事业所做的巨大贡献.

先生字惠棠，浙江温岭人，1910年4月12日生.1926年毕业于杭州安定中学，同年考入厦门大学预科，1928年入厦门大学数学系，学习两年后，1930年为筹学费教了一年中学.1931年通过考试转学到清华大学算学系，1933年以优异成绩毕业.当时的清华大学淘汰率很高，毕业时，仅他和许宝禄先生二人.1933年，应姜立夫先生的聘请，去天津南开大学任助教.1935年考上了英国曼彻斯特大学公费留学生，在导师莫德尔(Mordell)的指导下研究二次型理论，在表二次型为线性型平方和的问题上，做出优异成果.1937年夏获得博士学位，答辩由当代著名数学家哈代(Hardy)和莫德尔主考.同年，先生应邀在伦敦数学会做学术报告，受到哈代的好评.在英国3年，先生学习刻苦，工作勤奋，风华正茂，为他毕业从事数学的研究和教学，进一步打下了坚实的基础.在短短3年中，他在*Acta Arith*，*Quart. J. of Math.*(Oxford)，*J. of London Math. Soc.*，*Proceeding of London Math. Soc.*等著名杂志上发表了一系列出色论文. 当时，曼彻斯

① 孙琦，唐廷友，《自然杂志》第13卷(1990年)第11期.

特大学聚集了一批数论新秀,他们当中除先生外,还有厄尔多斯(Erdös)、德旺坡(Devanport)、梅勒(Mahler) 等人,后来,他们都成了当代著名数学家. 先生与厄尔多斯在曼彻斯特大学期间合写了多篇重要论文,结下了深厚的友谊,至今传为佳话. 1938 年,先生不顾莫德尔一再挽留,毅然回到了当时正遭受日本帝国主义侵略和蹂躏的、苦难深重的祖国. 回国后,他先后被聘为四川大学和重庆大学教授. 尽管条件极为艰苦,先生仍坚持教书育人,积极从事科学研究. 在此期间,他与李华宗先生合作,在矩阵代数方面做了很好的工作.

新中国成立后,先生于 1953 年自重庆大学调来四川大学工作,一直至今. 在这期间,他以满腔热情投入教学和科研工作,为国家培养了许多优秀数学人才,在科学研究上硕果累累. 1955 年,先生带领一些青年教师和学生,在线性型的最大不可表数的问题上,做出了很好的工作. 同时,在二次型方面继续发表了不少优秀论文. 特别在 60 年代,先生在不定方程方面,得到一系列极为出色的结果. 在组合论方面,1961 年他与厄尔多斯、拉多(Rado) 合作,发表了著名论文 *Intersection Theorems for Systems of Finite Sets*. 他亲自参加并指导有多名中青年教师参加的数论讨论班,鼓励大家攀登科学高峰. 80 年代初,先生年已七旬,仍然壮心不已,带领一批中青年教师,开拓数论及其应用方面新的研究领域,为祖国的四化建设做出新的贡献.

柯召先生于 1955 年被推选为首批中国科学院物理学数学化学部委员,历任中国数学会副理事长,四川大学副校长、校长,四川大学数学研究所所长,《数学学报》编委,国务院学位委员会第一届学科评议组成员. 现任四川省科协名誉主席,中国数学会名誉理事长,四川大学名誉校长、博士研究生指导教师,《数学年刊》副主编,《四川大学学报(自然科学版)》编委会主任委员,国家教委教材编审组代数、数论组成员等.

柯召先生在数论、代数、组合数学等数学分支领域,均有重要贡献. 他最主要的贡献是在数论中的二次型和不定方程方面. 下面我们简述先生的主要学术成就.

设 $f=\sum_{i,j=1}^{n}a_{ij}x_ix_j$ 是一个任给的整系数 n 元正定二次型,则存在 r_n 个线性型 $L_i(x_1,\cdots,x_n)=\sum_{j}b_{ij}x_j, b_{ij}\in\mathbf{Q}$,使得

$$f=\sum_{i=1}^{r_n}L_i(x_1,\cdots,x_n)^2$$

设 R_n 是满足上述论断的正整数 r_n 中的最小的一个,现在要对 R_n 进行估计. 这个工作始于兰多(Landau) 和莫德尔. 1937 年莫德尔证明了 $R_n\leqslant n+3$ 同年先生对 $R_n\leqslant n+3$ 给出了一个简洁的证明,并于1938 年证明了 $R_n=n+3$,从而彻底解决了这一问题. 这是他在二次型方面的第一个重要工作.

1940年,他证明了对于任给的n元非定幺模二次型f,存在$\varepsilon_i=\pm1$和线性型L_i,使得

$$f=\sum_{i=1}^{n+3}\varepsilon_i L_I(x_1,\cdots,x_n)^n$$

设f是一个整系数正定二次型,如果f不能表示成二个整系数非负二次型的和,我们称f是n元不可分解型.1937年莫德尔证明了对于$n\leqslant5$不存在不可分型,在$n=8$时有这样的型存在.1938年,先生与厄尔多斯合作证明了$n\geqslant12$时,除$n=13,17,19,23$外,均存在n元不可分型,从而使这一问题得以基本解决.1958年,他给出了$n=13$的答案:不存在13元不可分解型.留下的3个值,最近由先生早期的学生朱福祖解决.

设$C_{n,1}$代表n元正定幺模二次型的类数.厄米特(Hermite)证明了$n\leqslant7$时,$C_{n,1}=1$.1937年莫德尔证明了$C_{8,1}=2$.对这一问题,先生做了一系列出色的工作.1938年,他证明了$n=9,10,11$时,$G_{n,1}=2$.同年,与厄尔多斯合作证明了对适当大的n,$C_{n,1}\geqslant2^{\sqrt{n}}$.1958年至1960年,他证明了$C_{12,1}=3$,$C_{13,1}=3$,$C_{14,1}=4$,$C_{15,1}=5$,以及$C_{16,1}\geqslant8$,并且找出了每一个类的代表型.

1938年,厄尔多斯猜想:不定方程

$$x^x y^y=z^z \tag{1}$$

没有满足$x>1,y>1,z>1$的整数解.1940年,先生巧妙地运用初等方法证明了当$(x,y)=1$时,(1)无解,但$(x,y)>1$时,有无穷多组解

$$x=2^{2^n+1(2^n-n-1)+2^n}(2^n-1)^{2(2^n-1)}$$
$$y=2^{2^n+1(2^n-n-1)}(2^n-1)^{2(2^n-1)+2}$$
$$z=2^{2^n+1(2^n-n-1)+n+1}(2^n-1)^{2(2^n-1)+1}$$

直到今天,50年过去了,厄尔多斯对这一美妙的结果仍然赞叹不已.他说:"柯给出的无穷多组解使我十分惊奇,也许这就是方程的全部解."

1842年,法国数学家卡塔兰(Catalan)提出一个猜想:8和9是仅有的两个都是正整数乘幂的大于1的连续整数.这一著名猜想,在很长一段时间内,连是否存在3个都是正整数乘幂的连续整数,以及方程$x^2=y^n+1(n>3,xy\neq0)$是否有正整数解,都没有解决.1962年,先生以极其精湛的方法解决了这两个难度很大的公开问题.他证明了不存在3个都是正整数乘幂的连续整数,还证明了方程$x^2-1=y^n$在$n>3$时无$xy\neq0$的正整数解.这是卡塔兰猜想的重大突破.莫德尔的专著《不定方程》(*The Diophantine Equations*)中把先生关于方程$x^2-1=y^n$的结果称为柯氏定理.先生在证明这个定理时,提出了计算雅考比(Jacobi)符号$Q_p(y)/Q_q(y)$来研究不定方程的方法,这里$Q_n(y)=(y^n+1)/(y+1)$,$2\nmid n$.1977年,特詹尼安(Terjanian)对偶指数费马大定理第一情形的证明,以及1983年鲁特基维茨(Rotkiewicz)在不定方程方面所得的一系列

重要结果,均用到先生的方法.

1960 年,先生以其扎实的代数数论功底,证实了以下著名猜想:$x+y+z=xyz=1$ 无有理数解. 在国外,卡塞尔斯(Cassels)也独立地得到. 近年来,不定方程 $x+y+z=xyz=1$ 已推广到各种代数数域,引出一系列深刻的工作.

设 S 是一个有限集,$|S|=n, A_i \subset S, |A_i| \leqslant k, n \geqslant 2k, A_i \not\supset A_j$, $|A_i \cap A_j| \neq 0, 1 \leqslant i \leqslant j \leqslant f(n,k)$,则 $f(n,k) \leqslant \binom{n-1}{k-1}$,而且如果所有的 A_i 之间有一个公共元,则 $f(n,k)=\binom{n-1}{k-1}$. 这就是著名的厄尔多斯-柯-拉多(Erdos-Ko-Rado)定理. 近 30 年来,该定理被上百篇文章所引用,围绕该定理的许多问题,大大推动了极值集论的发展,正如弗兰克尔(Frankl)和格拉汉姆(Graham)最近所指出的:"厄尔多斯-柯-拉多定理是组合数学中一个主要结果,这个定理开辟了极值集论迅速发展的道路."

从 30 年代到 80 年代,先生在国内外共发表了上百篇卓有创见的论文,其中不少论文,从结果到方法在国际上都产生了重大影响,具有重要的学术价值,为祖国赢得了荣誉.

先生不仅重视基础理论研究,也重视数学的应用. 1972 年至 1973 年,他不辞辛苦与一些中青年教师一起,到泸州、广元、峨眉、成都等地,去推广优选法,举办优选法讲座. 80 年代,他积极带领四川大学数论组的中年教师,从事国防应用数学方面的研究,为四化建设服务,取得了丰硕成果.

柯召先生是一位优秀的教育家,数十年来,热心数学教育事业,热情培养学生. 开设过微积分、方程式论、高等代数、群论、复变函数、高等几何、微分方程、数论、三角和、矩阵论、组合论等多门课程. 先生对待教学工作认真负责,一丝不苟,讲课十分生动,富有启发性,深受学生的欢迎. 建国初期,先生翻译出版了苏联著名数学家 A. Г. 库洛什的《高等代数教程》,A. И. 马力茨夫的《线性代数学》,Ф. P. 甘特马赫尔的《矩阵论》等,被当时各大专院校普遍采用,为建国初期的数学教育的发展做出了贡献. 1980 年,他与孙琦合作编写出版了《谈谈不定方程》,这是国内第一本较系统和全面地介绍不定方程基础知识的著作. 1981 年他和魏万迪合作出版了《组合论》(上册),这是国内最早论述有关组合计数的专著之一. 1986 年和 1987 年,他和孙琦合作出版了《数论讲义》. 这些著作的出版,受到广大读者的欢迎和国内外同行的好评,为我国数论和组合论的发展做出了贡献.

先生热情关怀和帮助青年教师成长,鼓励青年教师努力提高教学质量,开展科学研究,敢于攀登科学高峰. 先生桃李满天下,为国家培养了许多优秀数学人才. 先生 30 年代到 60 年代的学生,如朱福祖、陈重穆、陆文端、郑德勋、魏万迪、李德琅、孙琦等，今天都已成为我国数学研究队伍中的骨干力量. 他辛勤工作数十年的四川大学，目前也已成为全国为数不多的数论和组合论的研究据点之一. 今天，我们祝贺柯召先生八十大寿和执教60周年，更要学习他数十年如一日，工作勤奋，治学严谨，为发展祖国数学事业而奉献的精神. 我们要以他为榜样，为发展祖国的数学事业，促进数学为社会主义祖国的四化建设服务，而努力奋斗!

祝柯召先生健康长寿!

李国平先生传略[①]

1990年11月15日是中国科学院学部委员、我国著名数学家、系统科学的主要倡导者之一李国平先生的八十华诞.为此,特撰写李国平先生传略,概略介绍李先生以整整一甲子的生命为我国的科学教育事业所做的无私奉献与他丰硕的科学成果,同时弘扬李先生的高风亮节,以激励后世.

李国平先生幼名海清,字慕陶,1910年11月15日生,广东省丰顺县沙田黄花村人.父亲李省三,做裁缝手艺.母名马壹,务农.有兄弟四人,李先生居长.前妻朱耳,毕生务农,生子女各二,不幸早故;后妻郑若川女士,浙江慈溪人,与李先生共有五子二女.

李国平先生少时家贫,10岁前读私塾,启蒙师为丰顺著名学者李福田先生.11岁由伯父李介承带往广州,进当时的南海第一高小学习,后又考入中山大学附中的前身广东省高师附中.入学时成绩优异,唯数学仅16分而甚苦.初中二年级始,得刘君罴先生授以自学之法,并赠《温德华氏小代数》书,勉其自励,精心指点,有所领悟.自此酷爱数学,逐步奠定了他毕生学业的基础.从17岁进高一到大学毕业的7年期间,他又为生计所迫,半工半读,为文德补习学校教课.这在客观上对李先生此后的成就也起了促进作用.

李先生于1933年毕业于中山大学数学天文系.大学期间受到赵进义、刘俊贤两位著名教授的栽培.毕业后即受聘任广

① 范文涛,唐廷友,《自然杂志》第13卷(1990年)第52期.

西大学数学系讲师.1934年至1936年,他东渡日本,在东京帝国大学做研究生,得该校数学系当时的系主任竹内端三及辻正次教授指导.在此期间,因文会友而与我国数学界的前辈熊庆来教授结为忘年交.1937年经熊庆来先生提名推荐任中华教育文化基金会研究员,派赴法国巴黎大学庞加莱研究所工作.1939年抗日战争初期,国家民族处于危难之际,他毅然回国.历任四川大学数学系教授,武汉大学数学系教授、系主任、副校长、校务委员会副主任、数学研究所所长,中国科学院数学计算技术研究所所长,中国科学院武汉数学物理研究所所长,国家科委武汉计算机培训中心主任,湖北省科协副主席、顾问,国家科委数学学科组成员,中国数学会理事,中国系统工程学会副理事长兼学术委员会主任,中国数学会名誉理事,湖北省暨武汉市数学会名誉理事长,中国科学院武汉数学物理研究所名誉所长,《数学物理学报》主编,《数学年刊》副主编,《数学杂志》及《系统工程与决策》名誉主编.1955年当选为中国科学院学部委员.1956年加入中国共产党.曾被选为全国先进工作者,是四、五、六届全国人大代表.

李国平先生早在青年时期,就以函数论方面的工作而声名鹊起,享誉海内外.自1935年起,他陆续发表了一批关于半(亚)纯函数方面的研究成果,受到当时著名函数论专家瓦利隆(Valiron)的注意,为之逐篇评介(见德国《数学及其边缘学科文摘》(*Zbl. Math.*)第11(1935),12(1936),14(1936),17(1938),18(1938)和19(1938)诸卷).在整函数与半纯函数理论中,除了奈望林纳(Nevanlinna)的示性函数外,级与型是关键性的概念.1936年,他剖析了布卢门塔尔(Blumenthal)关于函数型的理论,在奈望林纳、瓦利隆、米洛(Milloux)、劳赫(Rauch)等人工作的基础上,提出了半纯函数(有限级与无限级)的波莱尔(Borel)方向与填充圆的统一理论[1],其中特别包括了他在1935年与熊庆来教授用不同方法同时建立的无限级半纯函数理论[2].熊庆来在《亚纯函数的几个方面的近代研究》一文(《数学进展》6卷4期)中就曾经指出:"关于奈氏的学理……在我国方面亦先后有我自己及李国平、庄圻泰等的一些工作,其中关于无穷级的函数者尤较具体而显著."而瓦利隆在其《半纯函数的波莱尔方向》(*Directions de Borel des Fonction Meromorphes*)一书中也早肯定了这一点.熊庆来在上文中还就李先生关于半纯函数理论研究中的另一贡献,即关于辐角分布理论指出:"国人方面,关于茹氏或波氏方向及茹氏或波氏点,曾得研究结果者,先后有我自己、庄圻泰、李国平等."这指的是李先生的工作[3].有关结果,其后已收入李先生的专著[4]中.李国平先生关于奈望林纳第二基本不等式中的重级指量$N_1(r)$的进一步探讨也是重要的.熊庆来在《十年来的中国科学(数学部分),1949～1959》的《亚纯函数论与解析函数正规族论》一文中就指出,李国平凭借他对上述奈望林纳基本不等式的强化,就填充圆与波莱尔方向,得出了较瓦利隆与米洛的定理更精密的结果.在关于中国数学发展历史的这一文献中，有对李先生在唯一性问题、有理函数表写问题、整函数论在函数序列的封闭性问题上的应用、伴随维尔斯特拉斯(Weierstrass) 函数及强伴随维尔斯特拉斯函数等方面研究工作的评述.

李国平先生还研究了解析函数逼近等问题. 例如他利用布特鲁－嘉当(Boutroux-Cartan) 定理获得了整函数的拉格朗日(Lagrange) 插值收敛性的一些结果、关于解析函数用费伯(Faber) 多项式逼近的一些结果等. 这些工作在《十年来的中国科学(数学部分)，1949 ～ 1959)》的有关章节中均有介绍.

在准解析函数类的研究方面，李先生在 40 年前即有两篇与此有紧密联系的论文由蒙泰尔(Montel) 推荐发表在巴黎科学院院报上(见[5]). 由于战争环境，这方面的工作被迫中断. 抗日战争胜利后，他才又回到这一课题的研究，并在武汉大学理科季刊 9 卷 1 期(1948) 上发表了一批关于概周期函数的准解析性的判定准则，其中典型的结果可见美国《数学评论》(*Math. Rev.*)1959 年第 10 期第 701 页上的介绍.

中华人民共和国成立以后，李国平先生积极拥护共产党，拥护社会主义，忠诚于党的科研教育事业. 由于他早期专攻复变函数论并希望探索一条数学理论联系实际的道路，因此，李先生一直关心微分方程的解析理论以及这门学科的广泛应用背景. 在这方面，从 40 年代起即影响了一些学生，让他们注意这一领域的研究及进展. 1949 年后，李先生更着意为我国建立一支微分方程的研究队伍而努力. 为此，1954 年他受教育部委托，与申又枨、吴新谋教授等合作，在北京举行微分方程讨论班. 李先生与申又枨教授主讲常微分方程的理论部分，为在我国建立微分方程的研究队伍做出了宝贵的贡献. 在这一时期，他研究了与此有联系的自守函数、闵可夫斯基－当儒瓦(Minkowski-Denjoy) 函数的问题，着重研究了复变量的闵可夫斯基－当儒瓦函数问题. 所得的结果发表在专著[6] 中.

此外，他还将自己关于半纯函数、整函数与准解析函数的研究成果应用于常微分方程和差分方程的研究，并研究了将函数构造理论的结果应用到微分方程理论中的问题. 他还在国内外一些刊物上发表了一系列函数论方面的其他论文，包括函数构造理论的转化原则(间接方法与直接方法)、等角写像边界性质、全纯函数的边界性质、柯西(Cauchy) 型积分与奇异积分方程方面的普里瓦洛夫(Привалов) 定理(或其推广) 及其对弹性理论的应用，以及准解析函数与半纯函数理论对某些差分方程组的应用、拓扑群上的函数理论、普遍二重级数、半纯函数的反函数等新的研究成果. 特别是最近几年，李先生完成了《准解析函数论》、《推广的黎曼几何在偏微分方程中的应用》、《算子函数论》、《亚培尔函数论》等多种专著. 这些都是他本人 30 年代工作的继续，并对前人的工作有所推进.

1956 年，李国平先生出席了全国 12 年科学远景规划会议，是数学组、计算技术组、半导体组和自动化组的成员，并为函数论规划的起草人. 自此，他对祖国的未来更加充满信心，对各学科之间相互联系渗透的科学技术发展趋势有了进一步的深刻认识. 于是在 60 年代后，他毅然把注意力转向数学对国民经济与国防建设的实际应用，积极倡导数学同其他科学技术的边缘研究，大胆地提出了一种现在常被形象地称为“一个主体、两个翅膀”的科研设想. 主体是数学、计算机科学与系统科学三结合，发展数学、应用数学与计算数学，并开发系统科学的基础理论；一个翅膀是数学与物理科学相结合(包括天文、地学、化学以至工程技术)，研究宇观、宏观与微观物理现象的数学规律性，为物理科学乃至工程技术服务；一个翅膀是数学与生物科学相结合，研究运动形式的发展，特别是生物运动与生命运动的数学规律性，为生物科学乃至系统科学服务. 他希望以此为线索探求数学应用的具体途径，并为纯数学提供新的内容、概念与方法，发展数学本身.

为了实现这一夙愿，李国平先生毅然部分地中断了他所熟悉的函数论方面的研究，三十年如一日，含辛茹苦，勤奋工作，在数学物理与系统科学两个领域为应用数学与数学的应用开辟新路，取得了一些重要成就. 1961 年，他开始在电磁流体力学中从小扰动电磁流体力学波方程与传输线方程的相似性出发，提出了电磁流体力学波的特性阻抗概念，认为可以类似于电磁波中特性阻抗的作用，建立关于电磁流体力学波的工程理论. 1976 年，他又在研究地震的弹性波方程时使用同样观点导出了地震弹性波的特性阻抗，探索了地震弹性波传播的工程理论. 这在他与他人合撰的《数理地震学》的第一章中有详尽的论述. 从此，他所提出使用的英文名词 mathemtical seismology 成为数理地震学公认的正式名称.

1965 年间，他率先把纤维丛理论应用于基本粒子理论的研究，提出了纤维丛的微积分概念，以探讨基本粒子的内外运动. 所得结果发表在他所撰写的《一般相对论性量子场论》中. 这一工作的思想要点是：分别以特殊相对论与一般相对论描述基本粒子的内运动与外运动，前者的方程在经纤维丛积分后即可转化为后者的方程. 由于特殊相对论的麦克斯韦(Maxwell) 方程可以有两种方式被推广为一般相对性的麦克斯韦方程，这种转化当然也是一变为二的. 可以认为这种一变为二是由外运动而引起的. 据此，他大胆地提出了一个猜想：光子的反光子并不是它自身；由外运动引出的两种方程是分别描述正反两种光子的. 目前所观察到的两者的同一性很可能是我们尚未获得观察一般相对论性效应的客观条件的结果. 这是与其他有关一般相对论性理论实验证明的预言相一致的；但有待于星光近日是否弯曲并获得两种数据的观测结果，以证明它的最后真实性.

此外，他还在1964年带领学生参加葛洲坝工程建设之后，针对岩土力学的研究，引进地质点的概念，提出了岩石统计力学的理论框架. 1972年，为了解决一位物理界的朋友提出的半导体各向异性能带问题，他以外微分形式为工具，系统地论述了现代数学物理中的八个分章内容，通过带关键性的半导体中导带电子有效质量张量 $\overset{-}{m}{}^{*}_{\alpha\beta}$ 与价带空穴有效质量张量 $\overset{+}{m}{}^{*}_{\alpha\beta}$ 概念的提出，确立了相应的运输方程，成功地建立了半导体的各向异性能带理论. 他还在所著的《n－体问题》一书中，研究了牛频天体力学中 n 体问题的相对论修正案，获得了二体问题相对论修正案行星运动的确解，并拟定了只考虑太阳对行星的引力作用而略去行星之间吸引的($n-1$)行星的相对论修正运动的摄动计算理论方案. 在另外一些重要领域，如计算机的研制与应用、控制论、系统科学等方面，李国平先生也作了大量的长期的推动、指导，乃至一些具体研究工作.

正是通过这一漫长而艰苦的奋斗过程，李国平先生不仅自身孜孜不倦，忘我劳动，为我国的科学事业留下了近80篇学术论文，出版和撰写(或由其学生整理手稿合作撰写)了包括在所编“函数论”、“数学物理”与“系统科学”三套丛书中的《半纯函数的聚值线理论》、《自守函数与闵可夫斯基函数》、《电磁风暴说》、《数理地震学》、《导体与半导体》、《一般相对论性量子场论》(Ⅰ与Ⅱ)、《推广的黎曼几何在偏微分方程中的应用》、《亚培尔函数论》、《算子函数论》以及《数学模型与工业自动控制》(一、二、三卷)等共18部专著，而且与同事一起，在党的组织的委托和领导下，呕心沥血，迭经沧桑，先后创建了中国科学院武汉数学物理研究所、数学计算技术研究所，国家科委计算机培训中心等科研机构，与其他老一辈科学家一起，创建或恢复了《数学物理学报》、《数学杂志》、《数学年刊》、《数学通讯》等学术刊物以及中国系统工程学会、湖北省系统工程学会、湖北省暨武汉市数学会等学术组织；特别是在1979年与1982年亲自组织主持召开了全国第一、二次“数学物理学术讨论会”，为形成我们今天所看到的上述研究领域内正蓬勃兴起的大好形势做出了积极贡献.

在李国平先生为我国的科学事业执着追求、奋斗不息的60年间，他也同时为发展我国的教育事业，怀着“登高人向东风立，捧土堵根情更急”的圣洁之情，为我们的社会主义祖国培养和造就了一批又一批的优秀专家学者与中青年数理科学研究与应用人才. 我国当代许多著名学者、近百名教授都曾是他的高足，更多的中青年正在他的指导下迅速成长. 特别是他坚强的党性和革命责任感，始终如一坚持“既教书又育人”，“以身作则”，“言传身教”，鲜明的爱国主义、社会主义立场等高尚品质和精神风范，必将持续不断地激励着我们后辈晚学，成为我们共同的精神财富.

李国平先生毕生成就的另一方面是他数十年间撰写了大量诗词. 早在中山大学攻读数学天文时，他即兼修了中文系的古代文学等课，对古典诗词产生了浓厚兴趣，含英咀华，打下了深厚基础. 弱冠之年即擅长于五言诗作. 曾有“西风响松柏，群山为我俦”之妙句. 其格调高古，境界超迈之势已见于斯. 而后的数十年均以写诗、书法为业余爱好，并雅爱音乐、绘画，终身乐此不疲. 40 岁以前，李先生曾自辑所作古近体诗百首为《慕陶室诗稿》，可惜已化为灰烬. 现存的有《海清集诗钞》数百首，《梅香斋词》二百三十余阕，均为 1958 年以来的作品.

综李先生的诗词，题材丰富，笔力雄健，意境清新高远，语言朴实生动，铿然有金石声，如骊龙之珠抱而不脱，耐人寻味之作比比皆是. 他的诗以五言古诗为骨干，深得汉骨唐音之佳妙；七言律诗则是以义山之艳补古诗之朴. 1983 年后始作词，出入于辛稼轩、周美成、吴文英、姜白石诸家而自出机杼，既守方正又不失韵度，血脉浑成. 更致力于词的创作研究，认为词非诗余，实为诗综. 他开始自词觅诗，复又自诗觅词，撰有《词中诗辑要》、《苏东坡诗中词百首》两书以验其说，足证诗综之说不谓无据. 他还制作了大量的自制曲，从继承与发展两方面，为探索中国诗的发展付出了辛勤劳动. 所写内容，则咏怀者多，叙事者少. “嘤其鸣矣，求其友声.” 或歌颂党和国家的兴旺，或抒写参与各地活动之欢愉，或叙诗友情之可贵，或缅怀革命先烈，或寓史藏慨，无不各铸妙用，沁人肺腑.

最后，我们引一段李国平先生幺弟李雷平教授的话作本文的终结：“先生自弱冠治学育人迄今，垂六十载，发愤于中华民族存亡绝续之交，振翮于中国人民扬眉吐气之日. 凡夷险直曲，晴雨逆顺之遇，皆凛然以国家人民利益为言行准则. 权势莫能屈，艰苦莫能折，恩怨得失，无所萦怀. 故学兼理文，涉域深广，创始群路，卓树新风，桃李布全国而无门户之见焉. 发而为诗，则清新瑰丽，内蕴鼓音，引入感奋，与数理书画之学同标高格.”

仅以此为先生寿，亦以此与诸公勉！

参考资料

[1] Leek Kwork-ping(李国平)，J. Fac. Univ. Tokyo Sect.，13(1937)153

[2] Lee Kwork-ping(李国平)，Jap. J. Math.，12(1935)1

[3] Lee Kwork-ping(李国平)，C. R. Acad Sci. Paris，206(1938)1784

[4] 李国平，《半纯函数的聚值线理论》，科学出版社(1958)

[5] Lee Kwork-ping(李国平)，C. R. Acad. Sci. Paris，208(1939)1625，1783

[6] 李国平等，《自守函数与闵可夫斯基函数》，科学出版社(1979)

辛勤耕耘五十载

——记数学家程民德教授[①]

今天是中国科学院学部委员、北京大学教授程民德先生的75岁寿辰,也是他投身数学事业50周年纪念.50年来,作为数学家与应用数学家,他在我国开拓了多元调和分析与多元三角逼近的研究方向,促进了我国模式识别与图像处理研究工作的开展;作为数学教育家,他桃李满天下,其中许多已是国际知名的学者;作为我国著名数学研究机构和多个数学学术团体的领导者,他为我国现代数学事业的发展做出了杰出的贡献.我们作为他的学生,谨以此文向他表示衷心的祝贺.

一、生平简介

程民德1917年1月24日生于江苏苏州的一个知识分子家庭.父亲程瞻庐是江南颇有名气的章回小说作家,母亲戴振寰知书识礼,擅长书法,曾任家庭教师.在这样环境中长大的程民德,自幼养成爱读书、勤思考的习惯.由于家庭的安排,他于1932年考入苏州工业学校(前身为苏州工专)纺织科.受当时在苏州中学兼课的数学教师张从之的影响,程民德对数学产生了浓厚的兴趣.1935年,程民德投考浙江大学电机系,由于数学成绩特别优秀,被当时浙江大学数学系主任苏步青教授转录

① 邓东皋,《自然杂志》第15卷(1992年)第6期.

到数学系本科.

程民德为人正直,有强烈的爱国精神与社会责任感. 1937 年,日本侵略者攻到浙江,国民党到浙江大学招收"抗日游击队"政工人员. 激于对日本侵略中国的义愤,程民德放弃了学业,应招参加了"抗日游击队". 但由于亲眼看见国民党的腐败,便于一年后退出,返回浙江大学复学. 以后随浙江大学西迁贵州湄潭. 他于 1940 年本科毕业后,转为研究生,跟随当时国内著名的分析学家陈建功教授学习三角级数理论. 1941 年,由苏步青先生推荐,他在日本《东北帝大数学杂志》(Tohóku Mathematical Journal) 发表了他第一篇关于傅里叶级数切萨罗(Cesàro) 求和的论文. 1942 年,他研究生毕业,正式作为一名职业数学家走向社会. 最初他在重庆一个电厂工作,于 1943 年被聘回浙江大学数学系任讲师. 这时他已在国内外发表了多篇数学论文. 1944 年,他与浙江大学较他低班的研究生卢运凯女士结婚. 1946 年,当时北京大学数学系主任江泽涵教授赏识程民德的数学才能,聘请他到北京大学任教,并推荐他投考赴美攻读博士学位的李氏奖学金. 1947 年程民德进入美国普林斯顿大学数学系,在著名数学家博赫纳(S. Bochner) 教授指导下,学习与研究当时刚刚显露强大生命力的多元调和分析. 在美期间,程民德很少参加课外活动,专心致志,刻苦用功,仅仅用了两年的时间,在多元调和分析方面便完成了数篇高水平的论文,取得了博士学位. 这些论文后来部分发表于美国著名学术杂志《数学年刊》(*Annals of Mathematics*) 上. 获博士学位后,他继续在普林斯顿大学做博士后工作. 普林斯顿大学是美国最著名的几所学府之一,有很高的教学水平与优良的学术传统,并拥有众多著名的教授. 程民德就曾受教于世界著名的数学家阿廷(E. Artin) 与谢瓦莱(C. Chevalley). 两年半的普林斯顿生活,使程民德的学术眼界大开,给他今后的学术活动带来很大的影响. 1949 年,新中国成立. 满怀报效祖国的决心,他放弃了普林斯顿的优越条件,于1950年1月回国,在清华大学先后任副教授、教授. 1952 年院系调整,转到北京大学任教.

程民德到北京大学数学力学系后,先担任数学分析与函数论教研室主任,很快便任数学系副主任,直到 1966 年开始. 院系调整后的北大数学力学系,教学、科研、师资建设的任务十分繁重,程民德和当时的系主任段学复教授合作,很好地完成了系的初期建设任务,为后来的发展打下了良好的基础. 1956 年 1 月,程民德加入了中国共产党.

在繁忙的行政工作的同时,程民德一直担任着教学与科学研究工作. 他除讲授基础课之外,还自编讲义,于 1956 年在北京大学开设调和分析专门化课程. 以后于 1959,1962 年又再次开设. 张恭庆、陈天权、陈子岐、龙瑞麟、黄少云等我国新一代数学家都是从这里开始学习调和分析的. 程民德讲课从不看讲稿,有时为了证明一个大定理,可以一口气讲上两个小时. 这种深厚的经典分析功力深深地影响了他的学生.他在继续研究多元调和分析的同时,从 1954 年开始,同他的学生陈永和合作,在我国开创了多元三角逼近的研究方向.

1966 年程民德受到严重冲击,接着而来的是长达 7 年之久的隔离审查.他在江西干校度过了整整两年的劳动生活.在此期间,他始终对党对社会主义事业充满信心.一旦条件允许,他便开始恢复数学研究.1973 年,根据当时的实际情况,他从研究沃尔什(Walsh) 变换及其在图像谱带压缩中的应用开始,组织了跨学科的讨论班,从事信息处理的研究.他是我国开展模式识别与图像处理研究的先驱与倡导者之一.

1976 年后,程民德在政治上得到了彻底的解放.1978 年他开始担任北京大学数学研究所第一任所长,1980 年当选为中国科学院学部委员,1982 年至 1986 年担任北京市数学会理事长,1984 年至 1988 年担任了中国数学会副理事长.在此期间,他为北京大学数学系、数学研究所以及全国的数学发展,做了一系列的组织工作,成绩斐然.他是国家教委应用数学领导小组的负责人之一、国务院学位委员会数学学科评议组成员、原全国数学教材编审委员会副主任、科学出版社《现代数学基础丛书》主编、《北京大学数学丛书》主编、《数学年刊》和《应用数学学报》副主编、《中国科学》和《科学通报》编委、国家自然科学基金会数学天元基金学术领导小组组长.

二、中国多元调和分析研究的开拓者

调和分析最早来源于函数的傅里叶展开.假设 $f(x)$ 是以 2π 为周期的函数,它的傅里叶级数为 $\sum_{j=-\infty}^{\infty} C_j \mathrm{e}^{ijx}$,其中 C_j 是 f 的傅里叶系数

$$C_j = \frac{1}{2\pi}\int_{-\pi}^{\pi} f(x)\mathrm{e}^{-ijx}\,\mathrm{d}x$$

傅里叶级数理论的第一个最基本的问题是:函数 $f(x)$ 满足什么条件,其傅里叶级数在 x_0 便收敛到 $f(x_0)$? 1872 年,杜布瓦·雷蒙(P.D.G.du Bois-Reymond) 构造了一个反例,表明函数在 x_0 连续不能保证其傅里叶级数在 x_0 收敛.于是人们采用一种新的收敛概念 —— 求和法.最简单的求和是$(C,1)$ 求和,即考虑级数前 n 项部分和的算术平均当 $n \to \infty$ 时的极限.1900 年,费耶尔(L. Fejér) 证明了,函数只要在 x_0 连续,其傅里叶级数在 x_0 便$(C,1)$ 可求和到 $f(x_0)$.可见,求和的概念比收敛的概念更适合于傅里叶级数理论.程民德早年的工作,就是研究一元傅里叶级数各种求和法以及求和因子等问题.

傅里叶级数理论的另一个基本问题是唯一性问题.此问题的提法是:如果一个三角级数收敛(或可求和) 到一个可积函数,能否断言此三角级数必是该函数的傅里叶级数? 或狭义一些,如果一个三角级数收敛(或可求和) 到零,能

否断言此三角级数的系数皆为零？对于一元三角级数唯一性的研究，黎曼(Riemann)与康托(G. Cantor)取得了伟大的成果，促使了集合论的诞生.

直到本世纪40年代，包括上述基本问题的调和分析理论，也只是对一元函数来说比较完整. 多元调和分析由于有原则上的困难，一直没有本质上的突破. 在30～40年代，由于偏微分方程等研究的需要，调和分析学家一直在探求这方面的进展. 在40年代后期，程民德适应这种潮流，将研究方向从一元调和分析转到多元，从多重三角级数唯一性理论开始，获得了重要的成果.

多元调和分析较一元问题要复杂得多. 例如，对二重三角级数

$$\sum_{j=-\infty}^{\infty}\sum_{k=-\infty}^{\infty} C_{jk}\,\mathrm{e}^{i(jx+ky)}$$

的收敛性就有多种本质不同的定义. 除通常考虑的方形和、矩形和之外，自然还可以考虑圆形和定义，即看圆形部分和

$$S_R=\sum_{j^2+k^2\leqslant R} C_{jk}\,\mathrm{e}^{i(jx+ky)}$$

当$R\to\infty$时的极限. 多重三角级数唯一性的最早结果，是程民德于1950年得到的. 他证明了，如果二重(从而多重)三角级数的圆形和按$(C,1)$可求和到零，则其系数皆为零. 以后有一系列的文献对程民德的工作进行推广与补充.

为了证明上述的多重三角级数的唯一性定理，程民德发展了一个有独立意义的领域，这就是重调和函数的研究. 人们知道，调和函数是满足拉普拉斯方程$\Delta u=0$的二次连续可微函数. m重调和函数就是$2m$次连续可微函数，满足方程$\Delta^m u=0$. 问题是当只知道u仅有较少的光滑性时(例如只知有$2m-2$次连续可微时)，怎样来刻画u的m重调和性. 这个问题，德国的布拉施克(W. Blaschke)于1916年解决了$m=1$的情形. 30年代，尼科列斯库(D. Nicolesco)对一般的m作出了类似的刻画. 程民德在研究多重三角级数的唯一性时，发现尼科列斯库给出的条件只是必要而不是充分的. 程民德于1950年引进了广义多重拉普拉斯运算(记为∇^m)的概念，并且在u是$2m-2$次连续可微的条件下证明了$\Delta^m u=0$的充要. 条件是$\nabla^m u=0$.

50年代以来，多元调和分析取得了很大进展. 其中的一个课题，就是对分数次积分的研究. 多元函数在整个n维欧氏空间的分数次积分，是由里斯(M. Riesz)于1949年引进的，这就是里斯位势. 对于周期函数或有限区域，并没有明显的类似. 程民德与陈永和通过多重傅里叶级数的博赫纳－里斯平均，对周期函数定义了分数次积分与分数次拉普拉斯运算，详尽地研究了它们的性质以及与索伯列夫(Соболев)空间的关系. 由于嵌入定理的需要，在50年代，苏联、美国等有不少人研究周期函数与定义在有限区域上的函数的分数次积分. 在这些工作中，程民德与陈永和于1957年与1959年发表在《北京大学学报》并于1956年在《波兰科学院通报》上刊载了部分摘要的结果是最早的.

国际上多元调和分析的突破性进展公认是考尔德伦(A. P. Colderón) 与赞格蒙(A. Zygmund)1952 年合作的关于奇异积分算子的奠基性工作. 以后的蓬勃发展形成了整个的多元调和分析理论. 程民德早在 50 年代便注意到了这个进展,并于 1962 年在北京大学组织讨论班学习奇异积分算子理论. 后来,他又很快恢复了多元调和分析的研究工作. 他组译了施坦(E. Stein) 的《奇异积分与函数的可微性》,并亲自给研究生上课. 他在这方面已培养了 4 名博士,近 20 名硕士. 他所领导的科研集体,已活跃于多元调和分析的国际前沿. 他们在哈代(Hardy) 空间、别索夫(Бесов) 空间、奇异积分算子、汉克尔(Hankel) 算子等方面作出了优秀的成果,受到了国际同行的高度评价. 他和他的学生最近已把他们给研究生上课的讲义整理成《实分析》一书出版.

三、在我国开创了多元三角逼近的研究方向

函数逼近论是 20 世纪初发展起来的一个数学分支. 它的基本思想是用简单的、性质好的函数(例如多项式或三角多项式) 去逼近复杂的性质差一些的函数,这在理论上与实际应用方面都是很有意义的. 20 世纪 50 年代以前,逼近论大多是研究一元函数的逼近问题. 多元函数的逼近,只是从 20 世纪 50 年代以来才取得较大的进展. 逼近多元周期函数,最常见的一种方法是用其傅里叶级数圆形和的一种求和法 ——δ 阶博赫纳 - 里斯平均

$$S_R^\delta(x;f)=\sum_{j^2+k^2\leqslant R}\left(1-\frac{j^2+k^2}{R}\right)^\delta C_{jk}\mathrm{e}^{i(jx+ky)}$$

这种求和法,δ 愈大,性能愈好. δ 有一个临界指标 $\delta_0=\frac{1}{2}$,它是刻画这种求和法的一个分界数. 1947 年,两位印度数学家证明了对较大的 $\delta(\delta>\delta_0+\alpha)$,用 S_R^δ 去逼近 α 阶的李普希兹(Lipschitz) 函数,可以达到理想的逼近程度. 但这结果显然是不精确的. 1956 年,程民德在我国最早研究多元三角逼近理论. 他同陈永和合作彻底解决了临界阶以上($\delta>\delta_0$) 博赫纳 - 里斯平均的逼近问题. 他们证明了,只要 $\delta>\delta_0$,就可以达到理想的逼近程度. 程民德与陈永和还把他们引进的周期函数的分数次积分概念与多元三角逼近理论联系起来,得到了丰富的结果. 这些结果,不仅以其系统完整而载入专著,而且对多元三角逼近理论产生了很大影响. 直到 80 年代,在程民德工作的基础上,对等于或小于临界阶的博赫纳 - 里斯平均的研究,仍是很活跃的课题. 在我国,现在仍有一批数学工作者在这方向上继续工作. 另外,由于傅里叶级数与数学物理密切相关,程民德等的结果已被郭本瑜等用于偏微分方程的数值分析.

四、模式识别与图像处理的研究

从1973年开始，程民德从高维沃尔什变换入手.开始研究模式识别与图像处理.沃尔什变换是类似于傅里叶展开的另一种正交展开，在许多情形，它比傅里叶变换更适合于对数字无线电信号的分析.二维沃尔什变换在电视频带压缩上的应用，于70年代国际上在计算机模拟与实验室试验方面取得了成功.但在理论上，即使是一维的情形，还缺乏系统而完整的研究.程民德于1978年统一地对高维沃尔什变换进行了系统而完整的分析，证明了收敛定理、取样定理，论证了沃尔什变换对数字图像频带压缩有优越性.他和他的学生合作完成了中国第一本有关模式识别方面的专著《图象识别导论》.

由于计算机的应用，模式识别与图像处理的研究，国际上在60～70年代发展已极其迅速，在我国则起步较晚.程民德不仅从事理论研究，还进一步建设北京大学数学系的信息数学专业，带领大家研究指纹识别、地理信息库以及视觉模拟.他和石青云以及他们共同指导的研究生，在指纹识别方面有重要的发现，从而开发了新一代高功能的指纹自动鉴定实用系统，1990年进入了国际市场，为我国经济发展做出了贡献.在程民德带领的科研集体的基础上，北京大学先后成立了跨学科的"信息科学中心"和"视觉与听觉信息处理国家重点实验室"，程民德担任了这个中心和重点实验室的学术委员会主任.

程民德在学术思想上，坚持数学理论与联系实际并重的方针.他十分重视数学理论的独立发展，认为不能要求所有的数学研究都必须有实用背景.但同时他十分重视数学的应用.当80年代有个别同志怀疑搞数学的人是否应去搞模式识别的时候，他坚持了模式识别的研究方向.正是在他的正确思想指导下，北京大学数学系信息数学专业与北京大学信息科学中心才能取得重大的发展.

五、为发展我国的近代数学事业而努力奋斗

1952年，院系调整后的北京大学数学力学系，面临一个大发展的局面.学生从几十人很快增至上千人，专业由单一的数学专业，扩展增加了力学专业与计算数学专业，但师资缺乏，不能适应发展的要求，教学又面临改革的任务.程民德作为教研室与系的主要负责人之一，从加强基础课教学着手，努力做好各个专业的建设工作.他自己亲自讲授200多名学生的数学分析大课，以极其严谨的分析风格培养学生，从而在新建的北京大学数学力学系确立了重视基础训练的优良传统.1955年，当教学质量逐步走向稳定的时候，他又会同林建祥、丁石孙等青年教师，及时提出在高等学校积极开展科学研究的建议.另外，当时的

北京大学数学力学系，是由原来北大、清华、燕京三校的数学系合并而成的，教师来自不同的单位，程民德与当时的系主任段学复教授等一起，并得到江泽涵、徐献瑜等教授的支持，在党组织的领导下，充分发挥原三校老教师的作用，信任青年教师并加强对他们的培养，注意树立团结和睦的风气以及活跃而又严谨的学风，使新建系形成了良好的风尚. 这种风尚在北京大学数学系后来的发展中起了极其重要的作用.

1976 年后，经历了十年浩劫的北京大学数学系与中国数学界，又面临一个恢复与重新发展的局面. 政治上获得了解放的程民德，积极支持思想上的拨乱反正. 他在北大数学系巩固并发展了应用数学专业与信息数学专业，签订了许多重大的科研项目的协议. 北京大学数学研究所成立后，他担任第一任所长，在所里创立了良好的研究环境与活泼的学术空气. 他采取了多种措施，扶植了大批中青年人才. 1977 年他首先于全国在北大恢复了多元调和分析的理论研究. 接着，于 1978 年，在他的积极倡议之下，函数论作为一门理论学科，在全国最早恢复了学术活动. 他克服了重重困难，于 1980 年成功地协助吴文俊教授组织了由国际数学大师陈省身先生倡导的第一届微分方程与微分几何国际学术讨论会，为中国数学的国际交流树立了高标准的楷模，对提高我国数学水平起了极为深远的作用. 以后他又主持了 1984 年的分析学国际学术讨论会，组织了 1985 年的国际逼近论会议，主持了 1988 年的南开数学研究所的调和分析学术活动. 他为中国数学会重返国际数学联盟做了许多实际工作. 他努力支持南开数学研究所的成立及其举办的各项活动. 他还参加领导了由陈省身先生向国家教委倡议举办的全国数学研究生暑假教学中心，为提高全国数学研究生的现代数学水平提供良好的条件. 他还为中美合作培养研究生付出了大量的劳动. 1985 年，程民德与徐利治教授合作，创办了国际性英文版数学杂志《逼近论及其应用》(*Approximation Theory and Its Applications*)，并担任主编.

1986 年，中国数学呈现一派繁荣兴旺的景象. 不少中青年人才脱颖而出，在国内外做出了很优秀的工作. 这时，陈省身教授提出，在 21 世纪初中国数学可以率先赶上世界先进水平并于 21 世纪在中国建成数学大国. 为了达到这个目标，程民德等在国家科委、国家自然科学基金会与国家教委的支持下，于 1988 年在南开大学召开了第一届“21 世纪中国数学展望”学术讨论会. 参加会议的国内有 122 人，国外的有 45 人，其中大多是正在攻读或已取得博士学位的青年人. 会议在程民德、胡国定、吴文俊等教授的主持下，共商发展中国数学的大计. 会议为中国数学的发展争取到了国务院财政部专款拨给国家自然科学基金会的一笔基金 —— 数学天元基金. 以程民德为首的天元基金学术领导小组，决定用它支持一批重点项目，特别是支持青年人才，为他们的发展创造条件，同时给予影印数学书刊和翻译、出版、资料等方面的支持，尽可能改善一些数学研究条件. 1990 年第二届"21 世纪中国数学展望"会议又在南开大学召开. 大家决心通过扎实的工作,实现率先赶上世界数学先进水平的目标,大会呈现了团结奋斗的新气象.

青年时代的程民德,沉静,寡言,不善辞令,在美国留学时他的导师博赫纳就曾在一次聚会上以"寡言的数学家"(talkless mathematician) 把他介绍给大家. 回国后,是历史的潮流把他冲上了行政的领导岗位. 由于历史的原因,中国数学自然划分为南方与北方两个活动中心. 程民德青年时代在南方学习与工作,以后又长期在北方任教. 在美国留学时又接触了许多国际知名的数学家. 这在客观上为他提供了工作上的有利条件. 但更重要的是,他从不把个人的得失放在第一位,始终以大局为重. 他待人宽厚,总为别人设想,对己严格. 他意志坚强,不管遇到任何困难,总是要求自己扎扎实实甚至默默无闻地去工作,直至达到目的. 他为人正直,待人真诚,从不说违心的话,因此他能团结人,发挥每一个人的作用. 在学术上,他从不保守,总是鼓励年轻人去开创,甚至鼓励年轻人超过自己. 这一切,正是他能为中国数学发展做出贡献并获得人们信任尊敬的原因.

参考资料

[1] Cheng M. T. (程民德), Tohôku Math. J., 48(1941)282.

[2] Cheng M. T. (程民德), Ann. of Math., 50, 2. (1949)356.

[3] Cheng M. T. (程民德), Ann. of Math. 52, 2(1950)403.

[4] Cheng M. T. (程民德), Proc. of A. M. S., 2(1951)77.

[5] 程民德,陈永和,《北京大学学报》,4(1956)411.

[6] Cheng M. T. (程民德), Chen Y.-h. (陈永和), *Bull. Acad. Polon. Sci.*, C. 1Ⅲ, 4(1956)639.

[7] 程民德,陈永和,《北京大学学报》,3(1957)259.

[8] 程民德等,《北京大学学报》,1(1978)26.

[9] 程民德,邓东皋,《科学通报》,13(1979)817.

[10] Cheng M. T. (程民德) et al., Chinese J. of Computer(1989).

[11] 程民德等,《图象识别导论》,上海科学技术出版社(1983).

[12] 程民德等,《实分析》,高等教育出版社(1992).

[13] 邓东皋等,《河南大学学报》,增刊(1988)1.

冯·诺依曼

—— 多才多艺的现代数学家[①]

约翰·冯·诺依曼是一位成就卓著的数学家，他的重要建树包括量子物理学、逻辑学、气象学、军事学、高速计算机的理论和应用、对策论等方面，同时他又经过对博弈论的研究为经济学的发展做出了重大贡献.

一、青年时代

约翰·冯·诺依曼1903年12月28日生于匈牙利布达佩斯一个殷实的犹太人家庭里. 他的父亲曾受匈牙利国王弗朗兹·约瑟夫的册封，获得低等贵族称号.

在布达佩斯，当时是数学大家人才辈出的时代，冯·诺依曼与西拉德(1898年)、维格纳(1902年)和特勒(1908年)相比，仍然是他们中间的佼佼者. 关于他的童年，有不少传说. 有的故事说他的记忆力十分惊人. 他自幼爱好历史学，因为读书几乎过目成诵，终于成了拜占庭史的行家，还谙熟圣女贞德审讯的详情以及美国南北战争的细节.

有人曾说，他只要看过电话本的某一栏，即能谙记栏内的姓名、地址和电话号码. 他不但聪明机智过人，还富于幽默感，爱好双关语和俏皮的打油诗.

① P. R. 哈尔姆斯，《自然杂志》第4卷(1981年)第1期.

大多数的传说都讲到他自童年起在吸收知识和解题方面具有惊人的速度.他六岁时能心算做八位除法,八岁掌握微积分,十二岁就读懂领会了波莱尔的大作《函数论》的要义.

冯·诺依曼十几岁时曾得到一位叫L.拉兹的颇有才智的中学教师的教诲,不久以后,他成了M.法格蒂和L.法杰尔的弟子.L.法杰尔人称“许多匈牙利数学家的精神之父”.

冯·诺依曼的父亲因考虑到经济上的原因,请人劝阻年方十七岁的诺依曼不要成为数学家.后来父子俩达成协议,诺依曼便去攻读化学.1921年至1925年,他先后在柏林和苏黎世学习化学.1926年诺依曼同时获得苏黎世化学工程文凭和布达佩斯数学博士证书.

二、早期工作

冯·诺依曼二十岁时发表的序数定义,现在已被普遍采用,他的博士论文也是关于集合论的;他的公理化方法,在这个主题方面,留下了不可磨灭的标记.他一生中始终对集合论和逻辑抱有很大的兴趣.尽管1931年哥德尔证明了“数学的无矛盾性是不可能证明的”,说明数学推理能力有局限性,然而这仅仅使诺依曼情绪有过短暂的波动.

他在柏林(1926～1929年)和汉堡(1929～1930年)当过无薪大学教授(报酬直接来自学生的学费).在这段时期,他离开了集合论,从事两个课题:量子理论和算子理论方面的工作.他被新的物理概念所激励,更广泛深入地进行无限维空间和算子的纯粹数学的研究.基本见解是希尔伯特空间中的向量几何和量子力学系统的态结构之间有着同样的形式性质.冯·诺依曼论述量子力学的著作(德文本)在1932年发表,它被译成法文(1947年)、西班牙文(1949年)和英文(1955年).至今,该文仍是这个主题的经典著作.诺贝尔奖奖金获得者E.维格纳,在一篇描述冯·诺依曼对量子力学所做贡献的讲演中说:量子力学方面的贡献,就足以“确保冯·诺依曼在当代理论物理领域中的特异地位”.

三、在普林斯顿的日子

1930年冯·诺依曼以客座讲师的身份赴普林斯顿大学讲学,任期一学年,次年即应聘当了普林斯顿大学的教授.1933年高级研究院成立时,他是研究院数学所奠基时代的六位教授之一,并在这一职位上最后了其一生.

1930年冯·诺依曼与玛利埃塔·科维茜结婚,1935年生了一个女儿,取名玛利娜.冯·诺依曼神童般的幼年预示他将来必成大器,岁月果然证实了这点,他很快就成为数学界的明星.在他扬名数学界的同时,关于他的种种趣闻轶事也广为传播开来了.他是个世界主义者,然而,成为美国公民却是他自己做出的选择.

冯·诺依曼家里常举办持续时间很长的社交性聚会,这是远近皆知的.约翰尼(约翰的昵称)自己饮酒不多,但决非滴酒不沾的人.他偶尔也玩扑克牌,不过,打起牌来,他总是输家.

1937年,冯·诺依曼与妻子离婚,1938年又与克拉拉·丹结婚.克拉拉·丹随诺依曼学习数学,后来成为优秀的程序编制家.多年后,克拉拉在一次接受记者采访谈及她丈夫时说道:"他对自己家的屋子连一点几何头脑也没有,连个位置都搞不清楚……一次在普林斯顿,我叫他去给我取一杯水,过了一会他回来了,问我玻璃杯在哪里.我们在这所房子里住了十七年……他从来没有用过锤子和螺丝刀,家里的事,除了修拉链以外,他一点也不做.他修拉链可以说是'手到病除'."

冯·诺依曼绝不是那种脸谱化的大学教授的样子.他是个粗壮结实的男子汉,衣着整齐、讲究.自然有人说他有时是何等的心不在焉.克拉拉告诉我,一天早晨冯·诺依曼从普林斯顿的家里驱车出发到纽约赴约会,车抵新不伦瑞克时,他又打电话回来问他妻子:"我上纽约去干什么?"当然这可能不完全贴切,不过我还是想起有一天下午我开车送他回家的情形.因为那天晚上他家有一次聚会,我自己又记不清到他家的路途.于是我就问他,我下次再来时怎样辨认他的那所房子,他告诉我说:"那可容易,街边有家鸽啄食的那所房子就是我家."

四、神奇的运算速度

冯·诺依曼思考问题的速度真是令人敬畏.G·波列亚也承认,"约翰尼是我唯一感到害怕的学生.如果我在讲演中列出一道难题,讲演结束时,他总会手持一张潦草写就的纸片向我走来,告诉我他已把难题解出来了."无论是抽象的求证还是运算,他做起来都是得心应手的,不过他对自己能熟练地运算还是格外感到满意和引以为豪.当他研制的电子计算机准备好进行初步调试时,有人建议计算一道涉及2的幂的计算(这道题大致是这样的:具有下列性质的最小幂是什么,当它的十进数字第四位是7时?对现在使用的计算机来说,运算这道题根本不费吹灰之力,它只需几分之一秒时间即可取得运算结果).计算机和约翰尼同时开始运算,约翰尼竟领先完成了运算.

一个著名的故事说到,阿伯丁检验场的青年科学家有一个复杂的式子需要求值.第一个特解,他花了十分钟时间,第二个特解,他用笔和纸运算了一个小时，第三个特解，他不得不求助于台式计算机，即使是用了台式计算机他还是得花上半天的功夫. 当约翰尼进城时，这位青年科学家把公式递上去向他求教. 约翰尼自然乐于相助. “让我们先来看看前面几个特解的情况. 如果我们令 $n=1$，我们可求得 ……”—— 他昂首凝思，喃喃而语. 年青的提问者顿时领悟到它的答案，便插嘴说，答案“是 2.31 吧？”约翰尼听了后不解地看了他一眼并说：“我们现在令 $n=2$，……”他思索着，嘴唇微微启动. 这位年轻人由于事先胸有成竹，当然能摸得到约翰尼的演算过程，在约翰尼就要算出答案前的一瞬间，这位青年科学家又插话了，这次他用一种迟疑的口吻说：“是 7.49 吗？”这次约翰尼听了不免蹙起了眉头，他连忙拉下去说：“如果令 $n=3$，那么 ……”还是一如既往，约翰尼默念了片刻，青年科学家在一旁偷偷地听到了他计算的结果. 还没等约翰尼运算完毕，青年科学家就喊了出来：答案是“11.06”. 这下约翰尼可受不了啦. 这完全不可能. 他从未见过有初出茅庐之辈能胜过他的！ 他一时陷入了心烦意乱之中，一直到开玩笑的家伙自己向他承认事先已做过笔算以后，他才平息了心头的愠怒.

另一则趣闻是所谓著名的苍蝇难题. 两名自行车选手在相距二十英里(1 英里＝1.069 344 千米）以外以每小时十英里的匀速从南北两向相对而行. 与此同时，有一只苍蝇以每小时十五英里的匀速从南行的自行车前轮出发，飞往北行的自行车的前轮，然后返回再飞往南行自行车的前轮，依此情形不断往返，直到苍蝇被在两辆自行车的前轮之间. 问：苍蝇飞行的总距离是多少？缓慢的解题方法是先求出苍蝇北飞的第一段距离，然后求出南飞的第二段距离，然后再求出第三段距离，最后计算出由此求得的无穷级数的总和. 快捷的解题方法是从观察中知悉，两辆自行车出发后整一个小时即相遇，因此苍蝇恰好只有一小时的飞行时间；因此，答案一定是十五英里. 当有人向冯・诺依曼提出这道难题时，诺依曼不加思索就解了出来，这使提问者十分失望. “呀，你一定曾经听说过其中的奥妙！”诺依曼反问道：“你说的是什么奥妙？ 我仅是求出了无穷级数呀.”

我记得冯・诺依曼讲课时曾讲过算子环问题. 他提到，算子环可以分成两类：有限对无限一类，离散的对连续的为另一类. 他接下去说：“这就会引出总共四种可能性，这四种可能性每种都能成立. 或者 —— 让我们想想 —— 它们能成立吗？”听讲者中间有好几位数学家在他的指导之下研究这一课题已有相当一段时间了. 如果稍稍停顿略加一番思考，对四种可能性一一核验绝不是太麻烦的事. 一点也不费事 —— 每种可能性只需用几秒钟时间核验，如果把思索和转话题的时间加进去，总共不过费我们十秒钟时间. 但是，两秒钟以后，冯・诺依曼已经在说：“是的，四种可能性都能成立.”我们还没从迷茫之中清醒过来跟上他的讲演，他已经就开始讲解下文了.

五、言语运用

严格地说,匈牙利语不是一种四海通行的语言,所以所有受过教育的匈牙利人必须能操比他们本国语更有广泛使用价值的一种或几种语言.冯·诺依曼一家在家里都说匈牙利语,然而他能极熟练地使用德语、法语,当然还有英语.他说英语速度很快,在语法上也经得起推敲.但是在发音和句子结构方面,不免使人想起很像德语.他的“语感”还不能算是尽善尽美,遣词造句不免复杂.

他准备讲演时几乎从来不用笔记.我看到他对一般听众作非数学专业的讲演开始前五分钟做的准备.他坐在研究院的休息室里,在一张卡片上粗略地涂写上只言片语,比如:“动机的形成,五分钟;历史背景,十五分钟;与经济学的关系,十分钟……”

作为一个数学讲演者,他会使人感到应接不暇.他说话很快,但吐字清楚,用词确切,讲解透彻.比如,如果一个课题可能有四种公理方法,大多数教师只满足于展开一个或最多两个系统,最后再附带提及其他两个.冯·诺依曼则不然,他喜欢把情况的“全部图景”描绘出来.也就是说,他会具体描述从第一导致第二的最短捷径,从第一至第三,然后再继续下去一直到十二个可能性为止.

他讲课时擦黑板太快,十分令人不愉快.他板书讨论中关键性的公式,发现公式中的符号可由别的符号来替代时,他不作适当的修改重写公式以标明替代部分,与此相反,他擦抹去可替换的符号,代之以新的符号.这种做法不免使记笔记的听讲者泄气,特别是他为了继续他的推理过程同时还一直滔滔不绝才智横溢地讲个不停.

他所阐述的原理是那么平易自然,他的风格是那样的令人折服,所以要听懂他的讲演,不必一定是个数学行家.然而,听讲者几小时以后会感到,一般的记忆力已支撑不住因果内含的微妙平衡了,听讲者会感到迷惑和不足,需要听取进一步的讲解.

六、文　风

作为一个数学著作家,冯·诺依曼的思路清晰,但脉络分明稍逊.他的著作行文有力,然而雅致尚嫌不足.他似乎喜欢搞细枝末节和不必要的重复,各种数学符号运用得过于详尽而有时会令人摸不着头脑.他在一篇论文中首次使用了一种普通函数符号的引申,以此来保持逻辑上的正当区分,而不顾这种明显的区分事实上是无关紧要的.除了运用 $\phi(x)$ 的标准符号以外,他还用了一种 $\phi((x))$ 的符号.读者必须进行琐细的分析,由 $\phi((x))$ 求得 $\phi(((x)))$,最后再

求得 $\phi((((x))))$，所以会出现这样的方程式

$$(\psi((((a)))))^2 = \phi((((a))))$$

要消化吸收这种方程，一定要先除去外皮才行，一些出言欠逊的学生把这篇论文中的公式称作为冯·诺依曼的洋葱头.

冯·诺依曼十分注意细节，原因之一可能是他感到自己动手运算求证要比博引旁征约定俗成的规定要来得简捷.结果就难免使人产生一种印象，他似乎对标准文献资料了解甚少.如果他需要从勒贝格积分理论中援引若干事实，即使是熟悉的事实，他总是情愿亲自全力以赴，从最基本的符号下定义开始，逐步展开一直到他能加以引用的步骤.在第二篇论文中，如果他又需要引用积分理论，他又会从头做起.

论文中一长串的尾标，添标上又加上添标，论文中充满了可避免的代数计算，这在他看来并没有什么不好.其中的原因可能是他从大处着眼，不愿树木淹没在森林之中.他乐于考虑数学问题的各个方面，而且思维周密.他著书立说时从不以居高临下的口气对读者说话，仅是告诉读者他的见解而已.这种做法倒也高明，结果是很少有人能找到机会可以给冯·诺依曼的著作提出批评指正的.

因为冯·诺依曼三十岁以后便与教育机构失却了正式的关系，所以他的学生人数是屈指可数的；他一生中只指导过一篇博士论文.然而经过讲演和不拘形式的谈话，他在自己的周围云集了一小批弟子，弟子们各自继承了他研究的数学科学的某个领域.这批弟子中有 J. W. 卡尔金，J. 查尼，H. H. 戈尔茨坦，P. R. 哈尔姆斯，I. 哈尔普林，O. 摩根斯顿，F. J. 默里，R. 沙顿，I. E. 西格尔，A. H. 陶布，以及 S. 乌拉姆.

七、工作习惯

冯·诺依曼决不因为自己能敏锐地把握事物而驻足不前，他是一个勤奋工作的人.他的夫人说："他在家写作总要到深夜或黎明时分才搁笔.他的工作能力惊人."除了在家里工作以外，他在办公室也孜孜不倦地工作.他每天一早就到研究院，一直到很晚才离开，其间他十分珍惜时光，决不让光阴白白流逝.他办事事无巨细都安排得井井有条，文章校对也很细心.

我充当他助手时，我们两人曾合写过一篇文章.经过商讨和构思决定由我执笔成文.我写完后一看，文章有打字稿约二十页，交他审阅.他读后大为不满，并把我严厉地批评了一顿.他把文章砍掉了一半，自己动手改写余下的部分.他写出来的文章一共是十八页.我帮他在文章中删去了一些德语腔的英语词句，改动了一些文字的拼法，最后压缩成十六页.他读后仍感到不满意，并又作了些

根本性的改动,结果写成一篇二十页的文章.这种节外生枝式的写作过程几经反复(我现在想起来,各方都有四个回合),文章最后定稿时约有打字稿三十页(铅印稿是十九页).

冯·诺依曼在数学科学上对学问的探求是激流勇进的,这是他引人注目同时又令人钦佩的品质.他在数学领域的学问和知识可谓广博,从他的整个知识结构看还不免有缺陷,特别是数论和代数拓扑.

聪明才智,加上敏捷和勤奋必然会结出丰硕的成果.冯·诺依曼的著作《选集》一书中,收集了他的一百五十余篇文章,其中约六十篇是纯粹数学(集合论、逻辑、拓扑群、测度论、遍历论、算子论以及连续几何学),二十篇属于物理学,六十篇属于应用数学(包括统计学、博弈论以及计算机理论),还有几篇零星的文章.

八、纯粹数学

冯·诺依曼数学家的声誉是在1930年才较好地确立起来的,主要依赖于他在集合论、量子论和算子论方面的工作.然而就纯粹数学而言,他走过了三个历程.第一是遍历性定理的证明.遍历性假设,可以精确地叙述为在希尔伯特空间上的算子理论,这正是冯·诺依曼早期用来使量子力学精确化的论题.冯·诺依曼叙述和证明了现在著名的关于酉算子的遍历性定理,并且用于算子理论的研究,取得了成功.

1900年,大卫·希尔伯特提出了著名的23个问题,它们总结了当时数学知识的状况,而且指明了今后所需做的工作.1933年,阿·哈尔证明了在拓扑群中存在着适当的测度(后来称为哈尔测度);他的证明发表在数学年刊上.在发表前,冯·诺依曼已接近了哈尔的结果,他清楚地看到这恰好是求解希尔伯特第五问题的一种特殊情况(紧致群)时所需要的,他的文章也发表在同一期数学年刊上,恰好紧接着哈尔的文章.

1930年下半年,冯·诺依曼发表了一系列关于算子环的论文(部分论文是和F.J.摩莱合作的).该理论现在称为冯·诺依曼代数.也许,这是冯·诺依曼最值得人们铭记不忘的著作.它是算子理论在技术上最光辉的发展,它推广了许多有限维代数的熟知结果,是量子物理研究中最强有力的工具之一.

算子环理论的一个惊人的新的生长点是由冯·诺依曼命名的连续几何.普通几何论述维数为1,2,3的空间.在他论算子环的著作中,冯·诺依曼已看到,实际上决定一个空间的维数结构的是它所容许的旋转群.冯·诺依曼陈述了使得连续维数空间有可能成立的公理.这几年中他不断地思考和论述连续几何的论题.

九、应用数学

1940年，是冯·诺依曼科学生涯的一个转折点.在此之前，他是一个通晓物理学的登峰造极的纯粹数学家；1940年以后则成了一位牢固掌握纯粹数学的应用数学家.他开始对把数学应用到物理领域去的最主要的工具偏微分方程发生了兴趣.此后，他的文章主要是论述统计、冲激波、流问题、水动力学、空气动力学、弹道学、爆炸学、气象学以及把非古典的数学应用到现实世界去的两个新的领域：博弈论和计算机.

冯·诺依曼曾提出用聚变引爆核燃料的建议，并支持发展氢弹.1947年军队的嘉奖令赞扬他是物理学家、工程师、武器设计师和爱国主义者.

十、政　治

冯·诺依曼在政治和行政方面的决策，很少站在所谓的“自由主义”这一边.他有时还站出来主张对俄国发起一场预防性的战争.早在1946年，原子弹试验就遭到了持反对意见者的批判，但是冯·诺依曼却认为它们是必需的.他不同意J·R·奥本海默反对核弹爆炸计划的意见，而且敦促美国在俄国掌握它之前就着手建造.然而在一次国会安全听证会上，他说：奥本海默是以“良好的愿望”反对这个规划的，但是一旦做出继续制造超级炸弹的决定，他的意见就是“很有建设性的”.他坚信奥本海默是一个可靠的人.

他是原子能委员会的成员，不得不“思考某些不可思议的问题”.他推动联合国去研究世界范围的放射性效应.早期太平洋原子弹试验的放射性外逸事件中，死亡一人，并使二百人受伤，这件事几乎引起了全世界的关注.冯·诺依曼将这次事件与日本的某一次渡船事件造成的损失作了对比，渡船事件中有一千人死亡(其中包括二十名美国人)，损失大大超过前者，于是他断言：为了用先进的技术来装备工业，承受某些尽可能小的损失，看来还是难免的.

十一、博弈论

冯·诺依曼不仅曾经将自己的才能用于武器研究，而且他还发现，自己的时间和能力可以用到所谓的博弈论中去，这种理论主要用于经济学研究.博弈论的数学基础是一个命题，称为极大极小定理.极大极小定理用于处理一类最基本的二人博弈问题.如果博弈双方中的任何一方，对每种可能的博弈策略，考虑了可能遭到的极大损失，从而选择“极大损失”极小的一种策略为“最优”策略,那么从统计角度来看,他就能够确保方案是最佳的.

数理经济学,过去模仿经典数学物理的技巧,所用的数学工具主要是分析(特别是微积分),将经济问题当作经典力学问题处理,这种方法的效果往往不太有效.冯·诺依曼抛弃力学的类比,代之以新颖的观点(对策论)和新的工具(组合和凸性①的思想).

博弈论在未来的数学和经济学中所处的地位,当时还不容预料.但是有些博弈论的热情支持者已经认为:博弈论可能会是“二十世纪前半期最伟大的科学贡献之一”.

十二、电子计算机

对冯·诺依曼的声望有所贡献的最后一个课题是电子计算机和自动化理论.计算机运行过程的逻辑成分是什么,从不可靠的元件组成的一台机器要得到实践上可靠的答案的最好办法是什么,一台机器需要“记住”些什么,用“存储器”装备它的最好办法是什么,能否造一台机器,不仅能节约计算工作而且也能减少建造新机器的困难,即能否设计一台自己能再生产的自动机,一台计算机能否成功地模仿“随机性”,使得当没有公式可遵循时,也能解出一个具体的物理问题(如怎样寻求一个最优的轰炸模型),计算机能通过大量的概率实验,推得一个统计上精确的答案吗?这些都是冯·诺依曼研究的问题.他为解答这些问题,做出了基本的贡献.

冯·诺依曼还提倡将计算机技术用于各个不同的学科领域,从求解偏微分方程的近似解,到长期精确的天气预报,以至最终达到控制天气.他建议研究的最引人注目的题目之一是对北极冰帽染色,以期减少它们辐射出的能量,提高地球热能,让冰岛的恶劣气候变得接近于夏威夷.

科学院交给冯·诺依曼的最后一个任务是整理和发表耶鲁的西列曼讲座的成果.他住医院期间,还一直在做这件工作,但是没有最终完成.他在整理西列曼讲座中所用的方法,用词的精确性,也间接地证明了,在多方面做出过卓越贡献的冯·诺依曼,始终首先是一位数学家.

十三、逝　世

冯·诺依曼是他所处时代的杰出人物.他接受了多种荣誉的学位,包括普

---

① n 维欧几里得空间中的一个子集 S,如果将其中任意两点 x,y,过 x,y 的线段上的点全属于 S,那么就称 S 是凸性的.—— 译者注

林斯顿(1947年)、哈佛(1950年)和伊斯坦布尔(1952年)的学位.他在1951～1953年间,担任美国数学协会主席,他也是好几个国家的科学院院士.1956年,他在身患不治之症时,接受了E.费米奖.

冯·诺依曼1955年得病,经过检查,结果确诊为癌症.病势在扩展,但即使在旅途中,他也不停止工作.后来他被安置在轮椅上,但仍在思想、写作以及参加会议.1956年4月,他进入沃尔特·里德医院,以后就未曾离开过.

有两种英雄人物:一种是和我们所有的人一样的,但是能力要比我们强许多;另一种恰当地说具有超人的智慧.我们所有的人都能跑,而有些人则能在4分钟内跑完一英里;但是,G小调咏叹调之类不朽之作,却不是一般人所能创作出来的.我们所有人,有时候或多或少地都能清晰地进行思想.但是,冯·诺依曼思考问题的清晰程度,在任何情况下,都比我们大多数人的水平要来得高,N.维格纳和冯·诺依曼都是杰出的人物,他们的名字都将留传于后世.但是,他们又是不同类型的人物,维格纳观察事物深刻而又直觉,而冯·诺依曼看问题清晰并且逻辑性强.

是什么因素使得冯·诺依曼不同凡响的呢?是他一旦思考问题时理解和思考力超常的迅速呢,还是能牢记各种事物的非常的记忆力呢?不!这些品质,尽管它们可能给人印象深刻,但不是决定性的.

"公理方法"有时却被看作为冯·诺依曼取得成功的奥秘.在他的手中,公理方法并不是迂腐的而是直观生动的;他通过把注意力集中于基本性质(公理)上,以求把握问题的实质,然后由此出发推演出一切.同时,公理方法也启示他一步一步地从基础理论研究推向应用.他了解自己的能力,他赞扬或许也羡慕那些具有特殊素质的、并且有着非理性的直觉的灵感的人,这种灵感有时能改变科学进程的方向.对冯·诺依曼来说,似乎不可能有难于理解的和难于表达的思想.他的远见卓识给人深刻的印象,他的表述则是严谨清晰的.

(朱水林　陈建平　摘译自 The American Mathematical Monthly 1973年第4期)

哥德尔生平简述①

一、引言

伟大思想家的生活往往被他们的成就所遮盖，这种现象大概以库特·哥德尔(Kurt Gödel)的生活和工作为最典型了.哥德尔，一位隐居的天才，尽管他的不完全性定理和集合论的一致性证明是属于二十世纪数学领域中最值得称颂的部分，然而他的个人生活经历却至今鲜为人知.

自从1978年哥德尔逝世以来，出现了许多颂扬他的文章，其中最引人注意的是柯特·克里斯琴(Curt Christian)[2]、格奥尔格·克赖泽尔(Georg Kreisel)[11]和王浩[15]②写的回忆录.然而这些作者中没有一个人是在五十年代前就与哥德尔建立起私人关系的，因而在他们的文章中出现了前后矛盾的地方.为了解决这些矛盾，为了证实或者驳倒这些已在流传的说法，并且为了进一步搞清哥德尔的生平事迹，学者们必须从第一手材料做起.在这篇文章的以下部分，我将着重于介绍哥德尔的一些生活经历，这些内容经过了我的浓缩，是从我对一些原始材料的研究中得出的结果.这些原始材料是由于在过去的两年

---

① 约翰.W.小道森(John W. Dawson, Jr.)《自然杂志》第9卷(1986年)第9期.本文作者是美国宾州州立大学的数学副教授，哥德尔著作集的特约编辑.这本著作集在符号逻辑协会的支持下不久将由牛津大学出版社出版.

② 王浩最近的一篇回忆录[16]包括了一些令人感兴趣的补充资料.虽然它是在哥德尔生前写的，并呈送他本人过目，得到他的修正和同意，但是从整体上说，这篇回忆录不太可靠，特别是关于日期和地点有一些错误.

里我在普林斯顿高等研究院里整理哥德尔的"遗产"①,同时附带地进行一些私人的会见和访问,并与国内外许多学者通信而得到的.在必要的情况下,我重复了上述回忆录中已引用的一些传记性资料.然而,我的目的是据已有的第一手材料详述或纠正这些回忆录中的细节.

我要感谢普林斯顿高等研究研究院允许我引用和翻拍哥德尔的"遗产"中尚未公开发表的某些内容;同时还要感谢鲁道夫(Rudolf)·哥德尔,库特·哥德尔的兄长,他唯一活在世上的近亲,感谢他热情周到地满足了我的要求;还要感谢兰茨霍夫(H. Landshoff),感谢他协助我为这篇文章准备了插图.

二、哥德尔的"遗产":来源,安排和处理

库特·哥德尔的科学"遗产",包括信件、草稿、笔记、未发表的手稿、私人藏书、各种形式的散装笔记和备忘录,是在他死后由他的遗孀赠给高等研究院的.虽然有一些信件表明,国会图书馆曾向他征求过这些资料,但他本人对于如何处理它们未曾作过任何决定.其实,对于这些没有发表的作品在身后将如何保存或出版,他的态度是自相矛盾的:他一度与达纳·斯科特(Dana Scott)提起希望在身后能出版他的某些作品,甚至要求斯科特为其中一部分准备好打字稿;但另一方面,他又数次拒绝了出版他的著作集的邀请,坚持认为他的作品中最重要的部分已经公开发表,而其余部分则只有史料和传记的价值.结果他所有的稿件被收在文件箱中,并存入高等研究院历史研究图书馆地下室(无档案存放设备)的一个柜子里,等待人们的进一步处理.

我本人参与其事始于1980年秋天.当时我致力于寻找哥德尔的那些鲜为人知的已发表的作品,我查明了为庆贺哥德尔六十岁生日而编纂的文[1]所列的文献目录.我起初认为这个目录是完整的,但是一位同事不久就向我提出了一篇目录里没有列出的文献,而后来我自己又发现了两篇.于是,我写信给高等研究院询问哥德尔生前是否自己准备了一份关于他所有著作的目录,结果我收到了一份打印的与文[1]中所列的完全相同的目录.既然肯定没有人编过完整的目录,我就自己着手编一个.同时我致力于更诱人的目标:翻译全部哥德尔以前未曾译成英语的著作②.最后我得到了整理哥德尔"遗产"的机会.1982年6月我到了普林斯顿,开始了我的工作.

工作刚一开展就碰到了三个主要问题:第一,包含科学"遗产"的材料堆积如山;第二,我在档案管理方面缺乏训练;第三,有必要透彻了解哥德尔的那种加贝尔

---

① 对于哥德尔死后留下的文字资料,包括信件、草稿、笔记、文件、未发表的手稿等,原文作者用德文Nachlass一词概括,Nachlass的中文意思为"遗产",我们就把这个词译成"遗产".——译者

② 目录现在已经完成[3,5],而译作将被包括在我们即将出版的哥德尔著作集的第一卷中.

斯贝速记法,这是一种现今已被废弃的德语手写体①,而哥德尔却到处使用.起先光发现这些“遗产”占据着整整两大公文柜外加六十多个纸板箱时,我着实有些担心.还好,后来发现大多数纸板箱里是哥德尔的藏书、他收到的过期杂志以及别人寄给他的预印本和单行本.至于其他部分,就容易整理了.大多是些原始材料,估计需要用三个月时间去浏览以定出一个适当的安排计划(详情可参见文[4]).

我在档案管理学方面知识不足的缺陷通过请教一些档案学家以及参考格雷西(Graoy)的有益的手册[9]而得到补救.哥德尔著称于世的逻辑头脑、他有条不紊的习惯和他清晰易辨的手迹也帮了我不少的忙.特别值得一提的是档案管理上的一个很基本的冲突——是照顾学术参考上的方便还是保留手稿的原始顺序——很少产生.我的任务不如说是将哥德尔死后搜集得多少有些杂乱的资料,恢复哥德尔本来的条理性.

显得最困难的是速记问题.最初,我妻子答应如果有适当的指南,她将愿意学习这种手写体.同时,我们也开始寻访“土”速记员.结果两方面都成功了.在哥德尔的“遗产”中,发现了哥德尔自己的速记教科书,连同一些“罗塞达碑”(Rosetta stone)②——好几种语言的词汇笔记,笔记中普通写法的外语单词配以加贝尔斯贝格手写体的德词同义词——使得哥德尔独特的手写体可以与这本教科书中的例子相对照.后来,我们找到了一位德国侨民兰兹霍夫,他在年轻时学过加贝尔斯贝格式手写体并愿意帮助我们.

整理“遗产”工作将于1984年夏天结束,那以后,这些资料将赠给普林斯顿大学图书馆以供学者研究.

三、哥德尔的童年和青少年

库特·弗里德里希(Friedrich)·哥德尔于1906年4月28日生于摩拉维亚(Moravia)的布吕恩(Brünn),那时它是奥匈帝国的一部分,而今它已是捷克斯洛伐克的布尔诺(Brno)了.他是鲁道夫(Rudolf)和玛丽安娜(Marianna)·哥德尔的两个孩子中的第二个.当时和现在一样,布吕恩是重要的纺织中心,库特

---

① 由加贝尔斯贝格(F. X. Ggbelsberger)设计、并以他的名字命名的这种手写体,是20世纪早期广泛使用的两种竞争着的速记方法之一.这两种方法终于结合而形成现代的“统一速记法”(Einheitskurzschrift).然而,仅受过现代速记方法训练的人既不认识加贝尔斯贝格手写体,也不认识施托尔策-施赖(Stolze-Schrey)手写体,虽然现代方法是从它们发展而成的.对某些青年学者来说,有必要学会认识这些手写体,因为有许多著名的知识分子在日常生活中使用它们——不是通常认为的出于保密,而是出于这是一种迅速而简明地记录事件和想法的有效手段.

② 1799年在尼罗河口的罗塞达城郊发现的埃及石碑,上刻埃及象形文、俗体文和希腊文三种文字.该碑的发现为译解古埃及象形文字提供了钥匙.——译者

的父亲是弗里德里希·雷德利希(Friedrich Redlich)纺织厂的厂长.(雷德利希本人是库特的教父,后来他被纳粹分子杀害了.大概孩子们的中间的名字.哥德尔加入美国国籍后,正式去掉了他中间的名字,但是那开头的字母"F"仍保留在他的墓碑上.)保存在哥德尔留下来的文件中一些关于专利的信件证明他父亲在纺织领域里是有所创造的,甚至玛丽安娜·哥德尔未婚时的娘家名字Handschuh(手套),也令人想起服装行业.(如文[2]和[11]所载,她的父亲确实是个裁缝.)

哥德尔出生的有关事实被记录在他的一份洗礼证书上,这份证书与哥德尔的国籍资料一起被保存在"遗产"中.它证明哥德尔出生在贝克街5号并在布吕恩的德国路德教会中受洗礼.后来他家搬迁到施皮尔贝格街8A号的一座别墅,那儿更适宜于他们当时那种中等水平的生活.

哥德尔的种族并不像人们有时断定的那样属于捷克人或犹太人,虽然他的父母都出生在布吕恩,但当时那儿是日耳曼居民区,孩子们受德语教育,库特并未在他的自选课目中选学捷克语.在他与他兄长成为维也纳大学的学生后,他们都放弃了捷克公民权.

"遗产"中的有关哥德尔青少年时期的其他资料包括他在受初等和中等教育时的学习成绩单以及一些学习笔记.特别稀奇的是还包括他的第一次算术作业,其中只有一处计算错误.成绩单表明了那时他所学的课程,着重放在科学和语言上,另外还有些校方规定的必修课诸如宗教、绘画、书法等,拉丁语和法语也是必修的,而哥德尔还选择了英语作为他的第二门选修课(第一门为"速记").总的来说,他似乎对语言有浓厚的兴趣.他的藏书中有许多外文词典,还有意大利语和荷兰语以及前述其他语言的词汇表和练习本.

哥德尔的所有成绩单都证明了他是个勤奋而杰出的学生.的确,仅有一次他的数学没能得到最高分.但是成绩单也记录了他有相当多的缺席,其中包括1915～1916年间和1917～1918年间在物理学课程上的免修.这前一阶段的免修或许是由于小儿风湿症,鲁道夫·哥德尔认为那疾病便是他弟弟后来所患的疑病的根源.

"遗产"中关于晚年的一些资料也涉及哥德尔的青少年时代.一份特别有价值的资料是哥德尔在1974年收到的一份由社会学家格兰德琼(B. D. Grandjean)发来的调查表.哥德尔认真地填完了它,然而一直没有寄回.在对一些问题的回答中,哥德尔提到,他是在十四岁那年由于读了著名的格申(Göschen)丛书中的一本初等微积分教科书而开始对数学发生兴趣的;他的家庭几乎没有受到第一次世界大战和战后通货膨胀的影响;他虽然信仰宗教但从未加入过任何一个教会(他认为自己是一个有神论者而不是泛神论者,"追随莱布尼茨而不追随斯宾诺莎");在他进入维也纳大学之前,他除了通过《新自由新闻》(Neue freie Presse) 报以外几乎与维也纳的知识文化生活没有接触.

四、维也纳的岁月,访问普林斯顿

除了哥德尔的博士学位证书和一些课程笔记外,"遗产"中关于他大学学习生涯的记录几乎没有.根据他自己的叙述(即对格兰德琼的调查的回答),他于1924年进入维也纳大学攻读物理学专业.然而一进大学他便被菲利普·富特温格勒(Philipp Furtwangler)的数学课和海因里希·贡佩兹(Heinrich Gomperz)的哲学史课所影响,于是在1926年转攻数学.几乎同时,在汉斯·哈恩(Hans Hahn)的引导下,他开始参加维也纳集团的活动.然而对于他们的观点,他则抱着不同的看法,后来他痛苦地与他们脱离了关系(正如"遗产"中的一些信件所表露的那样).哥德尔在1929年的秋天递交了他的博士论文.那一年发生了世界性的经济萧条,但更使他永远难忘的是,在那年的2月23日,也就是他父亲五十五岁生日的前五天,老人过早地逝世了.1930年2月6日,维也纳大学授予哥德尔数学博士学位(并非如贝尔(E. T. Bell)在他的《数学,自然科学的皇后和奴仆》一书中所述的那样,是布尔诺大学授予他工程学博士学位).

不久之后,为了追踪希尔伯特纲领的目标,哥德尔寻求在算术里找到一种分析的解释.在努力过程中,他渐渐认识到可证明性的概念是可以被算术地定义的.这导致了他的不完全性的证明,这个证明无情地推翻了希尔伯特纲领(至少是最初的设想).然而哥德尔是在哥尼斯堡一次会议期间的一次关于数学基础的讨论①临结束时几乎漫不经心地宣布这一历史性的发现的,而仅存一天之前,他在当地就他的博士论文结果(一阶谓词演算的不完全性)作了演讲.反应(并不总是伴随着理解)很快接踵而来:有冯·诺依曼的深情的赞赏(他在两个月后几乎抢先发现了哥德尔第二不完全性定理),有蔡梅罗的强有力的批评[7,10],还有一位芬斯拉(Finsler),他竟然宣称是他先做出了这一发现(见文[14]第438～440页由范·海耶诺特(van Heijenoort)所做的注记),结果被哥德尔轻蔑地驳回.不完全性的论文是在1931年初发表的.后来哥德尔把它作为申请大学授课资格的论文,递交给了维也纳大学,并因此得到了"无薪讲师"的职位.同时他积极参加卡尔·门格尔(Karl Menger)的讨论会,在那儿他宣读了十几篇论文,并与别人合作编辑了讨论会会议录《一个数学讨论会的成果》的第2～5卷、第7～8卷.

哥德尔的无薪讲师的任职期规定从1933年持续到1938年.但事实上他在维也纳大学的授课时时中断,或者是因为去美国,或者是因为不时发作的疾病.

① 这次讨论的一个纪要刊登在Erkennis,2(1931)135;它的英译本和注解见文[6].

根据哥德尔自己收藏的注册单和维也纳大学的记录，哥德尔在那儿只教了三门课：1933 年夏教了算术基础，1935 年夏教了数理逻辑的部分章节，1937 年春教了公理集合论.

从出版的回忆录来看，很难把哥德尔出访美国的时间凑成一张合理的日程表. 事实上在哥德尔 1940 年移居美国之前，他去了三次. 第一次是在 1933 ～ 1934 年间去高等研究院讲授他的不完全性定理，他在那儿过了一学年. 这是高等研究院开办的第一年，没有自己的房子，对应邀来访的学者授予什么职衔还有待决定. 那年的研究院院报只是把哥德尔列为"工作人员". 4 月，哥德尔到纽约和华盛顿旅行，并分别在纽约哲学学会和华盛顿科学院讲了课.

回欧洲后，哥德尔得了神经衰弱症. 他进了一家疗养院，并且不得不推迟了应邀在 1934 ～ 1935 年度第二学期去高等研究院的讲学. 同时，他开始对集合论进行研究. 而当他 1935 年 10 月回到高等研究院时，他对冯·诺依曼讲了他关于选择公理相容性的证明. 一个月之后，他突然辞职，原因是工作过度和神经衰弱症. 维布伦(O. Veblen) 在纽约把他送上船，并预先拍电报给哥德尔的家属. 接下来是在疗养院里待了好长一段时间，并且正如上面所提到的，仅于 1937 年春在维也纳大学讲过课.

那年夏末[①]，哥德尔看出了他如何才能把他的相容性证明扩大到广义连续统假设上去. 1938 年秋，他又一次回到了美国，在高等研究院过了第一学期，而在第二学期接受了门格尔的邀请，到了圣母大学(不是文[16] 所说的鹿特丹). 在这两个地方，他都讲授了关于相容性的结果，在圣母大学他与门格尔还共同讲授了一门基础逻辑课. "遗产" 包括了他这些课程的所有讲稿，除了有一张试卷是为了保密而用加贝尔斯贝格手写体写的外，别的都是仔细地用英语写的.

五、移居，在美国的经历

哥德尔计划在 1939 年秋再次回普林斯顿，不想被私事和政治事件打乱了. 在上一年的 9 月，仅在他动身去美国前的两星期，他与阿黛尔·尼姆伯斯基(Adele Nimbursky，娘家姓 Porkert) 在维也纳结了婚. 尽管他们认识已有十多年了，然而他俩的婚事却一直因哥德尔家的反对而拖延着：不仅因为阿黛尔是

---

① 这个日期是基于哥德尔与冯·诺依曼的通信. 1937 年 7 月 13 日，冯·诺依曼从布达佩斯写信给哥德尔，说他打算访问维也纳几个星期，届时他希望与哥德尔进行交谈，以更多地了解他的计划. 在同一封信中，他力劝哥德尔考虑在 *Annals of Mathematics* 上发表他关于选择公理的论文. 然而，在冯·诺依曼下一封于 9 月 14 日从纽约发出的信中，他告诉哥德尔，*Annals* 的编辑准备迅速发表他关于广义连续统假设的论文. 最后，所有关于相容性的结果于次年末在 *Proceedings of the National Academy of Sciences* 上宣布.

个离了婚的女人，比库特年长，而且因为她曾经是个舞蹈演员，面部有胎记而有点破相. 不过后来的事实证明他们的结合是永久的. 但他们婚后第一年是分开过的：当哥德尔于 1938 ～ 1939 学年在高等研究院时，阿黛尔仍留在维也纳.

1939 年夏，当哥德尔回到维也纳与他的新娘团聚时，纳粹当局召他去接受征兵体格检查. 哥德尔在 11 月写信给维布伦说，同他的预料相反，"我被征集并被认为适合干警卫工作"①. 同时，为了保留他在维也纳大学任教的权利，哥德尔不得不向纳粹当局申请任命他为"新秩序讲师"(Dozent neuer Ordnung)，结果就使他自己在政治上和种族上受到了严格审查，尽管他的母亲和他的兄长都平安地住在纳粹占领下的布尔诺和维也纳，哥德尔却因与哈恩等犹太籍知识分子朋友的联系而被怀疑. 最后他的申请终于被批准了，但那时他已移居美国.

然而，甚至在美国，他也被许多人认为是犹太人，所以伯特兰・罗素在他自传的第二卷中曾这样声称："我曾经每星期一次到(爱因斯坦) 家里与他和哥德尔及泡利(Pauli) 讨论. 这些讨论在某些方面是令人失望的，因为，虽然他们三人都是犹太人和被驱逐者，并且倾向于世界主义，但是我发现他们对于形而上学都有着德国人的偏见 …… 哥德尔变成了地道的柏拉图主义者，并且还显然相信天国里存在着永恒的'不'，纯真的逻辑学家渴望不日在那里碰上它."

1971 年，麦克马斯特(McMaster) 大学的罗素档案管理员肯尼思・布莱克韦尔(Kenneth Blackwell) 使哥德尔注意到了这段文字. 哥德尔起草了一封回信(这封信实际上一直没有发出去)，它现在被保存在"遗产" 中：

"至于(在罗素的自传中) 那段关于我的文字，我不得不申明(为了真实)：首先，我不是犹太人(尽管这个问题无关紧要)；第二，那段文字给人们造成了错误的印象，即我与罗素经常讨论问题，而事实上完全不是这样(我记得仅有一次)；第三，说我是'地道的' 柏拉图主义者，其实再也没有谁比罗素在 1921 年更'地道的' 了. 当时他在(《数理哲学》的) 导论中说：'(虽然逻辑学比较起来具有更抽象、更一般的特征，但是它与动物学一样真实地与现实世界相关联.)' 当时显然罗素甚至已经在这个世界上遇到了'不'，只是后来在维特根斯坦(Wittgenstein) 的影响下，他决定放过它."

(在哥德尔的草稿中，两个单引号之间只是省略号. 这里插进去的括号中的文字是哥德尔于 1944 年在他的论文《罗素的数理逻辑》中所引用的.)

在政治动乱中，哥德尔从某种途径成功地得到了出境签证. 保存在"遗产" 中的出国护照证明了他为了从维也纳和柏林的领事馆得到出境签证所做的巨大努力. 那时横渡大西洋是太冒险了，因此，1940 年 1 月，他与阿黛尔穿过立陶宛和拉脱维亚，在别果索沃上了横越西伯利亚的火车. 过了苏联和中国东北之

① 所谓"被征集"，哥德尔显然只是指他不得不去体格检查处报到. 他似乎不太可能会宣誓入伍.

后，他们便取道横滨，在那儿坐船到旧金山. 当他们到达旧金山时，已是 1940 年 3 月 4 日了.

哥德尔在高等研究院找到了安心做学问的避难所，基本上不打算再出去冒险了. 他生性喜欢隐居，对自己日益与外界的隔绝并不介意(或许甚至寻找这种隔绝). 但是哥德尔的好几位熟识者都提到，普林斯顿社会对阿黛尔很难接受(虽不能说表示敌意)，因而她在那儿过着非常孤独的生活.

在专业上，高等研究院给了他相应的工作保障. 然而在 1946 年前他一直是需要每年重新聘请的人员，那以后他才终于成为永久成员. 直到 1953 年他加入美国国籍五年之后，也就是他分享第一届爱因斯坦奖金①两年之后，才被提升为教授. 哥德尔自己似乎对这种长期的拖延从没有表示过不满，但是别人则要求对此做出解释. 特别是斯坦尼斯劳·乌拉姆(Stanislaw Ulam)[13] 和弗里曼·戴森(Freeman Dyson)[8] 使之引起了公众的注意. 乌拉姆引用冯·诺依曼对他说的话，说哥德尔提升的事被推迟是出于高等研究院的一些未指名的同事的个人反对. "遗产" 并未提供任何信息，而研究院里那些老资格的人物则说在哥德尔的同事中普遍存在意见分歧：有人认为哥德尔不喜欢高级人员必须承担的行政职责；而另一些人担心一旦哥德尔得到提升，那他的责任感和墨守成规的心理习惯就会促使他过于认真地对待这些职责，这也许会阻碍人们的有效决策. 到头来这种担心似乎已被证实；但是也应注意 1946 年哥德尔本人在一封给贝利斯(C. A. Baylis) 的信中谈到的看法："大家期望这种类型的合作(在办公室或委员会供职)". 对这一点的理解正是他很迟才参加符号逻辑协会的原因.

无论如何，研究院都给予哥德尔以学术研究的自由，让他广泛地追求自己的学术兴趣. 起先，他致力于证明选择公理和连续统假设的独立性，但发现后者尤其难解决，最后他只好放弃了先前的打算而转向哲学②. 转折的标志是他

---

① 与朱利安·施温格(Julian Schwinger) 分享，而不是如文[12] 所说的那样与冯·诺依曼分享. 冯·诺依曼 事实上是评奖委员会的成员，他可能提名哥德尔以供考虑. 无论如何，在冯·诺依曼的文章中有证据表明，最初施温格被单独提名获这份奖金.

② 长期以来流传着这样的说法：在四十年代初期，哥德尔就得到了关于选择公理独立性的证明，但是他拒绝发表他的成果. 特别是，1964 年科恩(Cohen) 得到证明以后，莫斯托夫斯基(Mostowski) 断言，"从 1938 年以来人们就知道，哥德尔得到了这个假设的独立性证明；尽管有许多人问及此事，但他决不暴露秘密."(Elemente der Mathematik，19 卷 124 页). 但是哥德尔自己否认这一点. 在给沃尔夫冈·劳滕贝格(Wolfgang Rautenberg) 的一封信(发表于 Mathematik in der Schule，6 卷 20 页) 中，他特别指出："莫斯托夫斯基的断言在这点上是不对的，因为我只得到了某些部分结果. 即在类型论中证明了可构造公理和选择公理的独立性. 根据我那时(即 1942 年) 极不完全的记录，我只能没有困难地重新写出这两个证明中的前一个. 我的方法非常近似于达纳·斯科特最近所发现的方法，也有一点像科恩的."

从哥德尔的信中可以清楚地看出，他对科恩的工作十分推崇；事实上，他把科恩的成就描述为"自从格奥尔格·康托(Georg Cantor) 奠定了抽象集合论的基础以来在该领域的最重大的进展". 然而，哥德尔在得到他的部分结果时所用方法可能仍会引起人们的兴趣.

1944 年的论文《罗素的数理逻辑》,这是应希尔普(P. A. Schilpp) 的要求为他的《当代哲学家丛书》(Library of Living Philosophers) 而写的. 接着,希尔普又要求他为爱因斯坦、卡纳普(Carnap)、波普(Popper) 的分卷写论文. 除了波普的以外,哥德尔都同意了,并且对每一篇都十分仔细,以至于他的文章总在最后收到之列. 希尔普表现了充分的耐心和非凡的交际才能,但哥德尔仍然不慌不忙;当他有关罗素的论文交稿太迟,以致无法再听取罗素本人的意见时,哥德尔就考虑把这篇论文全部撤回. 最后他屈从了希尔普的恳求,但当几年后类似的情况又发生时,希尔普被迫不等哥德尔的论文送到就把卡纳普卷付印了. 而那篇论文至今仍未发表,保存在他的"遗产"之中.

与之相反,哥德尔为爱因斯坦分卷写的论文则不仅得到了评论,而且得到了爱因斯坦的推崇,认为它标志着在物理学和哲学上对相对论理解的重大进展,因为哥德尔实际上发现了爱因斯坦的引力场方程的一个允许"时间推移"到过去的出乎意料的解①. 发表在希尔普丛书里的这篇论文是十分简短的,但哥德尔曾为此准备了一篇至今未曾发表的长得多的论文. 它也被保存在"遗产"之中,并被翻译成六种文字. 值得注意的是哥德尔对相对论的兴趣超出了纯理论的范围. 在他的论文里,他论证了他的模型与我们的世界的可能关联. 在"遗产"中有两本笔记用于制出星系的角定位表(哥德尔希望它们能展示出一个有希望的方向). 弗里曼·戴森曾经说,甚至后来很久,哥德尔对这种观察数据仍保持着浓厚的兴趣.

"遗产"中另一份从未发表过的材料是哥德尔对美国数学会作的吉布斯讲座的讲义. 1951 年 12 月 26 日这份讲义被送交布朗大学,取名为《数学基础的一些基本定理和它们的哲学内涵》,这是哥德尔关于机械论方面的辩论文章.

除了这些相对完成的论文,还有着大量哥德尔的笔记,其中包括十六本数学工作笔记,十四本哲学笔记,和好多卷关于莱布尼兹的速写笔记,这些速记像是部分地编过目录,但从最近发现的一个备忘录可知,还有约一千页关于哥德尔自己的哲学论断的笔记.

哥德尔对于莱布尼兹的长期兴趣,也表现在他 1949 ~ 1953 年间和奥斯卡·摩根斯特恩(Oskar Morgenstern) 一起同一些档案管理家的广泛通信. 这些通信的目的是把在汉诺威的莱布尼兹一些未经发表的手稿拍摄成微型胶卷,使它不但能保存,而且能为美国的学者们所用. 最终这一企图失败了,但是手稿的复本后来通过保罗·施雷克(Paul Schrecker) 教授的独自努力被保存在宾夕法尼亚大学.

---

① 技术上的细节发表在同年(1949 年) 的 *Reviews of Modern Physics* 上. 一年之后. 在麻省坎布里奇举行的国际数学家代表大会上,哥德尔就他的成果作了演讲.

六、晚　年

哥德尔发表最后一篇论文是在1958年.基于约十八年前获得的结果(哥德尔曾于1941年4月15日就此项结果在耶鲁大学作过演讲),它提供了对算术的一个一致性证明,是利用直觉主义数学表达的原理的“一个迄今未用过的扩充”来做的.这样,哥德尔的兴趣又返回到他早年的数学上来了(而且也返回到德语上——因为这是他移居美国以后用德语发表的仅有的一篇论文).然而,这篇论文本质上明显具有哲学味,所以它发表在哲学期刊《辩证法》(Dialectica)上.遗憾的是,这篇论文的翻译之难是出了名的.七十年代早期,哥德尔本人搞了一个经修订扩充的英文本,且已印出长条校样,但一直未能见到出版.

1958年以后,哥德尔致力于修订他早年的论文,寻找能推出连续统假设的新公理(继科恩的独立性证明之后),以及研究埃德蒙德·胡塞尔(Edmund Husserl)的哲学.荣誉学衔、科学院院士的称号及奖金(包括1975年的国家科学奖)从各个地方纷至沓来,但是他却日渐孤独,对自己的健康忧心忡忡.他请教医生,但又不信任他们.这样六十年代后期,他不顾有关同事的力劝,拒绝医生建议的前列腺手术治疗.早在四十年代,他就一再推迟对他十二指肠溃疡出血的治疗,直到最后他不得不接受输血为止.后来他又奉行着严格的节食制度.这样随着岁月的流逝,他变得更加憔悴.

在哥德尔生命的最后十年中,他的妻子动了手术,并且两次中风以致只能在家休养.在那期间,哥德尔忠实地照看着她,但他不久就开始表现出抑郁及偏执妄想的症状.通信联系,甚至与他兄长的通信,在他生命的最后两年也停止了.最后,他的偏执妄想症与他原来的症侯联合起来了:由于害怕食物中毒而宁愿挨饿.经过相当短暂的住院治疗,哥德尔于1978年1月14日死于“个性紊乱”所引起的“营养不良和虚弱”(这些词都引自他的死亡证明书,那张证明书保存在新泽西州特伦顿的默塞尔县县府内).他葬于有名的普林斯顿公墓,他妻子和他岳母葬在他的旁边.

七、展　望

对哥德尔“遗产”的研究可望能获得多少迄今未知的发现呢?看来在哥德尔的笔记本里不会找到重要的新数学结果了,除非那著名的在文[15]和[16]中提到的对选择公理的“一般”的相容性证明可能是个例外——如果它真能被重新构造出来的话.自然哥德尔对于发表自己的研究结果是谨慎而又挑剔的,但是没有任何迹象表明他有意隐藏重要的数学发现;虽然他的研究细节大量地隐藏在他的速记体中了,但是他探索的论题还是可以通过笔记本里的那些(普通写法的)标题在很大程度上确定出来.基于这一点,还是预言在其中会发现一些数学方面的小结果,以及对别人成果的一些预见和不同证法(如哥德尔很早就知道赫布兰德(Herbrand)著作中的一些错误,见文[11],或他在集合论中的部分独立性结果)比较保险.当然,对哥德尔的研究详情,数学史家应是极感兴趣的.不仅如此,我还敢打赌说,"遗产"中那些未出版的资料中,哥德尔在哲学方面的研究,倒将成为人们最感兴趣的.自然这些研究在以那些相对完成的形式留下来的资料中和他自己认为很有可能发表的东西中表现得最为显著.

哥德尔著作集的出版计划现正在正常地实施①.前两卷不久将初见规模,由所罗门·费弗曼(Solomon Feferman,主编)、我、斯蒂芬·克利纳(Stephen C. Kleene)、格雷戈里·穆尔(Gregory H. Moore)、罗伯特·索洛维(Robert M. Solovay)和琼(Jean)·范·海耶诺特编辑.第一卷,现在正在准备之中,将包括哥德尔所有发表过的论文和评论,他的博士论文也包括在内(博士论文以它原先未发表的形式出版),还有在《辩证法》上发表的那篇论文的英文修订稿,以及在长条校样上所附的三条短注.用德语写的论文都将配以英译文,并且每篇论文前面都附有导言.最后是正文的注、一篇简短的传记和一个内容广泛的文献目录.

第二卷的详细内容还没有定,这取决于我们的破译是否成功和我们能否获得必需的资金及版权.然而,我们希望第二卷将能包括他所有的在前面提及的相对完成的论文,加上其他的讲义、数学笔记摘录、经选择的信件(不仅包括他与其他数学家之间广泛进行的通信,还包括他的一些有价值的私人信件).如果资料充足的话,将会考虑其后各卷.编者欢迎提供哥德尔的信件以及追忆他的文章.

参考资料

[1] BULLOFF J. et al. ed. ,Foundations of Mathematics:Symposium Papers Commemorating the Sixtieth Birthday of Kurt Gödel,Springer(1969).

[2] CHRISTIAN C. ,Monashefte für Mathematik,89(1980)261.

[3] DAWSON J. W. Jr. ,Notre Dame Journal of Formal logic,24(1983)255.

[4] DAWSON J. W. Jr. ,Abstracts of the 7th International Congress of Logic,Methodology,and Philosophy of Science,6(1983)59.

① 一个包含哥德尔已发表著作(不包括评论)的较完全的版本已经以西班牙文出版.见 Jesús Mosterin ed. ,Kurt Gödel,Obras Completas,Alianza Editorial,Madrid(1981).

[5] DAWSON J. W. Jr. ,Notre Dame Journal of Formal Logic,25(1984).

[6] DAWSON J. W. Jr. ,History and Philosophy of logic,5(1984)111.

[7] DAWSON J. W. Jr. ,Completing the Gödel Zermelo Correspondence,预印本,已投 Historia Mathematica.

[8] DYSON F. ,The Mathematical Intelligencer,5,3(1983)47.

[9] GRACY D. B. I,Archives and Manuscripts:Arrangement and Description (Basic Manual Series),Society of American Archivists(1977).

[10] GRATTAN-GUINNESS I. ,Historia Mathematica,6(1979)294.

[11] KREISEL G. ,Biographical Memoirs of Fellows of the Royal Society,26(1980)148;27(1981)697;28(1982)718.

[12] QUINE W. V. ,Year Book of the American Philosophical Society(1981)81.

[13] ULAM S. ,Adventures of a Mathematician,Scribner's(1926).

[14] VAN HEIJENOORT J. ed. ,From Frege to Gödel,A Source Book in Mathematical Logic,1879 ~ 1931,Harvard(1967).

[15] WANG H. ,The Mathematical Intelligencer,1(1978)182.

[16] WANG H. ,The Journal of Symbolic Logic,46(1981)653

陈敏译自 The Mathematical Intelligencer,6,4(1984)9 蒋表校.

乔治·波利亚①

乔治·波利亚(George Pólya,1887—1985)是当代著名的数学大师,生前为法国科学院、美国国家科学院、美国科学艺术研究院、匈牙利科学院和国际科学哲学协会的院士或会员.他还是伦敦数学学会、瑞士数学学会和纽约科学协会的名誉会员.他在概率论、实变函数、复变函数、组合论、数论、几何等数学分支中做出了开创性的贡献,并在所有这些领域中都留下了以他名字命名的术语和定理.波利亚还是一位杰出的数学教育家,他开创了怎样解题这一新的研究领域,在合情推理这一领域中也做了大量工作.本文主要介绍波利亚的生平和他对数学内的一些贡献.

一、道路的选择

1887年12月13日,乔治·波利亚诞生于匈牙利的布达佩斯,父亲雅可布·波利亚,母亲安娜·波利亚.匈牙利在1867年前是奥地利帝国的一部分,哈布斯堡王朝对匈牙利人、意大利人、捷克人等实行残酷的民族压迫和剥削.1866年普奥战争后,奥地利帝国的势力被削弱了,随之奥皇弗兰西斯·约瑟夫一世把统一的帝国改组为奥匈二元帝国,由他兼任匈牙利国王,奥地利和匈牙利各自设置独立的立法机构.尽管匈牙利获得了一定程度的独立,但在政治、经济的各个领乃表现出对奥

① 薛迪群,《自然杂志》第八卷(1988年)第3期.

地利的依附性.奥地利统治集团一向视匈牙利人为二等公民,匈牙利的贵族、大地主和资产阶级上层分子也以同样的沙文主义态度对待匈牙利境内的其他少数民族.匈牙利的资本主义工业由于受到未被1848～1849年革命消灭的封建势力的阻碍,直到19世纪末才缓慢地发展起来.19世纪至20世纪初,虽然多民族的匈牙利在政治上极不稳定,民族矛盾十分尖锐,资本主义工业与当时欧洲先进国家相比要落后得多,然而蜚声遐迩的伟人却层出不穷.最著名的有天才作曲家和钢琴演奏家李斯特(F. Liszt,1811—1886),才华横溢的诗人裴多菲(1823—1849),卓越的油画家孟卡奇(1844—1900),现代航天事业的奠基人冯·卡门(T. von Karman,1880—1963),全息照相创始人、诺贝尔奖奖金获得者加博(D. Gabor,1900—1979),诺贝尔化学奖获得者、同位素示踪技术的先驱赫维西(G. von Hevesy,1885—1966),诺贝尔物理奖获得者维格纳(E. Wigner,1902—),氢弹之父特勒尔(E. Teller,1908—),非欧几何创始人之一鲍耶(J. Bolyai,1802—1860),分析大师费叶尔(L. Fejér,1880—1959)、塞格(G. Szegö,1895—),泛函分析奠基人之一黎斯(F. Riesz,1880—1956),组合论专家柯尼希(D. König,1884—1944),对测度论做出重大贡献的拉多(T. Radó,1895—1965),领导研制世界上第一台电子计算机的冯·诺依曼(J. von Neumann,1903—1957)等.一个小小的国家在这样一个短短的历史时期涌现出如此众多的天才艺术家和科学家,无论从匈牙利在世界上所占的国土面积比例还是从所占的人口比例来看,都是令人惊异的.波利亚恰恰诞生在这样一个历史时期,可说是生逢其时.

波利亚的父亲是一位令人仰慕的律师,比波利亚大15岁的大哥欧杰恩是一位很有声望的外科医生.家庭经济状况良好,波利亚从小就受到了良好的教育.

波利亚在预科学校(gymnasium)接受中等教育.在当时的欧洲,这类学校的文凭是有志青少年所追求的目标,因为它是他们将来获得博士学位的必要条件之一.在波利亚就读的那所学校里,地理教师、拉丁语和匈牙利语的教师是相当出色的,而教他数学的3位教师却逊色得多.波利亚对他们的评语是“两个是蹩脚的,只有一个是优秀的”.青少年的模仿能力强,可塑性也大,波利亚的老师们极大地影响了他,以致他在预科学校学习时对数学几乎不感兴趣,甚至在一次参加以匈牙利19世纪末20世纪初首屈一指的数学家、物理学家约特沃斯(L. Eötvös,1848—1910)命名的数学竞赛时竟没有交卷.这种状况一在持续到他的大学时代.当然这并不等于他的数学天赋太差,事实上,他有出众的数学才能,这为数学界所公认.

当父亲有一个地位优越、收入丰厚的职业时,希望子承父业是最自然的了.波利亚的母亲也不例外,早在波利亚的少年时代她就一直敦促他学习法律,以继承父业. 确实,在当时的欧洲,具有极高社会威望的法官是人们梦寐以求的美职. 或许是为了不使母亲太伤心,1905 年波利亚违心地进入布达佩斯大学攻读法律. 但他对法律毫无兴趣,也不想以此为谋生之道. 或许预科学校那些老师们颇有吸引力的教诲影响着他,一学期后他终于放弃了使他无法忍受的法律,转向了语言和文学. 仅仅两年他就轻而易举地通过了资格考试,获得了可以在预科学校教授低年级拉丁语和匈牙利语的证书. 那时,他还醉心于哲学和诗歌,对海涅的诗更是爱不释手,依仗他天赋的文学素养,他把这位世界诗坛巨人的一些诗译成了流畅的匈牙利文.

可以说最终引诱他跳入数学深河的吹笛手并不是数学教授,而是教他哲学的哲学教授. 这位哲学教授使他确信哲学的基础是数学和物理,而后两者的研究有助于理解哲学. 尽管波利亚在预科学校学习时就对物理和哲学有所偏爱,但在权衡之后他认为他"没有足够的能力学好物理,研究哲学似乎又过于轻松,数学正好介于两者之间". 虽然学习数学可能只是他为了更好地理解和研究哲学的一种手段或桥梁,但却给他带来了无穷的乐趣,以致他终生献身于这门伟大又有悠久历史传统的科学.

波利亚真是个时代的幸运儿. 布达佩斯大学是匈牙利的名牌大学,那儿汇集了匈牙利学术界的精英. 教波利亚物理的教授就是赫赫有名的约特沃斯,他曾发现了被爱因斯坦称为等价原理的约特沃斯矩平衡定理. 对波利亚影响最大的要数匈牙利数学大师费叶尔了,他在 20 岁左右就发表了傅立叶级数可和基本定理之一的费叶尔定理. 他学识渊博,谈吐风趣、幽默,经常和年轻人一起在咖啡馆喝咖啡,时而讲一些数学家的趣闻轶事,时而讨论一些数学问题. 他以其个人的研究成果和高尚品质吸引了一大批天才学生进入他的数学圈子,其中有冯·诺依曼的严师费克特(M. Fekete,1886—1957)、分析大师塞格、萨茨(O. Szász)、数论专家厄尔多斯(P. Erdös,1913—　). 在布达佩斯大学,波利亚接受了良好而又严格的数学训练,这为他以后的数学研究和创造工作打下了坚实的基础.

1910 年,波利亚以优异成绩在布达佩斯大学毕业,随后他又到维也纳大学深造了两年,1912 年回国后即以论文《概率演算中的某些问题以及与之相关的定积分》获得了布达佩斯大学的哲学博士学位. 令人敬佩的是当时的布达佩斯尚无人对概率感兴趣,而波利亚完全是在无人指导的情况下完成论文的. 不过我们可以推测,这可能是他维也纳之行的结果.

二、初露锋芒

获得博士学位标志着波利亚在事业上已经迈出了令人瞩目的第一步. 他有

顽强进取的精神，要在数学之宫寻觅更多的宝藏. 在获得博士学位后他就奔赴数学的麦加 —— 哥廷根进行博士后的学习和研究工作. 那时的哥廷根正处于它的黄金时代，哥廷根大学是 20 世纪著名数学家的摇篮. 尽管高斯（C. F. Gauss，1777—1855）、黎曼（G. F. B. Riemann. 1826—1866）、闵可夫斯基（H. Minkowski，1864—1909）已相继去世，但克莱因（F. Klein，1849—1925）、希尔伯特（D. Hilbert，1862—1943）、龙格（C. Runge，1856—1927）、兰道（E. Landau，1877—1938）等数学大师以及那些不同凡响的无薪讲师外尔（H. Weyl，1885—1955）、赫克（E. Hecke，1887—1947）、柯朗（R. Courant，1888—1972）、特普利茨（O. Toeplitz，1881—1940）等，正在很大程度上代表着世界数学发展的方向. 波利亚有幸拜访了他们，聆听了这些数学家们的真知灼见. 他贪婪地从他们那儿吸取数学养料，极大地开阔了自己的知识面.

为熟悉不同学派的研究领域、研究方法和风格，以博采众长，1914 年春，波利亚告别哥廷根来到当时数学的又一中心 —— 巴黎. 虽然堪与高斯媲美的数学大师庞加莱（H. Poincaré，1854—1912）刚离开人世，但培育了拉格朗日（J. L. Lagrange，1736—1813）、蒙日（G. Monge，1746—1818）、拉普拉斯（P. Laplace. 1749—1827）、傅立叶（J. Fourier，1768—1830）、柯西（A. Gauchy，1789—1857）等著名数学家的法国数学传统，在毕卡（É. Picard，1856—1941）、阿达玛（J. Hadamard，1865—1963）、波雷尔（É. Borel. 1871—1956）、勒贝格（H. Lebesgue，1875—1941）等新一代数学家的努力下，更加发扬光大. 在巴黎大学，波利亚幸运地结识了毕卡和阿达玛，他如饥似渴地学习他们的研究方法，领会他们独特新颖的数学思想. 阿达玛的思想对波利亚后半生的工作有很大的影响，尤其是波利亚关于数学发现和发明的研究，有不少得益于阿达玛.

1912 年到 1914 年是波利亚进行数学研究和创造工作的初始阶段，但在这短短的 3 年中他就发表了 22 篇有分量的论文，涉及几何、级数、函数论等领域.

1912 年，波利亚与费克特合作的论文《关于拉盖尔的一个问题》解决了下述问题. 考虑由实函数 $f(x)$ 按 x 的幂展开得来的实数 $A_n^{(k)}$ 所排成的无穷矩阵

$$\begin{matrix} A_0^{(1)} & A_1^{(1)} & A_2^{(1)} & \cdots & A_n^{(1)} & \cdots \\ A_0^{(2)} & A_1^{(2)} & A_2^{(2)} & \cdots & A_n^{(2)} & \cdots \\ \vdots & \vdots & \vdots & & \vdots & \cdots \\ A_0^{(k)} & A_1^{(k)} & A_2^{(k)} & \cdots & A_n^{(k)} & \cdots \end{matrix}$$

拉盖尔（E. Laguerre，1834—1886）发现矩阵的第 k 行 $A_0^{(k)}, A_1^{(k)}, \cdots$ 的符号改变次数 $V(k)$ 与方程 $f(x)=0$ 在开区间 $(0,1)$ 的根的个数 R 有关系式：$V(k) \geqslant R$，且 $V(k)$ 为减函数. 拉盖尔提出了上式中等号能否成立的问题. 费克特证实了当 $R=0$ 时等号成立，而波利亚独具慧眼，他观察到 $A_n^{(k)}$ 与函数 $f(x)$ 之间的另一种联系：存在着某些与函数 $f(x)$ 无关的正数 $B_n^{(k)}$，使

对于固定的 n

$$\lim_{k\to\infty}\frac{A_n^{(k)}}{B_n^{(k)}}=f(0)$$

对于固定的 k

$$\lim_{n\to\infty}\frac{A_n^{(k)}}{B_n^{(k)}}=f(1)$$

即矩阵的纵向与 $f(0)$ 有关,横向与 $f(1)$ 有关. 值得一提的是他通过类比的方法从两点之间有一直线猜测到当 x 在$(0,1)$ 中变化时,$f(x)$ 所取的值与连接 $f(0)$,$f(1)$ 的连线有某种联系. 波利亚最终发现并证明了,若

$$\lim_{k\to\infty,n\to\infty}\frac{n}{n+k}=x$$

则

$$\lim_{k\to\infty,n\to\infty}\frac{A_n^{(k)}}{B_n^{(k)}}=f(x)$$

由此结果,他解答了拉盖尔提出的问题.

19 世纪末在进行几何基础重建的过程中,若当(C. Jordan,1838—1922) 曾在 1887 年以连续函数 $x=f(t)$,$y=g(t)$$(t_0\leqslant t\leqslant t_1)$ 给出了曲线的一个定义. 1890 年皮亚诺(G. Peano,1858—1932) 发现满足若当定义的曲线竟能跑遍一个正方形内的所有点. 1913 年波利亚发表了一篇论文《关于一条皮亚诺曲线》,在这篇论文中他巧妙地构造了一条皮亚诺曲线,这条曲线通过一个区域的每一个点,且对区域中的任何一点,至多通过 3 次. 波利亚的这篇论文对几何基础的研究做出了一定的贡献.

同年,波利亚发表了《关于一个更好地以切比雪夫多项式一致逼近连续函数的算法的获得》的论文,给出了对于连续函数的多项式逼近的一种算法. 这一算法现在被命名为波利亚算法,其主要思想是利用从有限到无限的极限过程中所表现出的收敛特征,以及这种过程中函数之间的不等关系. 这一思想现在已被应用于解决各种问题,并得到了不同程度的推广.

三、黄金时代

1914 年夏季是个多事的季节,6 月 28 日奥地利皇储弗朗茨·斐迪南遭到塞尔维亚青年学生普林西波的刺杀. 以此为导火线,爆发了第一次世界大战. 战争初期,波利亚因在学生时代踢足球所留下的脚伤而未被匈牙利军队征召入伍. 随着战争的发展,兵员需求增大,当军方要征波利亚入伍时,波利亚因接受了英国数理哲学家罗素(B. Russell,1872—1970) 的和平主义思想,同时也不愿离开他所恋恋不舍地数学王国,而拒服兵役.

1914 年的波利亚已小有名气. 这年秋天他接到了对线性代数和分析做出杰出贡献的赫维茨(A. Hurwitz,1859—1919) 希望他到苏黎世瑞士联邦理工学院任助教的邀请. 赫维茨才学过人,他在克莱因门下获得博士学位,在哥尼斯堡大学任副教授时尚不到 25 岁. 他与希尔伯特、闵可夫斯基每天按时散步的悠然有趣的学习讨论方式一直在数学界传为美谈. 他说话简明扼要,往往精炼到一句话即能抓住问题的本质. 克莱因在《19 世纪数学史》中称赫维茨是一位格言家. 希尔伯特称他是"一位全面发展、具有开明哲学思想的人". 波利亚早就想拜赫维茨为师. 瑞士联邦理工学院又是一所享有世界声誉的著名学校,是学术界群星汇聚的场所, 外尔、普朗克雷尔 (M. Planckerel) 和霍普夫 (H. Hopf, 1894—1971) 等都在那儿执教. 苏黎世可谓山川秀丽,气候宜人,是瑞士的一个工商文化中心,尤为重要的是瑞士是国际公认的永久中立国,在这里波利亚可以安安心心、不受战争纷扰地从事他心爱的事业,还有什么能比这些有更大的诱惑力呢? 波利亚来到瑞士联邦理工学院,真是如鱼得水,如虎添翼. 他思维敏捷,精力充沛,他那丰富的想象力和旺盛的创造力使他在 1920 年升为副教授,1928 年升为正教授. 从 1914 年波利亚来瑞士至 1940 年他去美国的 26 年中,仅论文他就发表了 140 余篇,真可谓成绩卓著,硕果累累.

波利亚对数论的贡献主要在解析数论、各种渐近公式、K 理论的幂剩余和非剩余问题、确定多项式的最大素因子大小的估计等方面. 这里仅介绍他提出的一个对数论影响达半世纪的猜想.

1919 年波利亚在他的论文《关于数论的几条注记》中提出了一个猜想. 设 $f(n)$ 为正整数 n 的素因子个数,并根据 $f(n)$ 的奇偶性称 n 为奇分解或偶分解. 在分解、列表、观察了前若干个整数的分解后,波利亚发现奇、偶分解的出现是无规律的、随机的,联想到扔钱币时正、反两面的出现也是随机的,但各有概率 1/2 作为类比的结果,他认为奇、偶分解出现的概率也各是 1/2. 但当他计算、分解到 $n=1\ 500$ 时,发现上述猜测是错的,因他观察到偶分解数始终不大于奇分解数. 因此,波利亚猜想,对 $n \geqslant 2$,在前 n 个正整数中,偶分解数不大于奇分解数. 他还推出两点:若此猜想为真,则黎曼关于 ζ 函数的猜想为真;若从某个 n 开始偶分解数占多数,则高斯关于二次形式类数的猜想为真. 这样,这个猜想就与数论中另两个著名的猜想建立了联系,从而引起了人们的高度重视. 莱默 (D. H. Lehmer) 曾计算到 $n=600\ 000$,未发现反例,1958 年哈泽尔格罗夫(C. B. Haselgrove) 证明这一猜想不成立,但直到 1962 年,莱曼(R. S. Lehman) 才发现第一个反例:$n=906\ 180\ 359$.

概率论是波利亚研究的一大领域,在完成前面提到的博士论文后他又发表了这方面的其他一些论文.

波利亚研究过一种罐子模型. 设一个罐子中有 b 个黑球和 r 个红球. 随机地

取出一个球，然后放回，并且再加进 c 个与取出的球颜色相同的球，重复进行这一手续. 从效果上看，如果这次取出的球是某种颜色，那么下一次也取到这种颜色的球的机会就增大了. 这一模型常常被用来描述传染分布，因为在这里一个事件的发生影响到后续事件发生的概率. 现在这一模型被称为波利亚罐子模型，它具有以下性质：如果进行了 n 次抽取，其中 n_1 次取到黑球，n_2 次取到红球 $(n_1+n_2=n)$，那么不管这些黑球红球的取出次序如何，这个事件的概率都与先连续取到 n_1 个黑球然后连续取到 n_2 个红球的概率相同，都为

$$P_{n_1,n}=\frac{b(b+c)\cdots(b+n_1c-c)r(r+c)\cdots(r+n_2c-c)}{(b+r)(b+r+c)(b+r+2c)\cdots(b+r+nc-c)}$$

如果令 $(n)r=n(n-1)\cdots(n-r+1)$，并用 c 同时除上式中的分子和分母，则可得

$$P_{n_1,n}=\frac{\left(-\frac{b}{c}\right)_{n_1}\left(-\frac{r}{c}\right)_{n_2}}{\left(-\frac{b+r}{c}\right)_n}$$

如果再令

$$\frac{b}{b+r}=p,\frac{r}{b+r}=q,\frac{c}{b+r}=R$$

则有

$$P_{n_1,n}=\frac{\left(-\frac{p}{R}\right)_{n_1}\left(-\frac{q}{R}\right)_{n_2}}{\left(-\frac{1}{R}\right)_n}$$

最后一式确定了整数集 $\{0,1,\cdots,n\}$ 上的一个概率分布，这一分布被称为波利亚分布.

波利亚对概率论最有趣的研究成果是他在 1921 年写的关于随机游动 (random walk) 的论文《关于在街道网络中迷路的概率计算的一个问题》，“随机游动”这一术语也是他率先使用的. 最简单的随机游动是一维的：一个质点沿直线逐步移动，每一步向右或向左移动一个单位距离，而移动的概率均为 1/2(更一般地，为 p 和 $q=1-p$, $0<p<1$). 二维的情形可设想有一个具有纵横正交、且有相同间距平行线的无穷大平面. 这类似于设计标准的街区图，所有街区一样大小，所有马路交成直角假定一个人站在一个确定的十字路口，他向东、南、西、北四个方向行走的可能性相同，即概率都为 1/4，并假定他在以后的每一个十字路口情况都相同. 这就是简单的二维随机游动. 进一步可考虑无数条直线正交于整数点的 d 维空间的格. 在每一个格点处，有 d 条直线相交，即有 $2d$ 个方向可供选择，且有等可能的选择概率 $1/2d$. 波利亚在这篇引人注目的论文中证明了在一维或二维的格中，只要时间充分，一个进行如此随机游动的质

点必定返回它的起始位置，但在更高维的格中这个结论并不一定成立. 在二维的情况下，用波利亚自己的话来描述，就是“条条大路通罗马”.

波利亚也研究过概率论中的特征函数. 设 F_n 为任意的分布函数序列，则也有一个与它相应的特征函数序列 g_n，他证明了在 F_n 为正态分布的情况下，如果对每一 θ 有

$$\lim_{n\to\infty} g_n(\theta) = g(\theta) = \mathrm{e}^{-\frac{\theta^2}{2}}$$

则对每一 x，有

$$\lim_{n\to\infty} F_n(x) = \frac{1}{\sqrt{2\pi}}\int_{-\infty}^{x} \mathrm{e}^{-\frac{u^2}{2}}\,\mathrm{d}u$$

这样，波利亚把分布函数 F_n 与它的特征函数函数 g_n 之间的对应关系推进了一步，揭示了特征函数序列 $\{g_n\}$ 极限与分布函数序列 $\{F_n\}$ 的极限之间的联系.

波利亚还首先使用“中心极限定理”这一术语以刻画概率论中的一般极限法则. 他的另一些论文则讨论了几何概率的一些问题.

对称性是数学内在美的一种体现. 波利亚对对称性方法有浓厚的兴趣，在导出波利亚罐子模型时他就以对称性作为有力的数学工具. 1924 年他在《关于平面中晶体对称性的推测》这一著名论文中描述了平面的 17 种对称性，在 1935 年发表的一系列关于他学中同分异构体的论文中他也运用了对称性方法；而他对这个方法的运用在他 1937 年关于群、网络和分子结构的一篇论文中则达到了登峰造极的地步. 这篇在组合数学发展史上有着重要地位的论文把伯恩赛德(W. Burnside，1852—1927) 引理推广成若干个不同的基本模式，这些模式不能由几何变换(例如空间旋转变换) 从一个变换到另一个. 波利亚研究的一种情况是：设有 n 个对象. G 是这 n 个对象的置换群. 用 m 种颜色涂染这 n 个对象，如果每个对象涂一种颜色，那么可有多少种染色方案？ 这里还假定若一种方案在群 G 的作用下变为另一种方案，则这两种方案视为同一方案. 波利亚把母函数工具，群论观点和权的概念结合在一起建立了一个优美的定理 —— 波利亚计数定理，由此他得到的不同染色方案数为

$$L = \frac{1}{|G|}\left[m^{c(a_1)} + m^{c(a_2)} + \cdots + m^{c(a_g)}\right]$$

其中 $G=\{a_1, a_2, \cdots, a_g\}$，$c(a_k)$ 为置换 a_k 的循环节数. 这篇长达 100 多页的论文还包括其他一些出色的结论：他指出了任何一个树的群可以由对称群经过“和”与“合成” 这两种运算得到；解决了树、有根树、布尔函数的计数问题，计算了一类碳氢分子结构的个数等. 波利亚的这一研究成果为图的计数、几何模型以及化学、遗传学等一类涉及分子结构的研究提供了有力而机智的技巧，而且这一技巧并不需要艰深的高等数学知识. 随着波利亚计数定理应用范围的不断扩大，同时为了表彰波利亚这一出色的成果，美国工业应用数学学会于 1969 年在

组合论及其应用领域设置了波利亚奖.

19世纪末20世纪初一系列悖论的出现,导致了数学家们对数学基础的关注,并引出了以罗素、怀特海(A. N. Whitehead,1861—1947)为首的逻辑主义学派,以布劳威尔(L. E. J. Brouwer,1881—1967)为首的直觉主义学派和以希尔伯特为首的形式主义学派.作为一个数学家,自然不可能置身于世外桃源.一个有趣的事实说明波利亚在当初至少是反对直觉主义学派观点的.直觉主义学派强调数学思维是一种构造性程序,与人类经验世界无关,只受数学直觉的限制.他们要求数学的证明应是构造性的,反对使用排中律,认为对于无穷集合可以存在既不能证明其真、又不能证明其假的第三种状态.1917年,波利亚对他的同事外尔说这是一种"残缺不全的数学".外尔是个狂热的直觉主义者,他立刻以下述两个命题的前途与波利亚打赌:

(1) 每个(非空)有界实数集都有一个上界;

(2) 每个无限实数集都有一个可数子集.

如果布劳威尔的思想被接受,则这两个数学命题就要从数学中一笔勾销.赌期为20年,即到1937年底为止.到那时如果两人对于这些问题在数学中的现状看法不统一,就以瑞士联邦理工学院、苏黎世大学、柏林大学和哥廷根大学里多数数学正教授的意见为准.输者还必须自费在德国数学会的年鉴上公布打赌条件并认输.直觉主义尽管有其合理的一面,但也有其内在缺陷.数学的发展迫使外尔在1938年认输,但他请求波利亚不要公布他为输方.

在某种程度上可以说波利亚是赞成形式主义的,他认为数学可以看作是一种按照任意确定的规则进行的符号游戏,这种见解对于数学基础的某些研究是适宜的.

第一次世界大战前夕的美国已经跃为世界上经济强国之一.但它的科学技术成就与其经济地位很不相称,为改变这种状况并确保经济的发展和领先地位,大战结束不久,许多基金会就几乎同时决定大规模地资助科学家进行科学研究.基金会的政策制定者希望那些科学家,尤其是年轻的科学家在完成其博士论文后能有充裕的时间去精通他们自己领域的其他知识,并且从其他密切相关的科学领域中学到有关的概念和理论以进一步发展他们的创造性思想,而不至于被繁重的教学任务所压垮.他们也欢迎和邀请世界各地的学者去美国访问、讲学和定居.从20年代起,每年有许多学者获得这种赞助.1924年,在英国著名数学家哈代(G. H. Hardy,1877—1947)的提名下,波利亚也成了一位受赞助者.他作为第一届洛克菲勒基金会的成员到英国的牛津新学院和剑桥的三一学院进行研究工作.在此期间,他与哈代和李特伍德(J. E. Littlewood)合著了一本权威性著作《不等式》,此书于1934年由剑桥大学出版社出版.

1933年波利亚再次获得洛克菲勒基金会的资助,访问了美国普林斯顿大学,在那儿他与拓扑学家维布伦(O. Veblen,1880—1960)讨论了许多问题,还拜访了美国东海岸的许多数学家. 这年夏天,在布利克弗尔特(H. F. Blichfeldt,1873—1945)的邀请下,波利亚访问了斯坦福大学. 这次美国之行给波利亚留下了极深刻的印象,无论是主人们的热情款待,还是他们严谨踏实的工作作风,都使他终生难忘. 加利福尼亚各地的自然环境、气候条件也令人留恋,波利亚说他喜欢加利福尼亚,尤其喜欢斯坦福. 这也许就是后来吸引他定居斯坦福的一个原因.

四、新的开拓

20世纪30年代末,第二次世界大战爆发. 到1940年,几乎整个欧洲大陆都已沦落在希特勒法西斯的魔掌之中. 战争使得许多专家、学者死于非命,迫使大批科学家亡命他乡,也摧毁了德国和法国两个数学中心. 此时的波利亚认识到瑞士虽是永久中立国,但这并不能保证法西斯不侵犯其主权. “希特勒实在太近了”,他意识到这伙法西斯的潜在威胁. 就在这一年,他偕同妻子借道里斯本来到远离战火的大洋彼岸 —— 美国. 最初他在布朗大学和史密斯学院任教,1942年他接受了斯坦福大学的聘请. 他的知心好友塞格就是当时斯坦福大学数学系的系主任. 波利亚在斯坦福大学继续从事数学教学和研究工作. 他来到了一个新的国家,开始了新的生活,有了新的合作的同事,也开拓了新的研究方向,其中之一是在美国海军研究局(The Office of Naval Research)赞助下进行的对数学物理中等周不等式的研究.

数学中所谓的“等周问题”就是要在给定周长的所有闭曲线中寻找围有最大面积的曲线,而在空间中就是在给定面积的所有闭曲面中寻找围有最大体积的曲面以及诸如此类的一些问题. 这是一个古老的问题. 瑞士几何学家斯坦纳(J. Steiner,1796—1863)在1836年创造了一种对称化的几何方法,其主要思想是把给定区域进行对称化变形,使面积不变而周长变小. 由这个方法不难知道平面等周问题和空间等周问题的答案分别是圆和球.

瑞利爵士(Lord Rayleigh,1842—1919)在1877年观察了一些具有特殊形状的一定面积的振动膜,并提出猜想:在所有具有相同面积的振动膜中,圆有最小主频率;在有相同面积的具有传导作用的盘中,圆有最小静电容量. 1945年,波利亚发现几何体的静电容量依对称化变形而缩减,随之解决了上述后一个问题. 他随后证明了对称化方法也可用于几何和数学物理中的其他问题,特别是证明了在所有有相等横截面积的弹性柱中圆柱有最大的抗扭强度.

1951年,波利亚与塞格合著了《数学物理中的等周不等式》一书,其中收入了他们这方面的部分研究成果.

波利亚在美国也不时光顾他曾经研究过的那些数学领域,其中最重要的也许是复变函数论,他的论文集的第一卷就收集了他这方面的工作. 这些工作大致可分为 4 个部分:

(1) 由函数的幂级数性质推导函数的性质;

(2) 函数的一般性质与其在孤立点集上的值的联系;

(3) 一般的解析函数,特别是整函数;

(4) 保形映射.

一个很有名的例子是关于法布雷(Fabry) 定理的工作. 用波利亚本人的话来说,他对这个著名的间隙定理的兴趣足足保持了 20 多年.

考虑系数趋于零的幂级数

$$a_1 z^{\lambda_1} + a_2 z^{\lambda_2} + \cdots + a_n z^{\lambda_n} + \cdots$$

其中 $a_n \neq 0$,λ_n 为整数,且 $0 < \lambda_1 < \lambda_2 < \cdots < \lambda_n < \cdots (n=1,2,\cdots)$,并假定这个幂级数的收敛半径不为零. 法布雷定理说,如果 $\lim\limits_{n\to\infty} n\lambda_n^{-1} = 0$,则由这个幂级数定义的解析函数的存在域在这个幂级数的收敛圆内.

从这一定理出发,波利亚证明了:如果 $n\lambda_n^{-1} \to 0$,则这个幂级数肯定不能开拓;如果等于零的系数密度大于零而小于 1,则奇点虽然不在收敛圆上稠密,但至少以特殊的频率出现,如果 $n\lambda_n^{-1} \to 0$,则一个指数 λ_n 即使不为实数的狄利克雷(Dirichlet,1805—1859) 级数也表示了一个定义在凸域上的函数,从而推广了法布雷定理. 最后他还证明了这一定理的逆定理.

1958 年,波利亚与舍恩贝格(I. J. Schoenberg) 在合作的一篇论文中提出了从单位圆到凸域映射的幂级数猜想. 这一猜想指出除阿达玛提出的具有这种性质的两个函数之外,还有一个具有相同性质的幂级数. 数学家们经过 15 年的努力,终于在 1973 年由鲁舍魏(St. Ruscheweyh) 和斯莫尔(T. Shell-Small) 证明了这一猜想.

波利亚间隙定理、波利亚极值、波利亚表示、波利亚峰,所有这些以波利亚名字命名的定理和术语,充分表明了他在复变函数论这一领域的巨大贡献.

波利亚在他所研究的领域内都做出了卓越的贡献,这从本文前面的叙述即可看到. 他率先研究了许多问题,如随机游动、波利亚罐子模型等;他解决了多年来无人解决的难题,如拉盖尔问题,其实他还解决过拉盖尔提出的其他问题;他结合各种知识对前人提出的定理进行了推广,如法布雷定理;他巧妙构思了一种皮亚诺曲线,对几何的发展做出了贡献;他解决问题的某些独特的思想方法为后人所采纳和发展,如波利亚算法;他发现了波利亚计数定理被载入组合数学发展的史册. 所有这些仅仅是他研究成果的小小一部分,他一生发表了 250 余篇论文、11 本专著. 一个领域的专家不懂另一领域的问题在今天并没有什么可奇怪的,人们已经把庞加莱和希尔伯特称为最后的数学全才,那么对波利亚又该作何评价呢？无论如何，他在如此广泛的领域中做出如此非凡的贡献，这足以表明波利亚无愧为当代伟大的数学家.

应用数学大师柯朗[①]

理查德·柯朗(Richard Courant,1888—1972),是20世纪最伟大的应用数学家之一,他在现代应用数学上所取得的伟大成就以及对哥廷根大学和纽约大学数学发展所做的努力将永载史册,他与著名数学家希尔伯特的师生情谊将永为人们传颂.

一、求学哥廷根

1888年1月8日,柯朗生于德国普鲁士的卢布林茨(Lublinitz)的一个犹太家庭.父亲经商,祖父也是经营食品生意的富商.但柯朗不依靠家庭,从14岁起便开始了独立生活——靠给一所女子学校的学生业余辅导挣钱谋生.柯朗在布雷斯劳(Breslau)读中学,最后在没有预科学校文凭的情况下奇迹般地进入苏黎世大学学习.1907年10月转到哥廷根大学.

哥廷根是德国汉诺威南面的一座小城,今属联邦德国,1734年设立大学.20世纪初德国数学发展超过了法国,哥廷根曾一度成为世界数学的中心.哥廷根的伟大科学传统起源于高斯(C. F. Gauss,1777—1855),高斯是整个历史上最伟大的数学家之一.高斯的继承者狄里克莱(P. G. L. Dirichlet,1805—1859)和黎曼(G. F. B. Riemann,1826—1866)更使哥廷根的光荣传统发扬光大.

① 曹景阳,《自然杂志》第12卷(1989年)第5期.

柯朗入校时，正值哥廷根大学的鼎盛时期. 尽管那时哥廷根大学没有专设数学系(有关数学的研究和教学属哲学院)，全世界学数学的学生都受到同样的忠告:“打起你的背包，到哥廷根去.”甚至有这样的传闻:这座小城里住的全是数学家！菲力克斯·克莱因(C. Felix Klein，1849—1925年)是当时哥廷根的元老，他的威望吸引着世界各地的学生. 克莱因23岁就在爱尔兰根当上了正教授，他的就职演说——现称“爱尔兰根纲领”——开辟了几何学研究的新纪元. 哥廷根当时的著名教授是希尔伯特(D. Hilbert，1862—1943年)和他的挚友闵可夫斯基(H. Minkowski，1864—1909年). 希尔伯特是当时世界上最伟大的数学家之一，他于1900年在巴黎第二届国际数学家大会上的演说影响着整个20世纪的数学，这次演说提出了当时尚待解决的“23个数学问题”，这些问题(有的已部分或全部解决)时至今日仍是国际数学界研究的热点；闵可夫斯基则用四维时空揭示了狭义相对论的实质. 此外，还有著名应用数学教授龙格(C. Runge，1856—1927年).

教学楼第三层是数学的天下，这里有数学俱乐部、数学书刊开架阅览室和数学模型室(其实模型是放在走廊里的). 数学俱乐部是希尔伯特、闵可夫斯基等经常演讲的地方，他们的讲演吸引着很多学生，柯朗是这里的常客. 同时，柯朗还参加了玻恩(M. Born)、海林格(E. Hellinger)和陶普列茨(O. Toeplitz)的布累斯劳小组.

1908年，柯朗接替哈尔(A. Harr，群上测度与积分的创始人)成了希尔伯特的助手. 同时，应希尔伯特夫妇的要求，柯朗开始辅导希尔伯特的儿子弗朗士·希尔伯特. 柯朗的学位是在半工半读中完成的. 事业心强，勤奋好学，使人们亲昵地称呼柯朗为“小柯朗”. 柯朗还很有些演戏的才华. 1910年2月，柯朗在希尔伯特的指导下，把狄里克莱原理用于一般面积问题而获得哲学博士学位，这时柯朗仅仅22岁. 柯朗获得学位后特意请两位朋友租了一辆四轮马车绕城一周，向市民们宣布:现在理查德·柯朗是一名成绩最优秀的哲学博士. 此后，在克莱因和希尔伯特帮助下，他又完成了《关于狄里克莱原理的方法》，作为留校必须交的一篇论文，并以“数学中的存在性证明”为题作演讲而获得留校资格.

二、三十而立

1914年，第一次世界大战爆发，奥匈帝国对塞尔维亚宣战，法国德国也相继卷入战争. 战争带来的灾难祸及哥廷根，大批学生参军，开赴前线. 柯朗也参了军，在前线中过毒气，腹部受过重伤，在部队服役达四年半之久. 1919年，柯朗回到哥廷根任副教授. 1920年，柯朗曾被克莱因和希尔伯特举荐为明斯特大学教授,但不到一学期又回哥廷根接替恩里希·赫克(Erich Hecke)任教授. 这期间,柯朗发表了一系列论文讨论微分方程的特征值分布和渐近规律. 不久柯朗继承了克莱因的位置,一个以柯朗为中心的学术研究圈在哥廷根开始形成.

柯朗,脸型小巧,声音柔和,外表显得"平淡无奇",却能博得所有共事人的尊敬. 柯朗相当民主,这也是哥廷根的传统. 他的著作,一部分也是集体努力的结果,他通常把助手召集起来集体校对样本,即过所谓的"校对节". 柯朗也像克莱因、希尔伯特那样善于发现培养人才. 柯朗有一个助手叫西格尔(C. L. Siegel),才气横溢但身无分文,柯朗便把他介绍给克莱因和希尔伯特. 第二次世界大战后,西格尔出任哥廷根数学研究所所长,成了杰出的数论大家,并于 1978 年荣获衡量数学家一生成就的最高荣誉 —— 沃尔夫奖.

柯朗不仅接替了克莱因的位置,而且像克莱因那样继承了哥廷根的数学物理传统(克莱因曾力求将数学和物理结合). 他是一位杰出的数学家,也是一位精明的数学组织管理家. 当时,克莱因建立起来的数学活动中心、开架书刊阅览室和数学模型室一如既往.(克莱因早就计划建造一幢数学研究大楼,尽管战前已买好地皮,筹足资金,但这时还没有落成,直到克莱因去世后第四年,这项工程才竣工.)柯朗接替克莱因后的第一项改革措施是上书文化部长要求将信笺的信头"哥廷根大学"改成"哥廷根大学数学研究所",并终于得到允诺. 这样,哥廷根大学从此有了独立建制的数学研究机构,可以说柯朗是这个研究所的第一任所长. 同时,柯朗也解决了出版问题 —— 他同出版商斯普林格(F. Springer)成了挚交.(柯朗去世后,他的传记(C. Reid 著)也由斯普林格出版社出版.)

战后德国非常混乱,经济萧条,通货膨胀. 就是在这种情况下柯朗开始实现克莱因的梦想. 根据当时需要,他为研究所装备了一架电动计算机(当时还没有电子计算机),用来计算通货膨胀,增加研究所的收入. 这部分收入,主要用来买书以填补战争造成的损失.

1930 年,数学研究所搬进了新楼,希尔伯特退休了. "绝不可能有第二个这样的研究所!"希尔伯特高兴地对别人说,"因为如果要有第二个这样的研究所,就必须有第二个柯朗,然而绝不可能有第二个柯朗!"

20 年代是柯朗数学理论研究的黄金时代. 1924 年,柯朗出版了《数学物理方法》第一卷(1937 年出版第二卷). 柯朗把希尔伯特的名字并列在封面上,这是因为书中大量内容助材于希尔伯特的论文和讲演,同时也使该书更能体现希尔伯特精神. 这部书可以说是经典应用数学的力作,标志着应用数学的巨大进步. 1928 年,柯朗同弗里德里希(K. Friedrichs)和莱维(H. Lewy)合作发表了有关偏微分方程差分方程的经典文献. 1927 年,出版《微积分》,第一次把微分积分统一起来讲. 克莱因去世后,柯朗便着手整理编纂克莱因在战争期间写的

《19世纪数学发展史》.

风云突变,1933年1月,希特勒出任德国总理,他一上台便颁布法令:辞退几乎所有从事教学工作的犹太人.柯朗、兰道(E. Landau)和诺特(A. E. Noether)都是犹太人,厄运便接踵而至.四月初,地方报纸载文要求包括柯朗在内的6人离开哥廷根.尽管希尔伯特、魏尔(H. Weyl)、阿廷(E. Artin)等28人起草一份挽留柯朗的请愿书,使纳粹迫害有所缓和,但最后柯朗还是被迫离开了自己一手创建的数学研究所.

三、侨居美国

1934年,柯朗到了英国,在剑桥大学作短暂讲学,随后应纽约大学邀请,侨居美国,任纽约大学教授,开始了他的后半生.美国是后起的资本主义国家,技术力量比较雄厚,但科学水平不高.在数学方面,美国更比欧洲落后,它的数学博士近一半是在欧洲取得学位的,其中在哥廷根居多.

柯朗在20世纪30年代也做了许多理论研究工作,如在极小曲面方面.但随着第二次世界大战的爆发,他的研究工作便转向军事问题.当时美国政府和海军研究局大力支持应用数学研究,柯朗参加了国防科学委员会建立的应用数学小组.同时,柯朗和弗里德里希在纽约大学也领导了一个应用数学小组(简称AMP).二次世界大战中美国有11所名牌大学设有应用数学小组.柯朗关于激波的研究受到军方注意;柯朗小组的任务是研究水声学和爆炸理论,喷气式飞机的喷嘴设计等.在整个战争期间,AMP共完成了194项研究,这些成果在战后都公开发表了.AMP被誉为"柯朗仓库".

1943年,柯朗发表了有关分片线性单元的论文,成为有限单元方法的先驱.1947年,柯朗和罗宾斯(H. Robbins)合著《数学是什么》[3],这本书内容丰富,讲理透彻,很快成了世界上的畅销书,我国早在1951年就有了此书的中译本.1948年,柯朗同弗里德里希出版了《超音速和激波》,同年提出非线性微分方程在流体力学上应用的系统理论.

第二次世界大战是美国应用数学发展的分水岭.大战期间大批数学家解决了战争中出现的尖端技术问题,使美国政府清楚地认识到应用数学的重要性.战后,应用数学研究转向工业.1949年,成立了"工业数学协会";1950年"美国运筹学会"和"工业应用数学协会"也应运而生.同时应用数学的新分支学科也如雨后春笋般地涌现:对策论、规划论、控制论、运筹学、数理统计……应用数学的作用越来越大,范围越来越广.电子计算机的诞生和使用,更使应用数学如虎添翼,几乎渗透到一切科学领域,应用数学成了应用科学的重要组成部分.

1947年,柯朗要求把AMP小组扩充为大学里的一个研究单位,于是一个类似哥廷根大学数学研究所的新机构"纽约大学数学和力学研究所"诞生了.柯朗除担任纽约大学数学系主任外还兼任该所所长.柯朗把哥廷根的传统带到了美国,经过几十年努力,纽约大学终于成为世界著名大学,吸引着世界各地的数学家,其中柯朗所做的贡献是不可磨灭的.纽约大学数学和力学研究所还出版在国际数学界颇有影响的《纯粹与应用数学通讯》.该所现有300多名工作人员,其中100多人有学位,是世界上最大的应用数学研究中心,被人们称为"应用数学分析国家的首都".

除了致力于应用课题研究外,柯朗于1950年出版了《狄里克莱原理,保角映射和极小曲面》,把希尔伯特变分法理论应用于保角映射和极小曲面.

四、晚　年

1958年,柯朗退休了.继任的是拉克斯(P. D. Lax).拉克斯是柯朗指导的最后一名博士研究生,曾担任美国数学会会长,在偏微分方程方面有独到贡献.加拿大学生尼伦贝格(L. Niren berg)也是柯朗的学生,在非线性微分方程解的存在性方面有重大贡献,他又接替拉克斯成了数学所的领导人.

柯朗虽然离开了哥廷根,但他并没有中断与哥廷根的联系,也没有忘记他的老师希尔伯特.1936年夏,柯朗到挪威首都奥斯陆参加第十届国际数学家大会(在这次大会上第一次颁发菲尔兹奖),他打电话向希尔伯特问候并对哥廷根数学研究所的情况表示关心.1962年,柯朗亲回哥廷根参加希尔伯特100周年诞辰纪念大会并发表演讲,高度评价了希尔伯特的工作及他对整个20世纪数学发展的巨大影响,强调"在纯粹和应用数学之间,不存在鸿沟".战后,柯朗几乎每年都回哥廷根一次,同时也邀请联邦德国的数学家赴美讲学.

1963年,柯朗在苏联新西伯利亚同苏联数学家共同组织了苏美两国数学家参加的偏微分方程的讨论会.1966年,柯朗当选苏联科学院院士,成为当时为数不多的苏联科学院的西方外籍院士.

1972年1月27日,柯朗在纽约大学数学研究所病逝,享年84岁.柯朗去世后,为了纪念和表彰他在应用数学方面的杰出贡献和卓越的领导组织才能,纽约大学数学和力学研究所更名为"柯朗应用数学研究所".柯朗除有上面提到的著作外,还有《复变函数的几何原理》、《一般函数论和椭圆函数讲义》(同A. Hurwitz合著)等.柯朗生前兼职甚多,他除了是苏联科学院院士,还是美国科学院院士.

参考资料

[1] 张奠宙,赵斌.二十世纪数学史话[M].北京:知识出版社,1985.

[2] Reid C.. 希尔伯特[M]. 袁向东，李文林，译. 上海：上海科学技术出版社，1982.
[3] Courant R. ,Robbins H. 数学是什么[M]. 左平，张饴兹，译. 北京：科学出版社，1985.
[4] 黄汉平，《数学通报》，3(1986)38.
[5] Lax P. D.（汪非译），《自然杂志》，2(1979)16.

现代概率论的奠基人

——柯尔莫戈洛夫①

柯尔莫戈洛夫(A. H. Колмогоров,1903—1987)是一位杰出的数学家、教育家.他对数学领域的许多学科,特别是现代概率论的发展做出了重大贡献.在60多年的教师生涯中,培养了一大批优秀人才,功勋卓著.

一、确定志向

1903年4月25日,柯尔莫戈洛夫生于俄罗斯坦波夫市.他原籍是雅罗斯拉夫州图诺申诺,父亲是当地农庄的农艺师.母亲玛利亚·雅可夫列夫娜在回庄园途中临产,因汽车受阻而停留在坦波夫,不幸在那里难产死去.从此,由玛利亚的妹妹薇拉·雅可夫列夫娜承担抚养和教育小柯尔莫戈洛夫的重任.小柯尔莫戈洛夫在图诺申诺度过了幼年;6岁那年随姨妈迁居莫斯科.

柯尔莫戈洛夫的健康成长,得感谢这位好姨妈.薇拉是位有教养,有崇高社会理想的自立的女性,她的思想对外甥很有影响,在强烈的求知欲和独创精神方面尤为显著.少年的柯尔莫戈洛夫兴趣广泛,对历史、生物、人文等方面的书都很爱研读.1910年,柯尔莫戈洛夫进莫斯科普列曼私立古典中学预备

① 黄汉平,《自然杂志》第13卷(1990年)第3期.

班学习.这是一所由文化素养较高的知识分子办的学校,柯尔莫戈洛夫在这里受到良好的教育.

柯尔莫戈洛夫少年时已显露出很强的自主性,能妥善地支配时间抓紧学习.12至14岁时,他按《百科全书》的内容有系统地自学高等数学,读了有关社会制度、立宪议会知识方面的书.1917年10月革命风暴掀起,14岁的柯尔莫戈洛夫为社会变革中出现的一些新事物所吸引,参加了立宪议会选举.后来他回忆起这段往事,认为对一名14岁的孩子来说,参加这些活动对了解社会、培养对社会的责任感颇有影响.

在进入莫斯科大学之前,柯尔莫戈洛夫已经工作,他在铁路上当列车员、锅炉工、车厢图书管理员等.他随列车遍游了俄罗斯.这一职业使他能接触各阶层人民群众,饱赏大自然风光景色,这对后来柯尔莫戈洛夫在科学活动中表现出的一种视野开阔的品格,不可能没有影响.

开始柯尔莫戈洛夫并没有把数学作为自己的志向,他对历史感兴趣.进莫斯科大学后,他很有兴致地参加著名历史学家巴赫鲁申教授主持的讨论班,并依据15～16世纪留下的土地财产簿对诺夫戈德地区的土地关系进行研究,又对古代上游某地区的移民路线做出推测.后来,专家组织考察,证实了柯尔莫戈洛夫的推测是正确的.这些研究成果,足以说明柯尔莫戈洛夫对人文科学的研究能力.同时对工程建设的向往,使他进莫斯科大学时,又成为化工学院冶金专业的学生,并自信能成为一名冶金师.

然而,这段时间他在数学领域也出了成果.1922年,在前辈学者、莫斯科学派的领导成员鲁金(Лузин,1883—1950)的影响下,他完成了第一篇论文《关于傅立叶系数的阶》.在这篇文章里,柯尔莫戈洛夫构造了几乎处处发散的傅立叶级数的例子,接着又构造了每一点都发散的傅立叶级数的例子.这些例子使专家们受到震动,对深入研究函数论有很大作用.

这一成果,促使柯尔莫戈洛夫最终决定转向数学,并成为卢津的高才生.1925年,他以优异的成绩毕业,此后继续在卢津主持的研究班里学习和开展学术研究,从此也开始了他大学教师的生涯.

二、累累硕果

自柯尔莫戈洛夫19岁发表第一篇论文到84岁去世为止的65年中,他研究涉足的领域包括:函数论、概率论、数理逻辑、湍流力学、遍历理论、动力系统理论、信息论、自动控制理论、数学史等.他的贡献归纳起来大致有以下几个方面.

1.概率论　早在1924年,柯尔莫戈洛夫就开始以测度和实变函数论为基础,把概率论的发展推进到一个崭新的阶段,为随机过程的理论提供了必要的基础. 1928 年,他证明了大数定律的必要和充分条件,同时还证明了在项数上加上极宽条件时有关独立随机变量的重对数法则. 此外,他推广了古典的切比雪夫不等式,提出著名的柯尔莫戈洛夫不等式.

1931 年,柯尔莫戈洛夫发表了《概率论的解析方法》,为现代马尔可夫随机过程和揭示概率论与常微分方程及二阶偏微分方程的内在联系奠定了基础. 这些理论对力学、生物学、化学和工程技术都有价值,迅速成为现代自然科学的有力工具.

1933 年,柯尔莫戈洛夫发表了《概率论的基本概念》,建立了概率公理化体系,给出了无穷可分律的分布表达式,提出了经验分布和实际分布的最大偏差的极限法则,即柯尔莫戈洛夫准则,创立了具有可数集状态的马尔可夫理论.

2. 湍流力学　柯尔莫戈洛夫重视数学的应用,常常把抽象的数学理论与自然科学实验融为一体. 30 年代末,柯尔莫戈洛夫对气流、液流运动的一些规律问题进行研究,用统计力学和建立随机函数的方法对这些力学现象作严格的数学描述,创立了统计流体力学. 他在这方面的主要著作发表于 1941 年,文章引用函数空间的测度,对具有很大自由度且极端复杂的非线性系统演变过程的本质开展研究,得出这一演变规律的数量关系,提出著名的三分之二法则,即在任意高度的湍流运动中,距离 r 的两个质点运动的均方差正比于 $r^{2/3}$.

3. 数理逻辑　战后,柯尔莫戈洛夫研究了数理逻辑基础及其在几何学、概率论、信息论中的应用,他早年和晚年都钻研过数理逻辑,包括算法论和数学基础. 早在 1925 年,他在《数学文集》上发表了关于排中律的文章. 文章提出潜入运算的概念与方法,现在被称为柯尔莫戈洛夫运算. 1932 年,他发表第二篇关于直观逻辑的文章,提出把直观逻辑解释为结构逻辑的可能性.

1952 年,柯尔莫戈洛夫提出物质构造的最普遍的定义和算法的最一般定义. 1954 年的文章形成计数法理论的最初概念. 1972 年,他在莫斯科大学数学系首先开设数理逻辑必修课.

4. 动力系统理论　50 年代初,柯尔莫戈洛夫研究了动力学系统理论. 这一课题是牛顿、拉普拉斯、庞加莱等学者的研究的延续与发展,他的文章《动力学的基础问题》涉及哈密顿系统的一般理论以及关于天体运行的三体和多体问题. 柯尔莫戈洛夫将信息论的思想用于动力系统,这体现在他与他的学生阿诺尔德(Арнолд)合写的关于摄动哈密顿系统的著作里,这本著作获得 1965 年列宁奖金.

在《过渡的动力系统与勒贝格同构空间的新度量的变量》一文中,柯尔莫戈洛夫引进熵的特征值的概念,文章对动力系统的遍历定理的发展起着特殊的作用,由此开创了一系列新课题的研究. 文章提出的拟正则概念,后来被学术界为纪念他的这一新观点而命名为“K－系统”. 柯尔莫戈洛夫还把遍历理论的思想用于研究湍流型的力学现象并取得成功.

5.数学史　在柯尔莫戈洛夫的著作中,数学史占显著地位.他提出数学发展的时期划分,对每一时期数学发展的动力及科学家的贡献给予评价,对各时期所积累的经验也给予概括.他还专门考察了概率论这一分支的发展分期,对俄罗斯科学家如切比雪夫,马尔可夫,李雅普诺夫等对概率论的成熟及发展所做的特殊贡献给予颂扬.此外,对罗巴切夫斯基创立非欧几何之后,在数学思维方法上所引起的变化作了深刻的分析.柯尔莫戈洛夫还写文章评价了德国数学大师康托、希尔伯特的思想和成就.他还担任过《19世纪数学史》丛书的编辑.

总的来说,柯尔莫戈洛夫科学研究的特点是既有工作重心,又能四面出击,他常把几个领域的成果相互渗透,左右蔓延,向国民经济和技术部门扩大战果.他既是理论家,又是实践家.他曾亲自参加海洋考察队和军事上关于炮火程序控制方面的研究,在研究领域的广泛性与交叉性方面极为突出.

三、桃李满园

柯尔莫戈洛夫一贯重视教育,他既是科学家,又是教育家.他亲自讲课,编写大纲、教材,主持讨论班等,使一代又一代人在他精心培育下成长.

1922年,19岁的柯尔莫戈洛夫就在俄罗斯联邦人民教育委员会实验中学兼课,开始了教师生涯.在这所中学他一直工作到1925年大学毕业时止.他热爱教师工作,具有良好的教师素质.1931年,他成为莫斯科大学教授,1933至1939年还担任大学的数学研究所所长.他特别注意培养青年,善于在大学生和研究生中选拔人才,让他们参加由他主持的讨论班.由于柯尔莫戈洛夫的基础扎实,知识渊博,对所研究的课题具有深刻的洞察力,每次讨论都进行得很热烈,使参加者受益匪浅.在柯尔莫戈洛夫的学生中有7名国家科学院院士,5名通讯院士,70名加盟共和国科学院院士和一大批享有盛誉的学者.

柯尔莫戈洛夫爱好文学,喜欢欣赏绘画、雕刻、建筑艺术.此外,他还是一名卓越的滑雪运动员和游泳能手.课余时,他常参加徒步旅行.在假日喜欢组织3至5名研究生或大学生到莫斯科郊外旅游.郊游中除了讨论数学问题之外,还谈论沿途的建筑、雕塑、名胜古迹和文化生活中的突出事件,与青年人共进午餐.通过对人类智慧和文明的赞颂,增强了他们探求科学、创造美好未来的信念,使参加者心境开阔.许多青年成才之后,对昔日的郊游活动总是记忆犹新,难以忘怀.

柯尔莫戈洛夫还是教学活动的组织者,他的工作中心一直在莫斯科大学.1938至1966年主持由他创建的概率论教研室的工作,1966年至1976年主持由他创建的统计方法试验室的工作;1976年至逝世前担任数理统计教研主任和数理逻辑教研室主任.

近20多年来,柯尔莫戈洛夫关心中学教育.在莫斯科第18寄宿中学(即柯尔莫戈洛夫中学)的筹建和创办时期,他倾注了心血,亲自到校讲课,上习题课.在他指导下编写的中学教材《代数与初等分析》成为苏联通用教科书.柯尔莫戈洛夫还饶有兴趣地为中学生开设音乐、绘画和文学讲座,体现了老教育家既重视开发学生的智力,又重视美学的远见卓识.这所中学为莫斯科大学输送了大批本科生和研究生.学生曾多次获得全苏或国际奥林匹克竞赛奖.

四、饮誉世界

几十年来,柯尔莫戈洛夫的科学活动在国内外都得到很高的评价.他7次获得列宁勋章,被授予苏联社会主义劳动英雄称号,是列宁奖金和国家奖金的获得者.1963年,他荣获国际巴尔奖,1980年获得国际数学界的崇高奖赏——沃尔夫奖.

柯尔莫戈洛夫曾被选为20多个国外学术团体的院士.会员或荣誉会员,其中有荷兰皇家科学院、伦敦皇家科学院、美国国家科学院、巴黎科学院、罗马尼亚科学院.能得到这样多的荣誉,在国际数学界是首屈一指的.

在柯尔莫戈洛夫70周年、75周年和80周年诞辰时,苏联科学界都组织过纪念活动.苏联数学学会和《数学科学成就》等杂志发表对他的颂文.在1978年庆祝他75周岁生日的集会上,主持者所致的颂词中说:

"您不但以自己的真知灼见丰富了上述这些数学领域,而且发展了数学的应用.您一贯重视数学的应用及其与其他科学的联系,您在学术上的兴趣是非常广泛的.您有当教师的天赋,总是吸引着有才华的青年们.您建立了全世界闻名的科学学派,这个学派的代表人物正在数学各个领域和其他自然科学领域内卓有成效地工作着."

1987年10月20日,柯尔莫戈洛夫与世长辞.他所走过的宏伟壮丽的教学和科研历程,永远鼓舞着无数后来者去开创更加美好的未来.

参考资料

[1] Ботолюбов Н. Н. ,Гнеденко Б. В. ,Соболев С. Л.(高培丰,栾长福,熊固生译),《数学译林》,4(1985)312.

[2] Piatetsky-Shapiro(丁诵青译),《数学译林》,4(1985)322.

[3] 季霍米洛夫 В. М. ,尤什凯维奇 АЦ.(刁庆骥译),《数学的实践与认识》,3(1989)93.

[4] 李心灿,黄汉平,《数坛英豪》,上海:科学普及出版社,1989.
[5] 张奠宙,赵斌,《二十世纪数学史话》,北京:知识出版社,1985.

当代富有色彩的数学家——斯梅尔[①]

当代富有色彩的著名数学家，当首推美国伯克利加州大学的史蒂夫·斯梅尔(Steve Smale)教授.国内一般学术刊物介绍科学家时，谨守学术成就，避忌色彩.然而，就斯梅尔而言，他的学术成就和他的色彩，实互为补充，相辅相成.笔者喜欢斯梅尔的文章，并与他有过互访的交往，愿意借《自然杂志》这块宝地，将所知所闻介绍给读者.

既然主要是介绍人物，有些含义深刻的专门概念，也就直观地或通俗地叙述.好在这些叙述，即使在学术圈子内，亦属标准.至于不同层次的读者会有不同层次的理解，则正是这种叙述的精妙所在.愿意对人物或概念有更多了解的读者，可以先看一些数学史类的出版物.《自然杂志》在强调深入浅出广适读者的同时，崇尚行文不必穷尽，以供读者驰骋，实系至理.

一、庞氏猜测一狂生

青年时代的斯梅尔，因证明高维庞加莱猜测，在1966年莫斯科国际科学家大会上获得菲尔兹奖.当然，他的这一伟大成果，绝不是一蹴而就的.

所谓n维庞加莱猜测，是这样一个命题：与n维球具有相同伦型的紧致n维流形必同胚于n维球.

庞加莱(Henri Poincare)在1900年曾宣布，他已就一般的

① 王则柯，《自然杂志》第13卷(1990年)第7期.

n 维情形证明了上述命题. 4 年以后,他又发表论文,用一个反例说明他当初用以证明上述命题的方法不对. 大家知道,庞加莱和希尔伯特(David Hilbert) 被认为是对 20 世纪的数学发展具有最大影响的两位数学家.

在随后的几十年里,许多数学家曾声称证明了 3 维的庞加莱猜测,但是后来都被发现不正确.

于 1930 年在美国密歇根州出生的斯梅尔,在他求学的 50 年代,正逢拓扑学的黄金时代,数学的前沿发展几乎被拓扑学所垄断. 当时,对数学研究的资助,有一半给了拓扑学家. 这在今天已难以想象. 的确,拓扑学的作用是革命性的,它与代数结合发展了K理论和代数几何,与分析结合产生了动力系理论和偏微分方程的整体性讨论. 1954 年,托姆(René Thom) 的配边理论发表. 1956 年,米尔诺(John Milnor) 证明了存在 7 维怪球.

斯梅尔头一次听说庞加莱猜测是在 1955 年,那里他正在密歇根大学写他的博士学位论文. 几天以后,他觉得自己已能证明 3 维的庞加莱猜测了,于是他走进萨梅尔逊(Hans Samelson) 教授的办公室,十分激动地向教授讲述他的想法:首先对 3 维流形进行单纯剖分,然后取走一个 3 维单形,只要能够证明剩余的流形同胚于一个 3 维单形,就大功告成. 因为随后再逐个取走 3 维单形的做法并不改变同胚关系,所以继续这样做下去,由于单形数目有限,最后当然只剩下一个 3 维单形,于是证明完成. 萨梅尔森教授听了这个年轻学生的讲述,并没有说什么话. 斯梅尔离开教授的办公室后才猛然醒悟自己的证明中根本没有用到庞加莱猜测中关于 3 维流形的任何假设,不禁暗自好笑.

将近 5 年以后在巴西的里约热内卢,斯梅尔曾认为自己找到了 3 维庞加莱猜测的一个反例,并写成了论文. 如果这个反例是对的,就会是一个与证明高维庞加莱猜测相当的重大成果. 但是,经再次检查以后,他自己发现这个反例不能成立.

二、精英环境好磨砺

斯梅尔 1956 年在密歇根大学取得博士学位,导师是波特(Raoul Bott) 教授. 当年夏天,他到墨西哥城参加了一次重要的代数拓扑学学术会议. 这是他首次参加学术会议. 在那里,他不但见到了当时的大部分拓扑学名家,还结识了芝加哥大学的两名研究生赫希(Moe Hirsch) 和利马(Elon Lima). 秋天,他开始作为一名讲师,在芝加哥大学的一个学院里给人文科学的学生讲授集合论. 当然,他十分关心数学系的学术活动,从不放过托姆关于横截(transversality) 理论的每一个讲座. 他自己正在进行的研究课题,则是证明球可以从里面翻出来.

那个时候,由于陈省身、魏依(André Weil) 等许多著名学者都在芝加哥大学,那里是数学研究的一个中心.青年学子赫希、利马、拉索夫(Dick Lashof)、帕莱士(Dick Palais)和斯滕伯格(Shlomo Sternberg),也开始显示活力.

1958年秋,斯梅尔藉国家科学基金会一份两年的博士后资助,到了普林斯顿高等研究院.拓扑学在普林斯顿非常活跃.在那里,斯梅尔和赫希合用一个办公室,一起去听米尔诺关于特征类的讲座,参加波雷尔(Armand Borel)关于变换群的讨论班.他还经常向蒙哥马利(Deane Montgomery)、莫尔斯(Marston Morse)、惠特尼(Hassler Whitney)等大师讨教.福克斯(Ralph Fox)是围棋的高手,斯梅尔却常去要求让目对弈,并且与福克斯的研究生纽沃思(Loe Neuwirth)和斯塔林斯(John Stallings)混得很熟,他们后来也成了有影响的数学家.

1958年夏天,通过利马的介绍,斯梅尔结识了佩肖托(Mauricio Peixoto),这激起斯梅尔对结构稳定性的兴趣.这种兴趣一直在发展,导致后来他应佩肖托的邀请到巴西的里约热内卢纯粹数学和应用数学研究所度过那两年资助的最后6个月.

三、巴西海滨终结晶

1960年元旦刚过,斯梅尔携夫人克拉拉及两个孩子来到巴西的里约热内卢.当时,一位空军上校刚因策划政变失败而逃离巴西到阿根廷避难,斯梅尔一家就租用了上校原住的公寓,并且留用了上校的两个女仆.这是一套有十一个房间的豪华住所,周围景色迷人.要知道,那时候美元在巴西十分坚挺.

从公寓出发走几分钟,就是巴西著名的柯帕尔巴那海滩.每天上午,斯梅尔都带着纸和笔到洁白的海滩上去.这样既可以游泳,又可以考虑数学问题.下午,他通常到研究所去,与佩肖托讨论微分方程,与利马讨论拓扑学问题.

取得博士学位以来,斯梅尔的数学兴趣一直集中在动力系统理论上.著名的斯梅尔马蹄变换,就是这个时候的成果.就在继续进行梯度动力系统研究的过程中,斯梅尔注意到动力系统揭示了将流形分解为胞腔的崭新思想.运用这种分解来攻克庞加莱猜测的设想便油然萌生,从此他就兴奋在这个问题上.

很快,斯梅尔感到维数大于4时,这个想法是行得通的.吸取以往的教训,这次他没有急于写出论文.他非常小心地把自己的证明想了又想,后来又和利马一步一步进行仔细的论证.当获得足够的信心以后,他写信给仍在普林斯顿的赫希,并且向当代拓扑学大师伦伯格(Sammy Eilenberg)通报了研究成果.

1960年6月,斯梅尔按原定计划离开里约热内卢3个星期,到欧洲参加两个学术会议.他向会议提交了这个研究成果.确实,有影响的学术会议,是使重要的成果为学术界认可的最好机会.

现在说说斯梅尔这个证明的主要线索，对此不感兴趣的读者，可以跳过这一段，直接阅读下一节.

考虑赋以黎曼度量的 n 维流形 M 和 M 上的一个函数 $f:M\to\mathbf{R}$. 按照微分方程

$$\frac{\mathrm{d}x}{\mathrm{d}t}=-\mathrm{grad}\ f$$

在 M 上确定一个动力系统. 如果 $p\in M$ 是 f 的非退化临界点，那么在该动力系统当 $t\to\infty$ 时趋于 p 的所有点的集合 $W^s(p)$ 是一个嵌入胞腔，当 $t\to-\infty$ 时趋于 p 的所有点的集合 $W^u(p)$ 也是一个嵌入胞腔. 在 $n=2$ 的情形，想象如图 1 那样一条倒过来的裤子形状的曲面（流形），曲面外表都涂了蜜糖，蜜糖的流动就代表曲面上的动力系统，那么 ApB 弧就是 $W^s(p)$，CpD 弧就是 $W^u(p)$，它们都是一维胞腔.

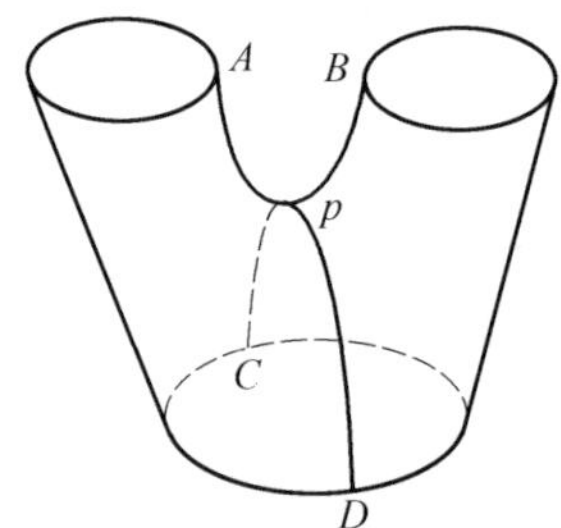

图 1　二维流形上动力系统的稳定流形和非稳定流形

对于 f 的每个非退化临界点 p，$W^s(p)$ 称为动力系统 $-\mathrm{grad}\ f$ 的稳定流形，而 $W^u(p)$ 称为非稳定流形. 只要 p 和 q 都是 f 的非退化临界点，$W^s(p)$ 和 $W^u(q)$ 就横截相交，从而排除了相切的因素.

由于横截相交，临界点的稳定流形给出 M 的一个分解，并且每个胞腔的边界都是若干低维胞腔之并. 在这样分解以后，再利用添加环柄的消去方法，在维数 $n\geqslant 5$ 和 M 具有 n 维球的伦型的假设之下，最终就得到一个 n 维球. 这就证明了 $n\geqslant 5$ 时庞加莱猜测成立.

四、苏京盛会受菲奖

1966 年 5 月，斯梅尔从他任职的美国伯克利加州大学到达巴黎. 他的主人是在 1950 年第十一届大会上获菲尔兹奖的数学家施瓦兹（Laurent Schwartz），以广义函数论的研究著称. 随后，斯梅尔与突变理论创始人，在 1958 年第十三届大会上获菲尔兹奖的托姆一起开车去日内瓦参加一个学术会议. 克拉拉和两个孩子也将在日内瓦与他会合.

斯梅尔当然知道庞加莱猜测的分量，所以当 1962 年在斯德哥尔摩举行的第十四届大会没有授予他菲尔兹奖时，他曾非常失望. 这使他怀疑菲尔兹奖的价值，认为菲尔兹奖委员会的评选方针有问题. 由于上次失望，1966 年他已不那么关切自己是否会获奖. 然而当托姆在开车前往日内瓦的途中透露斯梅尔将在 8 月于莫斯科召开的第十五届大会上获得菲尔兹奖时，斯梅尔感到有点儿意外，因而十分激动. 托姆是菲尔兹奖委员会的成员. 几天以后，拓扑学家德拉姆(Georges de Rham) 把这个消息正式通知了斯梅尔.

在日内瓦的日子很有意思. 一方面有相当丰富的学术活动，看到许多老朋友；另一方面有阿尔卑斯山的胜景，使斯梅尔一家目不暇接. 不管是否获奖，斯梅尔原已计划去莫斯科，因为先期他已被邀请作一个一小时的大会报告. 大会前的时光，他和克拉拉携子女在欧洲度假. 他们开车从日内瓦经南斯拉夫到希腊，一路上就支帐篷露宿. 希腊有那么多海滩和名胜古迹. 他们商定，当斯梅尔去莫斯科时，家庭其他成员就留在希腊.

与家庭分手以后，在雅典机场，斯梅尔加快着在希腊度过的美好时光，又想到明天就要在数以千计的数学家面前荣获数学界的最高奖，他的心情难免激动.

当一个海关官员示意斯梅尔停下来时，他还是无所谓，因为他知道护照和签证都没有问题. 后来，他才慢慢明白过来：当他们全家开车进入希腊时，海关在他的护照上做了带车入境的记录，所以现在希腊海关不许他不带车子离境. 克拉拉已经开着车子跑远了，而海关官员又不肯通融，斯梅尔只好眼睁睁地看着飞机起飞. 要知道，那是每天只有一班的飞机. 斯梅尔沮丧到了极点：按时出席大会的计划已经化为泡影！

这时，美国大使馆已经下班，经过一番紧张的交涉，斯梅尔得到一位好心的大使馆官员的帮助. 这位官员同情他的申述，不顾大使馆的惯例，给希腊海关写了一封信，请求放行斯梅尔，并且保证倘若在 8 月底以前斯梅尔不和他的车子一起重新出现在希腊，大使馆将承担一切责任.

这样，斯梅尔才得以在大会开幕的当天乘上从雅典经布达佩斯到莫斯科的班机. 在布达佩斯上机的一位相识的匈牙利数学家告诉他，报纸上说非美活动委员会已发出传票要他到国会听证会上接受质询.

一到莫斯科，他就径直赶去克里姆林宫. 但是因为尚未办理报到手续，卫兵不让他进去. 最后，他认识的一位苏联数学家帮助了他. 当他进入会议大厅并在后排坐下时，开幕式早已开始，托姆教授正在用法语向大会介绍斯梅尔及他的卓越工作. 这时，数学家们才发现，斯梅尔已经和他们在一起.

五、贡献数理经济学

60 年代末期，斯梅尔开始涉足数理经济学. 他在《数理经济学杂志》等刊物上，发表了价格调整的动力学等一系列论文；80 年代由诺贝尔经济学奖获得者及相应水平的学者编撰的三大卷《数理经济学手册》[1]，有斯梅尔的一章"大范围分析和经济学". 1983 年度诺贝尔经济学奖获得者德布罗(Gerard Debreu)在他的获奖演讲中明确指出，正是斯梅尔 1968 年向他介绍的萨德(Sard) 定理，在 1970 年促成了他的主要理论的结晶. 在当代科学的前沿发展中，这是值得大书一笔的学科交互渗透相得益彰的范例.

斯梅尔和德布罗的首次见面是在 1968 年. 那时他们都已经在伯克利，斯梅尔是数学系教授，德布罗是经济学教授. 一天，德布罗为了自己的经济学研究，走到斯梅尔的办公室向他请教数学问题. 从法国移居美国的德布罗曾经受过布尔巴基学派的严格训练，数学基础扎实，而斯梅尔又是一个学术思想非常活跃、研究兴趣相当广泛的学者，所以他们之间很快就可以相互理解地讨论数学定理和经济学问题了. 事实上，德布罗提出的问题，正是斯梅尔研究数理经济学的开端. 在后来的日子里，他们经常长时间地进行讨论，这也往往是他们一起外出游玩的真正目的. 这样合作下来，在 1975 年德布罗成了数学系的兼职教授，而 1976 年，斯梅尔也在经济学系取得了同样的位置.

英国古典经济学派的创始人亚当·斯密(Adam Smith) 在 1776 年的名著《国富论》中写道，在自由经济的条件下，每个人追求的是个人的利益，但有一只"看不见的手"引导他去促进社会的利益. 一百年以后，洛桑学派的创始人瓦尔拉(Léon Walras) 在 1874 年的《纯粹政治经济学原理》中把斯密的说法提炼为经济均衡概念：他把"看不见的手"解释为市场的价格调节机制，把"社会利益"解释为供求均衡，考虑在各方都追求私利的条件下，是否存在一组合适的所谓均衡价格，使得由此决定的市场供给和市场需求正好相等. 又过了半个世纪，沃尔德(Abraham Wald) 使斯密－瓦尔拉的思想得到严格的陈述. 从此，如何严格证明均衡价格的存在性，成了数理经济学的中心问题.

诺贝尔经济学奖获得者萨缪尔森(P. Samuelson)、希克斯(J. Hicks)、阿罗(K. Arrow) 和库普曼(T. Koopmans) 都对这一问题做出过贡献，而德布罗则首次令人满意地证明了一般经济均衡理论中均衡价格的存在性，他用的是凸分析和布劳威尔(Brouwer) 不动点定理.

如果均衡是唯一的，有关经济模式对均衡的阐述就完整了. 但是到 60 年代后期已经清楚，整体唯一性的要求太高，局部唯一性将足以使人满意. 在获奖演说中，关于局部唯一性的条件，德布罗是这样说的：

“正如我在1970年所做的那样，可以证明，在适当的条件下，在所有经济的集合中，没有局部唯一均衡的经济的集合是可以忽略不计的. 这句话的确切含义及证明这个断言的基本数学结果，可以在萨德定理中找到，这个定理是斯梅尔在1968年夏天的交谈中向我介绍的. 整个讨论的各个部分最后是在新西兰南岛的米尔福海湾完成的. 1969年7月9日下午，当我和妻子弗郎索瓦抵达那里的时候，遇上天阴下雨的坏天气. 这迫使我回到房间里工作，继续研究困扰我多时的课题. 而这次，观念竟很快结晶. 第二天早上，晴空蓝天在海湾明媚的仲冬展现.”

萨德定理说，如果是$f:M\to \boldsymbol{N}$是微分流形之间的光滑映射，则$\boldsymbol{N}$的几乎每一点都是f的正则值. 换句话说，f的临界值在$\boldsymbol{N}$中只是一个零测集. 萨德定理其实是说，在适当的光滑性条件下，正则现象是通有的(generic)，其几率为1，而临界现象的几率为0，常常可以忽略不计. 的确，德布罗就是借此定义了正则经济和临界经济. 正则经济具有满测度，从而对正则经济业已建立的均衡集及其稳定性的结论，是合理的经济分析.

斯梅尔本身的经济学研究，见诸他已发表的许多论文，笔者等的介绍文章[8]也可一阅. 当得知德布罗如所预料获奖时，斯梅尔写了一篇短文[5]，在一页半的篇幅里精辟地介绍了德布罗的工作，给予了高度评价. 但这并非捧场应景的文章，其结尾蕴含着深刻的分析.

“这并不意味着均衡理论就该是社会的模式. 首先，它假设没有垄断，但是在一个分散化的经济系统中，垄断总是要产生的. 其次还有不公平. 阿罗和德布罗证明了，当处于均衡配置时，没有人可以不损害别人就使自己更加受益. 然而，理论本身却未排除社会产品的不公平分配. 因此，政府对分散化的价格体系的有力调控，仍然需要.”

“特别重要的是，在阿罗－德布罗的理论中，时间的进程没有得到充分的考虑. 由于缺乏动力学的观点，他们的理论还不能很好地说明为什么价格体系要向均衡状态调整，为什么会停留在均衡状态. 再一个有关的弱点是，他们的模式对经济主体人的行为理性化提出了不切实际的要求. 要知道，即使配备了最新式的计算机，消费者和生产者也不可能做出该模式所要求的高度理性的决策.”

“尽管后面还有许多诱人的挑战，现在毕竟已经有了一个良好的框架. 这就是两个世纪以来经济学家们奠定下来的基础，其中特别要提到斯密、瓦尔拉、沃尔德、阿罗和德布罗.”

发表这篇文章的美国《数学益智》杂志特别鼓励出自大师的小品或随笔，轶事牢骚，亦悉听作者之意.

六、创新计算复杂性

最近十多年，斯梅尔的研究重点是计算复杂性理论，主要是数值方法的计算复杂性理论. 1981 年，他发表论文证明，概率地说来，用牛顿方法为 n 阶多项式找到一个零点的成本随 n 增长的速率不超过 n^9/μ^7，这里 $\mu \in (0,1)$，是允许论断失败的概率. 不久以后，他又发表论文论述，概括地说来，即除去一部分最坏和较坏的情况以后，线性规划的单纯形方法的计算成本随问题规模增长的关系是线性的. 这些都是令人瞩目的突破性进展.

研究计算方法，就不能不考虑计算成本或算法效率的问题. 数值方法的计算复杂性讨论可谓源远流长. 然而，直到 20 世纪 70 年代，讨论都带有局部的和渐近的特征.

斯梅尔的加入，是复杂性讨论取得重大突破的开始. 笔者曾应斯梅尔的邀请访问过伯克利[6]，对斯梅尔作为这一发展的学术带头人所起的巨大作用有深刻的印象. 短短 4 年之内，《美国数学学会公报》先后组发了他的开创性论文《代数基本定理和复杂性理论》和深刻述评《关于分析算法的效率》，4 年一度的国际数学家大会在 1986 年的伯克利大会上邀请他就这一发展作题为“解方程的算法”的一小时报告. 在纯粹数学和应用数学的边缘领域，得到如此重视的发展，十分罕见.

有兴趣的读者当然会找上述文章或其译本认真研读，笔者也就此发表过一篇专论[7]，所以在这里，我们宁愿多谈一些学术环境和治学风格的问题.

正是在用动力系统框架处理价格调节的市场机制时，斯梅尔提出了整体牛顿法的概念. 这一发展当然引起了人们的兴趣，因为牛顿方法是计算数学或数值分析的传家宝，通常只具有局部收敛性. 斯梅尔从计算机科学的复杂性理论汲取营养，在动力系统框架内处理算法及其效率的问题，形成数值分析复杂性理论的新发展.《论语 · 为政篇》曰：“七十而从心所欲，不逾矩.”斯梅尔提前达到了这样的境界.

斯梅尔关于数值分析复杂性理论的工作，主要通过与合作者和研究生的经常性讨论进行. 研究生课程，就围绕有关课题展开，由斯梅尔主持，同时邀请有关专家作相关进展的报告. 笔者 1983 年的应邀访问，就属于这种性质的安排. 在斯梅尔的合作者当中，特别应当提到布卢姆(L. Blum)、雷内加(J. Renegar)和舒布(M. Shub). 由这些人组成的斯梅尔学派，领导着当前数值分析复杂性讨论的主流.

课程往往针对未解决的问题展开，斯梅尔在课上讲问题的提出和自己的想法，课上就进行解决问题的各种尝试，这就为研究生提供了参与解决重大课题的可能性. 即使按照科学研究的规律,有时具体目标最终未能实现,但学生们还是学到了许多东西. 要知道,导师如何提出问题思考问题,如何在碰钉子后转弯,如何在一项设想被证实行不通时获取关于原问题的进一步的信息,这一切,恰恰难以在书本或正式发表的论文中学到. 当成果整理成文时,作者通常不谈在这之前艰苦摸索的历史;即使个别作者愿意提及,学报也不屑于刊登.

斯梅尔活跃的研究工作也招来若干非议. 除了部分纯粹数学家对应用数学的传统偏见外,斯梅尔有时行文不够严密是一个原因. 一篇重要论文隐含几处数学失误和几十处印刷毛病的例子,也曾发生. 显然有这样的情况:他不是在严密论证后得出某个结果,而是相信结果会是怎样然后有点马虎地写几行备忘式的论证. 读这样的文章当然特别吃力,我们就做了一些铺平的工作[9]. 当你花费九牛二虎之力将漏洞补上时,只好佩服他那卓越的数学洞察力. 也有若干至今没有补上、依然存疑的地方,也许要留待将来去辩明. 伊夫斯(B. C. Eaves) 教授说,斯梅尔只管提供思想,把细节留给别人. 这代表不少人的信念,尽管那些细节实在不细. 种种原因,难怪一些有造诣的数学家也说斯梅尔是弄潮公子(playboy),按照他们的国情,这很难说是恶意. 我们谈到过与他同辈的斯塔林斯和赫希,前者在他之后用逻辑上独立的方法证明了高维庞加莱猜测,后者经常与他合作,名著《微分方程、动力系统与线性代数》就是一项结晶. 斯塔林斯就曾在一篇公开的文章中写道:两相比较,赫希更像一个刻苦工作的数学家,而斯梅尔或多或少是一个幸运的狂人.

苏联著名数学家阿尔诺德(В. И. Арнольд) 曾两次应邀在国际数学家大会上作一小时报告,他的许多著作被译成英文和其他文字. 他同意爱因斯坦的话:现代教学方法没有完全扼杀神圣的好奇心,就已经可称奇迹. 他推崇他的导师柯尔莫戈洛夫(А. Н. КолмогоРов) 除了激励以外,还给学生许多自由. 在一篇访问记中,他曾对数学论著的刻板风格提出过尖锐的批评[10]. 他说:

"对于我来说,要读当代数学家们的著述,几乎是不可能的. 因为他们不说'彼嘉洗了手',而是写道:'存在一个 $t_1<0$,使得 t_1 在自然映射 $t\mapsto$ 彼嘉(t) 之下的像属于脏手的集合,并且存在一个 t_2,$t_1<t_2\leqslant 0$,使得 t_2 的像属于脏手的集合的补集.'不过,有几位数学家 —— 比方说米尔诺和斯梅尔 —— 所写的文章,是仅有的不这样故弄玄虚的例子."

是的,斯梅尔的确独树一帜.

七、不甘寂寞似天性

青年时代的斯梅尔,无论在学术研究方面还是在社会生活方面,都不安分守己.

证明了高维庞加莱猜测的1960年6月，斯梅尔到欧洲度过了3个星期.苏黎世会议以后，他回巴西把全家接到伯克利，因为他已在伯克利加州大学谋得位置.这段时间的工作之一，是他的 h 配边定理，一年以后，由于兰(Serge Lang)的介绍，他到位于纽约市的哥伦比亚大学任教授.在那里的3年，他主要研究大范围分析.1964年夏，他又举家回到伯克利.西海岸不仅气候宜人，更重要的是伯克利已经决定给他正教授的职位.

60年代，美国的学生运动风起云涌.就在回到伯克利的那年秋天，斯梅尔和其他人一起，通过一次颇具规模的静坐示威，使数学系研究生弗郎克(David Frank)和舒布无罪获释.舒布后来成为斯梅尔研究计算复杂性理论的主要合作者，1984年曾来北京参加双微会议.1965年春，越战升级.斯梅尔积极地参加抗议活动，成为越南日委员会两主席之一.他们还曾试图阻止运送部队的军车.在伯克利附近的委员会总部后来是被人炸掉的，斗争之激烈可以想见.

虽然1965年秋斯梅尔已对抗议活动感到失望并重新回到数学中来，但是1966年夏，当他作为施瓦兹的客人来到巴黎时，还是应邀在“献给越南的六小时”集会上发表使会议的气氛达到高潮的演说.大家知道，施瓦兹本人就是法国左翼运动的一位领导人，曾激烈反对法国的阿尔及利亚战争.

到莫斯科参加国际数学家大会时，由于他们的反越战名声.4位越南数学家邀请斯梅尔、施瓦兹和戴维斯(Chandler Davis)参加一个私人宴会.戴维斯是斯梅尔在密歇根大学时的同学，曾因反对越战而被捕入狱，后来只好到加拿大的多伦多大学当教授.越南人希望斯梅尔能向越南记者发表谈话，他答应了.但是为了避免误传，他坚持他的几个朋友和一位美国记者在场.也请了苏联记者，这是出于对东道主的尊重.想不到这样一来，越南记者反而不肯出席.

邀请已经发出，斯梅尔只好如期和记者见面.会见在国际数学家大会的主会场莫斯科大学举行.会前，塔斯社一名女记者请求同他单独谈谈，他说会后可以.会上，血气方刚的斯梅尔激烈抨击美国对越南的入侵，但又翻出10年苏联出兵匈牙利的老账；他揭露美国的麦卡锡主义和非美活动委员会，但又呼吁给他的持不同政见的苏联朋友人身自由和言论自由的权利.这时，一位妇女上来说，数学家大会组委会的卡莫诺夫紧急约见.在回答完记者的问题以后，他随那个妇女去看卡莫诺夫.朋友们和美国记者感到蹊跷，也一起跟了过去.

卡莫诺夫跟他友好地闲谈，送给他一本精美的德文克里姆林宫画册，并表示要为他在会见女记者之前游览莫斯科提供方便，汽车和导游都已到位.斯梅尔并无观光的兴致，也不知将到哪里去，内心有点紧张.但因为答应过同女记者单独会见，就只好提醒自己客随主便，拿出大人物的气概来，还是跟导游上车.当一行离开卡莫诺夫的办公室时，等在门外的美国记者问斯梅尔发生了什么，他竟不知作答.上车时，新闻记者和随行的朋友都被苏联人推向两旁.赫希大声喊："史蒂夫，你没事吧？"他只答了一句"我想是的"，就被飞快地小轿车送得无影无踪.

最后，当车子弄到塔斯社总部时，斯梅尔受到了红地毯的待遇. 人们这样那样地应酬他，但是既没有记者采访，又没有游览观光. 原来这一切只是为了消磨他的时间. 经过一再坚持，斯梅尔才得以赶回去参加数学家大会的闭幕式和招待会. 朋友们十分替他担心，劝诫他再勿单独行动. 半夜以后，惊魂甫定的斯梅尔回到乌克兰酒店的房间，电话铃响了. 原来，大会主席、莫斯科大学校长彼得罗夫斯基约他明天上午见面. 但他要乘早晨七点钟的飞机离开苏联，会面已无可能. 电话铃再次响起，这次是美国大使馆，问他好不好，是否需要什么帮助. 他回答说，他大概已不需要任何帮助了. 只睡了半个觉，七点钟的飞机把斯梅尔送回雅典机场与家人团聚.

八、帆船矿石寄闲情

斯梅尔出身拓扑学，拿手的是动力系统理论. 虽然本文没有介绍他在力学方面的探讨，但他的《力学与拓扑学》的系列论文，影响可与数理经济学的研究媲美. 了解一点混沌理论的读者，都知道菲根鲍姆(M. Feigenbaum)的大名. 在一篇回顾周期倍化分叉现象的研究和菲根鲍姆普适常数的发现的文章中，菲根鲍姆直言不讳地承认，1975 年斯梅尔关于动力系统理论的一次演讲，使他产生了决定性的灵感.

1989 年 5 月，应吴文俊教授的邀请，斯梅尔夫妇首次来华访问，第一站就是中山大学. 在广州的 4 天里，斯梅尔做了题为"计算的理论"的专题报告，并就数理经济学的发展进行了一次座谈. 专题报告的底本，是他和舒布、布卢姆不久前完成的一篇 75 页的论文. 此外，他还带来一篇一年前发表的文章《牛顿对我们理解计算机的贡献》. 中山大学本科毕业生高峰，是第一位在斯梅尔指导下获得博士学位的中国大陆学生，高峰的双亲和斯梅尔夫妇进行了友好的会见.

至少在进入中国大陆的头几天，斯梅尔了解社会的兴趣远在观光游览之上. 无论是越王墓陈家祠还是白云山七星岩，都不像平凡的街市和市民的日常生活那样对他具有吸引力. 常常，他宁愿步行甚至挤公共汽车，到处找英文报纸. 我们作为主人，在保证安好的前提下，亦尽量照客人的心意安排. 离穗赴杭的前一天，斯梅尔夫妇坚持邀请笔者一家到南园酒家晚宴.

笔者送给斯梅尔一块辉锑矿标本，略表心意. 收藏矿石标本，是斯梅尔的嗜好. 他曾经写道[4]，施瓦兹喜欢收藏蝴蝶标本，为此探访过世界上许多丛林. 他自己收藏矿石标本的劲头，也毫不逊色. 辉锑矿是我国湖南的特产，有我国邮政的一枚邮票为证.

斯梅尔的另一项爱好是驶帆，伯克利许多数学研究生都有与他一起在旧金山湾区驶帆的经历.这次他告诉笔者，他已经把那只大帆船卖掉.之前的告别旅行堪称壮举.那是1987年夏天，他作为船长和一个朋友一起从旧金山出发，南偏西跨过赤道，历时25天到达法属马克萨斯群岛.这25天，他们可以借助球形天线接受外界的信号，而外界对他们却一无所知，事实上他们没有发送设备.这需要太多的冒险精神.随后，他们绕道夏威夷，折返旧金山.整个旅行，延续了3个月.

斯梅尔有在海滨这样的地方做数学的兴致.关于这一点，60年代在美国《科学》杂志上还有过一番争辩.莫斯科大会以后，校方受到非美活动委员会的压力，扣下了国家科学基金会给斯梅尔的暑假研究工资.在他抗议以后，总统的科学顾问撰文诘问："纳税人的钱难道应当用来支持在里约热内卢海滩或爱琴海群岛上的数学游戏？"这一下引起了一起轩然大波.许多当代最有名望的数学大师投书猛烈抨击科学顾问的恶意和无知.斯梅尔和数学家们取得了全胜.

"那次帆船旅行中，你是否也做数学？"

斯梅尔笑笑，没有回答这个问题.

参考资料

[1] Arrow K. J. ,Intriligator M. D. eds. ,Handbook of Math. Economics Ⅰ, Ⅱ, Ⅲ, North-Holland(1981,1982,1986)

[2] Debreu G. ,Scand. J. Economics, 86(1984)393

[3] Smale S. ,The Mathematics of Time[M], Springer(1980)

[4] Smale S. ,Math. Intelligencer, 6,2(1984)21

[5] Smale S. ,Math. Intelligencer, 6,2(1984)61

[6] 王则柯,《自然杂志》,7(1984)511

[7] 王则柯,《计算数学》,11(1989)429

[8] 王则柯等,《数学的实践与认识》,2(1989)62

[9] 徐森林,王则柯.代数方程组和计算复杂性理论[M].科学出版社(1989)

[10] Zdravkovska S. ,Math. Intelligencer, 9,4(1987)28

斯梅尔教授的青少年故事①

如果一位仍然极富创造的大科学家在颇为认真地叙述童年和青少年往事，那么，这些似与科学无关的故事也许包含着某种暗示.

一、引　子

1991 年初访问伯克利加州经济学系期间，笔者曾到该校数学系和计算机科学系作一题为“科学计算中的同伦方法”的报告. 报告之后，斯梅尔夫妇邀请笔者家宴，并参观教授的矿石标本和摄影作品.

许是部分由于笔者略欠恭敬的“易读文章”的索求，斯梅尔教授给了一篇《传略注记片段》和一篇《什么是混沌》. 笔者的手信，则是刊文介绍斯梅尔主要成就的一期《自然杂志》[1].

《注记》原为 1990 年伯克利的斯梅尔日而写，那是他的六十寿辰. 赏读之间，仿佛领会了什么暗示. 下面的故事，主要就出于《注记》的第一部分.

二、童　年

斯梅尔的父亲过着一种双重的生活. 他在密歇根州林特市通用电气公司的一个陶瓷工厂工作. 那是个白领阶层的职业，

① 王则柯，《自然杂志》第 15 卷(1992 年) 第 5 期.

但他并不喜欢.他自以为是个左派革命者,动辄批评别人是改良主义.求学期间,他就因"出版刊物亵渎上帝"被大学开除.他甚至不是一个爱国主义者.例如,只因美国的童子军标榜体现"上帝和国家的意志",而这正是他认为最坏的东西,所以他不许儿子参加童子军.本来父亲一直疼爱孩子,很好说话,但这次却死活不肯通融.斯梅尔至今记得这童年的心灵创伤:那次,虽然父亲买了礼物作补偿,他还是哭了好几天.

其实,父亲对他的影响还是很大.斯梅尔20岁时第一次走进一个教堂,就是生动的例子.对于一个生在美国长在美国的青年,这实在是难以想象的事.那次,他也只是作为闲暇旅游,在法国参观著名的巴黎圣母院,用他自己的话说,他一直对美国的社会制度和社会运作,抱清醒的怀疑态度.

斯梅尔和父母妹妹一家四口住在离弗林特10英里的乡下地方.从小学到初中,每天他和妹妹步行一英里到一所只有一个房间的学校上课.他至今非常赞赏那所小小的学校:统共只有一位上过一两年大学的女教师,她教9个年级的学生,每个年级都有语文、数学、历史等课程.此外,女教师还兼管借还图书、看门、烧午饭等杂事.尽管这样,斯梅尔他们还是得到了良好的教育.

三、高　中

由于来自乡下,他一直未能把自己的心理调整到适应高中的环境,兴趣完全在学校之外.他变得热衷于下棋,参加过3次全国锦标赛的选拔.他还自学有机化学,在鸡舍的顶楼上建立过可称为实验室的设施.

第一次"对抗"就发生在高中阶段,起因是生物学教师杰沃特不讲进化论.本来,课本上是有进化论的,但老师跳过了这一章.20年代美国有过一个斯科普斯审判案:田纳西州代顿的中学教师斯科普斯因讲授进化论而被指控违反州法.针对这个案子,州议会于1925年3月宣称,《圣经》教导上帝创造人类,宣传与此相悖的理论即为非法.法官在审理此案时,不问这项法律是否违宪,也不问进化论学说是否正确,只问斯科普斯有没有讲过进化论,斯科普斯承认讲过,结果就被判罚.当事人不服判决,提出上诉.州最高法院却仍裁定上述州法符合宪法,只是免除了对斯的处罚(该项州法直到1967年才予废止).这个历史故事给了斯梅尔很大的刺激,他在同学中发动签名,要求生物学讲授进化论,但是只有一个追随者响应.

若干年以后,当斯梅尔攻读数学取得博士学位并开始显露才华时,父亲寄给他1959年11月15日《弗林特日报》的一条剪报,标题是"数学天才留给老师们深刻印象",其中写道:

斯梅尔当年的生物学老师杰沃特形容斯梅尔是个用功的孩子,对生物学很感兴趣,老爱提问题.杰沃特说:“他不是那种只会吸收知识的学生,他对整个班级做出很大贡献.这并不是说同学们都只向他学,而是说他经常提出好的想法.”杰沃特还赞赏斯梅尔是个沉静和谦恭的学生,博得同学们的尊敬.

回想9年前高中毕业时,手册上的写法却有点不同,那上面记载着他自己的一句话:“我不附和任何人,我有我自己的想法.”

四、大 学

进入密歇根大学,斯梅尔面对一个新的世界,他交了许多朋友.不过这些朋友几乎都是男同学,因为他还很不善于和女性相处.他投身校园生活,参与组织象棋俱乐部.但更重要的是,他逐渐卷入了大学的左翼政治活动.这首先是出于对美国社会和制度的不满和怀疑.

他是进步党的积极分子,一度成为共产党员.1951年夏天,他出席了在东柏林举行的世界青年联欢节.他们经常讨论的议题包括民权、朝鲜战争、核武器、麦卡锡主义、罗森堡案件等.他们还相当认真地学习马列主义和联共党史.在斯梅尔看来,每个人都需要一种信仰,而他对宗教不感兴趣.那时麦卡锡主义十分猖獗,他们的活动引起非美活动委员会的注意,这在以后给斯梅尔带来许多麻烦.

斯梅尔原来的专业是物理学.由于一门物理不及格,四年级毕业班时他转到数学专业.这一转,竟造就了20世纪的一位数学大师.

五、研究生院

1952年秋,斯梅尔以优秀的成绩进入密歇根大学研究生院,选的还是数学,他回忆选数学只是出于自大学四年级以来的惯性.事实上,他仍然在别的方面投入了大量的时间和精力.1953年夏天来临时,系主任海德孛兰德特教授请他到办公室,告诉他倘若数学成绩没有改善,就不必在研究生院待下去.

这时,他已经23岁.他需要认真考虑一下自己的未来.他的导师波特教授非常好.对前途的关切、系主任的警告、导师的数学鼓舞力这三者合在一起,使斯梅尔变成一个非常勤奋的数学研究生.这种勤奋的数学研究,一直持续了11年,直到1964年秋伯克利的自由言论运动,才被打断.

将近40年以后的1991年,现在哈佛大学任教的波特教授在提名斯梅尔为美国数学会主席时回忆道[2]:

“斯梅尔是1952～1953年我在密歇根头一次教拓扑学时的3个学生之一,他的风格和现在一样,不大作声,甚至可以说有点害羞.他老是坐在后面,很少讲话，仿佛是宁愿让数学的波浪冲刷自己，而并不主动迎上前去．然而，当他后来挑选我这个拓扑学新手做他的论文导师时，他的天才和勇气很快就表现出来．

我向他提出一个有关流形上的正则曲线的问题．具体来说，这种曲线的空间在它的切向的投射满足所谓覆盖同伦性质．这一概念出现于40年代后期，我也是头一年才从普林斯顿学回来的．那是个分析和拓扑相结合的问题．斯梅尔在他的论文中表现出来的几何洞察力和分析功夫，留给我深刻印象．更令人感到高兴的是，在随后的几年里，他发展了这种技巧，直至证明了高维庞加莱猜想．"

1954年秋，斯梅尔邂逅克拉拉，两人一见钟情．他们在次年初结婚．有克拉拉这样的女子作自己的终身伴侣，斯梅尔觉得十分幸运．从此，他对于数学研究专心了好长一时期．

研究生阶段第三学年开始时，他在数学系得到一份助教的工作，但是只上了5次课，海德孛兰德特教授就通知他已被解雇，原因是他过去的左翼活动．海德孛兰德特把这归咎于大学当局．的确，海德孛兰德特教授当时曾为他找到一份研究合同，使他能继续得到资助．那时斯梅尔的研究正在兴头上，反正有钱支持生活和研究，他也就没多计较．后来，这笔研究资助也没了，幸亏克拉拉找到一份小图书馆馆长的工作，使他得以完成研究生的学业．

在以后的岁月里，过去的左翼活动记录一直烦扰着他．后来，一位同情他的教授告诫他不要再找系主任海德孛兰德特教授写推荐：他在推荐中总是提醒别人斯梅尔是个左翼分子．

六、博士后年代

1956年的秋天，斯梅尔夫妇迁到芝加哥，他在那里接受了他的第一个教职．不过，不是在数学系任教，而是在芝加哥大学给人文科学的学生讲集合论．

他们的儿子涅特出生于1957年．两年以后，女儿劳拉也降临人世．涅特后来也成了数学家．

斯梅尔的数学研究初露锋芒．1958年，他到了普林斯顿研究院，又经过在伯克利加州大学、纽约哥伦比亚大学、巴西里约热内卢纯粹与应用数学研究所的短期工作，最后落脚在伯克利．关于斯梅尔的学术生涯和成就，拙文[1]已有长篇介绍，这里我们就谈点别的事情．

1962年10月，当听说苏联在古巴部署了核导弹时，斯梅尔他们正住在纽约．原子战争的恐惧迅速蔓延．斯梅尔迁怒于肯尼迪，认为是他让苏联人觉察到美国已在邻近苏联的土耳其部署了导弹，才造成了这次危机．这也恨赫鲁晓夫．

他想,如果死于因为两个超级大国疯狂的军备竞赛而爆发的核战争,将毫无意思.倘若战争打起来,纽约必是首选的目标.斯梅尔夫妇赶紧收拾了少许细软,就驱车带着孩子斜穿北美大陆,朝墨西哥驶去.斯梅尔的父母当时正在纽约探望他们,就帮着照料房子.大学里只有几个老师知道他们的行踪,给他们打掩护,亚伯拉罕(Ralph Abraham)和兰(Serge Lang)这两位朋友还自行给斯梅尔代课.

从纽约到墨西哥的长途旅行,使他们的神经慢慢松弛下来.斯梅尔从墨西哥打电话给在学校的朋友.当导弹危机过去时,朋友们告诉他,这次撤离哥伦比亚大学,目前还可以补救.他赶紧乘飞机回纽约,把课接下去,克拉拉则开着车子,和孩子们一起回来,没几个人觉察到他们的出走,这就是美国社会.

他们是发疯了吗?还是丧失理智?多年以后,斯梅尔仍然觉得难以给予分析,克拉拉则以犹太人逃离纳粹德国相比.

1964年的夏天,斯梅尔一家迁往西海岸旧金山附近的伯克利.弗兰克夫妇(Kathy Frank和David Frank)和舒布(Mike Shub),也同时西去,本来他们都是哥伦比亚大学的学生.斯梅尔一家乘飞机,3位学生就开斯梅尔家的车子.自那时以来,舒布一直是斯梅尔的密友和主要的研究合作者(特别是在计算复杂性理论方面),两家保持着亲密的友谊.

七、结　语

家宴后的第五天,斯梅尔教授告诉笔者,他的父亲已于前天星期天去世,享年92岁.

斯梅尔的母亲仍然健在,高龄85岁,和他们住在同一个城市伯克利.

参考资料

[1] 王则柯.《自然杂志》,13(1990)451.
[2] Bott R.,Notices AMS,38(1991)758.

西格尔:从 1921 到 1981[①]

世界上有多少人知道表彰数学家一生成就的最高奖是沃尔夫数学奖?世界上又有多少人知道首届沃尔夫数学奖获得者之一是西格尔?

德国数学家西格尔(G. L. Siegel)的名字也许并不为人们所熟知,因为他所从事的工作都是非专业数学家不能理解的.事实上,他从 20 世纪 20 年代初就成为世界上第一流的数学家.他的足迹遍布数论、多复变函数论、天体力学各领域.首届沃尔夫数学奖——国际数学界的最高成就奖授予西格尔,是对他把一生奉献给数学的最好评价.

一、从柏林到哥廷根

1896 年 12 月 31 日,西格尔出生在柏林,家境贫寒.早年因拒服兵役而被关进精神病院,在那里他却因祸得福,结识了哥廷根大学教授兰道(E. Landau);兰道父亲开办的诊所恰与精神病院毗邻,这促使西格尔后来成为兰道的学生.1915 年,西格尔考入柏林大学,成为弗罗贝乌斯(F. G. Frobenius)的学生.19 世纪后叶,由于库默尔(E. E. Kummer)、克罗内克(L. Kronecker)和外尔斯特拉斯(C. Weierstrass)的努力,柏林成为公认的世界数学中心.弗罗贝乌斯,1870 年在外氏门下获得学位,1892 年成为柏林大学教授,成了柏林数学学派最有水平

① 曹景阳,《自然杂志》第 15 卷(1992 年)第 1 期.

的继承者.弗罗贝乌斯很快就发现西格尔具有学习数学的天赋——聪明、勤奋,便对其进一步培养.可惜,弗罗贝乌斯 1917 年便去世了,而世界数学的中心已由柏林转移到哥廷根.20 世纪初,哥廷根云集了一大批数学名家,如克莱因(F. Klein)、希尔伯特(D. Hilbert)等,一举成为"数学的麦加".西格尔便于 1919 年来到哥廷根,经柯朗(R. Counrant)推荐,他同克莱因和希尔伯特建立了真挚的友谊.1920 年,西格尔在哥廷根取得拓扑学博士学位,随后任柯朗的助手,并很快获讲师资格.

1921 年,西格尔证明了丢番图逼近中的图耶-西格尔定理,宣告了他作为一个第一流的数学家登上世界数坛.这个定理的来历是这样的:1844 年,法国数学家刘维尔(J. Liouville)证明,如果 $\mu > d$,那么 $\left| \alpha - \frac{p}{q} \right| < q^{-\mu}$ 只有有穷多个解 $\frac{p}{q}$,其中 α 是次数为 d 的实代数数;1909 年,挪威数学家图耶(A. Thue)进一步改进为 $\mu > 1 + \frac{d}{2}$;而西格尔则证明 $\mu > 2\sqrt{d}$ 时结论成立.后来,到 1956 年,英国的罗特(F. Roth)证明 μ 与 α 无关,于是,图耶-西格尔-罗特定理.

二、法兰克福时代

1922 年,西格尔来到建校才 8 年的法兰克福大学,接替退休的几何学家舍恩弗列斯(A. Schoenflies)任教授,开始了他一生中最为辉煌的时代.西格尔到法兰克福时这里已聚集了好几位数学家:德恩(M. Dehn)——希尔伯特第三问题的解决者,1920 年接替比勃巴赫(L. Bieberbach)任教授;海林格(E. Hellinger),海林格积分是大家都熟悉的;此外还有爱普斯坦(P. Epstein)和斯扎兹(O. Szász).德恩于 1922 年建立了数学史讨论班,每周四下午 4 点到 6 点,他们聚集一起活动,讨论各个时代数学上较重要的发现,西格尔把这段时期称为他"一生中最愉快的经历"[1].西格尔通过数学史讨论班及其他两个讨论班,同学生们建立了深厚感情.1929 年,西格尔获得美国洛克菲勒基金会的奖学金.

1926 年,西格尔在《方程 $y^2 = ax^n + bx^{n-1} + \cdots + k$ 的整数解》一文中,解决了超椭圆曲线的有理点个数问题.我们知道,关于亏格大于或等于 2 的射影曲线的有理点个数问题即是著名的莫德尔(Mordell)猜想(由英国数学家 J. 莫德尔于 1923 年提出),德国数学家法尔廷斯(G. Faltings)因于 1983 年解决这一猜想而荣获 1986 年度菲尔兹奖,这一猜想的解决同西格尔的工作是分不开的.1929 年,西格尔在《丢番图逼近》一文中,将高度的存在性理论和莫德尔-魏依(A. Weil)定理以及阿贝尔簇理论的原始形式结合起来,解决了仿射曲线上整点个数是否有限的问题，即西格尔问题. 文中还包含了在超越理论中很重要的西格尔引理.

1930 年，西格尔与库兹明(P. O. Kuzmin) 同时证明：若 α 是不等于 0 和 1 的代数数，β 是二次实代数数，则 α^{β} 是超越数，如 $2^{\sqrt{2}}$ 即是超越数. 西格尔的这一成果改进了苏联盖尔丰特(A. O. Гельфонд) 的结果，极大地促进了希尔伯特第七问题的解决.

1935 年，西格尔在虚二次域的高斯类数研究方面取得天大成就. 他证明，$\forall \varepsilon > 0$，$\exists c > 0$，使得 $h(d) > c \mid d \mid^{\frac{1}{2}-c}$，$c$ 不能有效算出，其中 $h(d)$ 为类数，d 为判别式. 这一结果可表示成 $\lim\limits_{d \to \infty} \dfrac{\ln h(d)}{\ln \sqrt{d}} = 1$. 这个问题同广义黎曼假设有关. 在此之前，西格尔曾细致地研究了黎曼的手稿，发现黎曼已经得到关于黎曼 ζ 函数的两个公式，再称黎曼 — 西格尔公式.

1936 年，西格尔在其《素数在算术级数中的分布》一文中证明了：对于 $q \leqslant (\ln x)^{\mu}$，其中 μ 为任意正数，可以有 $\pi(x, q, l) = \dfrac{\operatorname{li} x}{\Phi(q)} + O(x \exp(-(\sqrt{\lg x})))$，其中 $\pi(x, q, l)$ 表示首项为 l、公差为 q 的算术级数中不超过 x 的素数个数，O 中所含常数仅有 h 有关，而与 q 无关. 这一定理现称佩奇(A. Page) — 西格尔 — 瓦尔菲施(A. Walfisz) 定理.

1936 ~ 1937 年，西格尔发表了 3 篇《二次型的解析理论》，为二次型算术理论研究打下了坚实的基础. 他证明了二次型方面的西格尔定理，并推广至不定二次型和以有限次代数数域为系数的二次型情形. 1938 ~ 1939 年，他在《不定二次型 ζ 函数》中对非退化不定二次型定义了在整个复平面上为亚纯的西格尔 ζ 函数.

三、普林斯顿高等研究院

1928 ~ 1929 年，西格尔曾作为访问学者在哥廷根讲课. 到 1938 年初，西格尔正式调任哥廷根大学教授. 但当时的哥廷根已没有数学研究：外尔、诺特(E. Noether)、柯朗去了美国，兰道去了荷兰，卢伊(H. Levy) 去了巴黎，纳粹分子哈塞(H. Hasse) 成了数学所的领导人. 曾强盛一时的哥廷根学派已烟消云散，西格尔来到哥廷根后过着似乎是退休的生活. 西格尔当然不甘寂寞，1940 年 3 月，西格尔绕道挪威去了美国.

西格尔到美国后就任普林斯顿高等研究院研究员，1945 年 10 月，晋升为教授. 只要看一下当时高等研究院数学教授群英谱，便可知西格尔的地位. 外尔，20 世纪上半叶最伟大的数学家之一；维布伦(O. Veblen)，美国最伟大的几何学家;莫尔斯(M. Morse),大范围变分法和临界点理论创始人;冯·诺依曼(Von Neumann),计算机之父,20世纪最著名的纯粹和应用数学家之一. 当时就学于此的著名拓扑学家博特(R. Bott)则称西格尔是研究院王子中的王子[2]. 西格尔曾和外尔一起主持讨论班,先后讲授过阿贝尔簇、三体问题和数论,他的讲课给每一位听众都留下了深刻的印象. 当时在普林斯顿访问的著名数学家小平邦彦——1954年弗尔兹奖和1984年沃尔夫奖得主,说他讲课从不带笔记,无论多少复杂的式子都记在脑子里,真是不可思议[3]!

1943年和1945年,西格尔分别发表《不连续群》和《一些不连续群评注》,对第一类不连续群和多变量不连续群均有深入研究. 其中多变量不连续群,以西格尔的西格尔上半空间、西格尔模群(1939引入,1943年在其专著《辛几何》中详细讨论)等为开端.

1948～1949年,西格尔出版了《多复变解析函数》,创立了多复变函数的自守函数. 这是第一本系统地介绍多复变自守函数方面的专著. 自守函数是上世纪末由庞加莱和克莱因共同创立的. 西格尔关于多复变自守函数的论著被译成多种文字出版,影响颇大.

1945年,西格尔发表了《数的几何中值定理》,研究西格尔中值定理. 1950年,他出版了《数的几何》,文中对阿贝尔函数和阿贝尔簇理论研究也很杰出.

1945年,西格尔在《代数数域的华林问题推广》中对有限次代数数域中的广义华林问题研究取得出色成果,他成功地推广了法里(Farrey)分割.

几百年来,太阳系的稳定性一直是天体力学研究的焦点,这其中又以"三体问题"最为著名. 1885年,瑞典国王奥斯卡二世设立"n体问题"有奖征解,原题是"对于任意一个由一些根据牛顿定律相互吸引的质点组成的系统,假设其中任意两点都不会发生碰撞,用一个一致收敛的级数(它的项由已知函数组成)的和,给出每个质点在所有时间的坐标". 庞加莱以关于三体问题的周期解而获奖. 40年代,西格尔首先解决了这类问题,而且形式更理想化. 他证明,三体问题几何图形渐近地接近于拉格朗日特解图,而且碰撞方向确定,在一般情况下不能解析开拓. 这一问题最终由柯尔莫戈洛夫、阿诺德(Z. Arnold)和莫泽(J. Moser)共同解决,现称KAM理论. 西格尔关于天体力学的研究均收在他的《天体力学》(1956年)和《天体力学报告》(1971年,同莫泽(J. Moser)合著)中. 这两部论著早已成为当今天体力学的经典著作.

四、定居哥廷根

1951年5月,西格尔结束了十几年的流亡生活回到祖国,重返自己的母校哥廷根大学,任数学教授兼数学所所长,成为战后数学所的第一任领导人. 他也是流亡国外又回哥廷根的唯一著名数学家.此时,哈塞已被解除教授职务.西格尔的到来,无疑给已经崩溃的哥廷根学派的复苏带来了一线希望.但纳粹统治所造成的损失是无法弥补的,世界数学的中心已不可逆转地移到了大西洋彼岸!同时,西格尔的高峰期已经过去,他把主要精力集中在天体力学研究上,在数学领域并无重大建树.

1960 年,西格尔退休了,但是没有放弃数学研究.1968 年他 73 岁高龄时还给出高斯类数为 1 的另一个证明.西格尔把他的一生都奉献给他所从事的事业,终生未娶,过着苦行僧式的生活.他说:"我曾有这样的经历,从早上 9 点起研究数学,全神贯注,等到从数学中醒来已是夜里 12 点了.那时,我在午夜把一天的伙食并做一餐吃掉,吃后觉得胃里很不舒服."[1]

1978 年,沃尔夫基金会把首届沃尔夫数学奖(奖额 10 万美元)授予西格尔(另一获奖者为苏联的盖尔范德(И. М. Гльфанд)),以表彰西格尔在数论、多复变函数论和天体力学方面出色的工作.1981 年 4 月 5 日,西格尔在哥廷根病逝.

西格尔生前获得过许多荣誉.1968 年,他当选为美国科学院国外院士,他还是哥本哈根、斯德哥尔摩、奥斯陆、哥廷根等科学院的院士.世界著名的斯普林格(Springer)出版社于 1966 ～ 1979 年陆续出版了西格尔的四卷全集.

参考资料

[1] Siegel C. L. ,《数学译林》,9,1(1990)63.

[2] Bott R. ,《数学译林》,9,4(1990)331.

[3] 饭高茂,《数学译林》,5,1(1986)66.

一位驰骋世界数坛的怪杰——哈尔莫斯[①]

我是个作家、编辑、教师和数学研究者.

——P. R. 哈尔莫斯

这是一张美国当代著名数学家哈尔莫斯的近照. 照片上的他仿佛是在向全世界数学教学与研究工作者，发出亲切的微笑. 他那潇洒的神情、闪烁着睿智的目光，给人以深刻的印象. 这位集数学家、作家、教育家、编辑家于一身的世界数坛怪杰，他的魅力，吸引着当今世界数学界的莘莘学子.

一、奋斗与成功之路

1916 年 3 月 3 日，保罗·理查德·哈尔莫斯(Paul Richard Halmos)生于匈牙利的布达佩斯，母亲在他出生 6 个月后就去世了. 父亲将开设的私人诊所连同 3 个儿子一起托付给另一位医生，自己只身去了美国. 后来他在芝加哥独立开业并且续娶，为哈氏三兄弟添了两个同父异母的妹妹. 接着他将保罗的两个哥哥接到美国. 5 年后，他又把 13 岁的小保罗也接去了.

当时美国和匈牙利的学制不同，美国是八年小学四年中学一贯制. 哈尔莫斯离开匈牙利的时候是中学三年级，相当于美国小学的七年级. 但来美后他被错当成是中学三年级学生插班就读，结果使他连跳 4 级，一年半后 15 岁的哈尔莫斯就中学毕业了. 据他自己回忆说：在中学时，欧几里得几何是他的主要兴

① 王庚，陈文宁，《自然杂志》第 15 卷(1992 年) 第 2 期.

趣，而最好的数学知识则来源于他高中时的物理教师佩恩(Payne). 同时他对化学也有浓厚的兴趣，所以他在伊利诺斯大学只用了3年时间就于1934年取得理学学士学位.

哈尔莫斯在童年和少年时代志趣是多方面的：4岁时想成为一个木匠，14岁时又想成为一个药剂师，16岁时还想成为一个化学工程师，而18岁时则想当一名哲学家，并且对法律产生了兴趣. 因此他在研究生院的时候，开始想学哲学，后来又把哲学和数学作为并驾齐驱的主修课，直到他的哲学硕士考试不及格才将哲学改为选修课，而这门选修课的考试仍然未能过关. 于是他的学习兴趣逐渐转移到数学上来. 他开始学习数学时，对数学的理解还是很肤浅的，比如 ε 是什么，复变函数论中的单位圆是开的还是闭的，他都不清楚. 他是怎样打开数学王国的大门的？这里有一个十分有趣的故事：他在伊利诺斯大学读书时，有一位最要好的学友，就是后来也成为数学家的安布罗斯(Warren Ambrose)；一天下午，他们站在数学楼213教室的黑板前谈论数学问题，突然像电脑接通了电源似的，许多对哈尔莫斯说来曾是谜一般的数学知识都在一瞬间澄清了，他突然明白了极限是什么. 那天他抱着格兰维拉(Granville)、史密斯(Smith)和朗莱(Longley)的微积分课本在那里整整坐了一个下午. 正是那天下午给这位未来的世界数坛怪杰举行了洗礼.

1935年秋，正当哈尔莫斯取得大学理科硕士学位的时候，一位决定他未来数学生涯的关键人物闯进了他的学习生活. 来自哥伦比亚大学的新教师乔·道布(Joe Doob)来到了伊利诺斯大学，这位在该校数学系中知识面最宽、却只比哈尔莫斯大6岁的数学家很快就和他熟识了. 有一天他俩在一家小卖部吃午饭，边吃边谈数学，哈尔莫斯听着听着便感到豁然开朗，正像他后来回忆时所说的那样："他让我看到了一种数学，让我知道了怎样谈数学，怎样想数学，这些都是我以前闻所未闻的."哈尔莫斯已经报名跟另一位教授读博士研究生，这时却执意要求转到乔·道布的门下，他终于在乔·道布的指导下于1938年获博士学位.

从1938年到1939年，他在母校当了一年讲师，1939年4月便成为普林斯顿高等研究院的研究员，6个月后他就获得了该院的一项研究基金. 这时，一个对哈尔莫斯数学研究具有决定意义的事件发生了. 在高等研究院的第一年他听了数学大师冯·诺依曼的课，第二年就当了他的助手. 哈尔莫斯虽然已经获得博士学位，但对遍历理论、数理逻辑、泛函分析、拓扑群这四大领域不仅缺乏系统的训练甚至连相应的一门课都未选修过，而冯·诺依曼对这些领域都有很深的造诣，并正在进行这些方面的研究工作. 因此他给予哈尔莫斯巨大的帮助和强烈的影响. 哈尔莫斯在回忆自己的奋斗历程时，曾经深情地说过："道布和冯·诺依曼是使我获得最多灵感的人."

二、在纯数学领域的重大成就

哈尔莫斯在纯数学领域取得了一系列重大的成就，首先他是一位遍历理论家兼概率论、测度论专家，其次他还是一位泛函分析大家兼代数逻辑、拓扑群论专家.

遍历理论经过了漫长的研究历程.现代遍历理论从库普曼开始，再经冯·诺依曼、伯克霍夫等人的研究，遍历的概念已被推广到一个抽象的测度空间上，相应的第一平均遍布定理与逐点遍历定理、比率遍历定理以及与变换谱相关的一些重大结果已经得到.

哈尔莫斯对遍历理论的兴趣最早是由道布引发的，他的博士论文《某种随机变换的不变量——博弈系统的数学理论》就是与保测变换和渐近独立有关的，这是他向遍历理论迈出的第一步.普林斯顿高等研究院是遍历理论研究中心，而冯·诺依曼又是对这个中心具有决定性影响的人物.哈尔莫斯在普林斯顿的3年期间，深受冯·诺依曼以及当时研究院里一批有才华的年轻的遍历理论家如安布罗斯、角谷静夫(S. Kakutani)等人的影响.1939到1949年，哈尔莫斯把主要研究工作放在遍历理论方面，这期间他发表了一系列有关保测变换分解为遍历分量、离散谱的变换、变换的根、变换类的拓扑、遍历定理、不变测度存在的条件以及紧群自同构等方面的研究论文.其中重要的成果有以下这几方面：(1)1941年他在论文《测度分解》中证明了一个与单位区间同构的测度空间可表为一些测度空间的直和；用这一结果可以简单地证明关于保测变换可分解为若干遍历分量的结论，该结论是冯·诺依曼定理的一个推广.1942年在论文《测度分解Ⅱ》中，他与别人合作得到了一个关于流的分解定理.(2)同年，他与冯·诺依曼合作发表了《经典力学中的算子方法》，在该文中，他们刻画了一个同构于具有勒贝格测度的单位区间的测度空间，还证明了每个具有离散谱的遍历保测变换同构于在紧交换群上的一个旋转.这一结果引出了许多推论.(3)哈尔莫斯还是第一个研究保测变换的根的问题的数学家，1942年他发表了具有开拓性的论文《保测变换的平方根》.(4)1944年他的论文《保测变换的逼近理论》以及《一个保测变换一般地是混合性的》不仅阐明了在一个测度空间上的可逆保测变换的集合上的拓扑研究的一般问题，而且还给出了几个很出色的定理.

遍历理论一直是哈尔莫斯的主要兴趣之一，在遍历理论的研究上还体现出哈尔莫斯进行数学研究的三大特色：第一是在研究过程中不断回顾和总结，如1949年他写的回顾文章《可测变换》就是突出的一例；第二是把研究和教育紧密地结合起来，如1959年他写的两本专著《遍历理论讲义》和《遍历理论的熵》，都成为遍历理论教学的经典教材；第三是在上述基础上预测和展望遍历理论的发展趋势，如 1961 年他写的《遍历理论的最新进展》就给遍历理论的研究者不少新的启迪.

哈尔莫斯在概率论与测度论方面也做过许多研究，1944 年写的《概率的基础》和 1950 年出版的享有世界数学名著的盛誉的《测度论》就是这两方面研究的结晶. 这不仅因为这些研究都和遍历理论的研究密切相关，而且因为它们还涉及数学的其他广泛领域.

1950 年哈尔莫斯已经 34 岁了，虽然他对遍历理论的贡献早已使他成为闻名遐迩的数学家，但他对数学的研究兴趣越来越广泛，研究领域也越来越扩大. 特别是冯・诺依曼对算子理论的研究强烈地感染了他. 1942 年他根据冯・诺依曼授课记录整理写成的《有限维向量空间》和 1951 年出版的《希尔伯特空间与谱重度的引论》两书，就是有力的证明. 这时由希尔伯特和他的学派在 20 世纪初创立的算子理论，经过 20 世纪 20 ～ 30 年代冯・诺依曼和斯通(M. H. Stone)的重大发展也已呈现出崭新的面貌.

哈尔莫斯对算子理论的贡献也是多方面的. 在算子理论的代数方面，他所研究的第一个主题是算子的换位子. 他的《算子的换位子》(1952 年)、《算子的换位子 Ⅱ》(1954 年)、《希尔伯特空间上的算子的换位子》(1965 年) 等一系列文章，反映了他在这一方面的研究成果. 哈尔莫斯研究的另一个经常性的代数主题是不变子空间. 他对这一主题的贡献，首先是提供了哈尔莫斯式的研究思路，借助他的思路可以把有关函数论的某个部分用“软”方法演绎出来；其次是他在解决不变子空间理论中关于一般算子结构的最基本、最棘手的问题 —— 即是否每个希尔伯特空间的算子都有一个非平凡的不变子空间这个悬而未决的问题时，不仅引进了一些新的概念，而且表现出一种哈尔莫斯式的思想，至今仍沾溉后人. 在算子理论中经哈尔莫斯发现和引入的概念，最突出的是次正规和拟三角算子以及巴拿赫代数中的容量，从这些概念都已经发展出了一些重大的理论，这是哈尔莫斯对算子理论的独特而又卓越的贡献. 哈尔莫斯对算子理论的新突破与新发展，正如他的学生萨拉森(D. E. Sarason) 所说：“哈尔莫斯从来都在努力深入问题的核心，了解其基础所在. 他用他可以证明的问题同时也用他证明不了的问题，为算子理论做出了重要贡献，他所提出和所传播的问题，一次又一次地将人们的研究活动集中到可出成果的方向，并得到了从未预料过的崭新认识.” 正是这些，奠定了哈尔莫斯在算子理论研究领域的领袖地位.

50 年代中期以后，哈尔莫斯还对数理逻辑(尤其是代数逻辑)、布尔代数、线性代数以及拓扑群、集合论等方面做过大量的研究工作，其中一个最突出的贡献是他给出了一个好的逻辑构想 —— 波利亚代数(Polyadic algebras).

三、作为杰出的数学作家和编辑家的独特贡献

哈尔莫斯不仅是一位杰出的数学家，而且是一位杰出的数学作家和数学编辑家，他不仅著述等身，而且门类齐全，涉及数学研究、数学教学和数学历史的各个方面.

到现在为止，哈尔莫斯一共写了 11 本专著，都具有他自己的典型写作风格，其中好几部已成为世界数学名著和经典性的教科书(如《测度论》、《有限维向量空间》、《朴素集合论》、《希尔伯特空间问题集》等)，并被译成许多国家的文字. 他还一共写了大约 120 篇普及性文章和专业. 其中普及性的文章主要内容包括以下 4 类. 第一类是专业性较强、学术味较浓的文章，第二类是学术评论和学术倡议；第三类是通俗性的文章；第四类是为《美国数学月刊》而写的文章.

综观哈尔莫斯的著作，他的写作具有如下四大特点. (1) 哈尔莫斯的著作不仅行文优美、语言流畅，并且充满了各种妙趣横生的比喻，更重要的是这些著作放弃"行话"走向"对话"，摆脱了大量使人感到困惑难解的专业术语，把问题讲得清楚明白而又趣味盎然. (2) 哈尔莫斯提倡写文章多用文字少用字母数字，他自传的第一句话就揭开了这个成功的奥秘，就是"我对文字的爱好胜过数字，而且毕生如此." 后来他解释这句话的三重含义：一是他更喜欢抽象的概念而不喜欢数字计算；二是他喜欢理解数学也喜欢独立地向人们解释数学，而且在这方面的兴趣比他发现数学的兴趣更大；三是他更偏爱自己更擅长的东西. 这就形成了哈尔莫斯式的独特的风格. (3) 这种哈尔莫斯式的风格还突出地表现在他敢于冒险填补一些他人不敢论述的空白上. 比如《怎样写数学》(1970 年)、《怎样讲数学》(1974 年)、《发表什么》(1975 年)、《数学是一门创造性的艺术》(1968 年)、《数学的心脏》(1980 年)、《应用数学是坏数学》(1981 年)等，都是前人和今人很少论述的主题，因而都成为数学文献中的名篇和珍品. (4) 哈尔莫斯和许多著名的从事理论研究的数学家一样，不断地为《美国数学月刊》撰稿. 1944 年他为该月刊所写的《概率的基础》荣获 1948 年的乔文奈特(Chauvenet) 大奖，1970 年他为该月刊写的《有限维希尔伯特空间》和 1976 年他与其他 5 人合作写成的《1940 年以来的美国数学回顾》分别获 1971 和 1977 年的莱斯特 · 福特(Lester R. Fort) 数学研究奖. 从 1977 年开始，该月刊增加了一个哈尔莫斯主编的题为《最新成果报告》的专栏，他本人并且提供了头 6 篇报告. 事实表明这个专栏需要数学作家的兴趣、造诣、观察和技巧的完美组合，它对推动数学的前沿研究和未来发展也起到了有力的促进作用. 1983 年 8 月美国数学学会为了表彰他写的许多数学课本以及他关于怎样写、讲、发表数学的文

章，向他颁发了斯蒂尔(Le Roy P. Steele)奖.

此外，他还写了一本别开生面的自传和照片回忆录，从而大大有助于人们对他治学和为人的进一步了解.

哈尔莫斯的编辑才能也是非常出色的，他历任《美国数学学会会报》、《数学评论》、《数学概观》、《美国数学学会通报》、《美国数学月刊》、《数学世界》等杂志的编辑，而且至今还担任着驰誉全球的《数学研究生教材》、《大学数学教材》、《数学问题丛书》(均由斯普林格(Springer)出版社出版)的主编和编辑.他写的《发表什么》一文和自传中《怎样当一名编辑》一章，充分表述了他的正确而又独特的编辑思想.特别是他提出的不要发表旨在攻击和谩骂朋友失误的文章，体现了一个正直的科学家的品德和作风.

四、数学教育界的楷模

哈尔莫斯自1938～1939年在伊利诺斯大学任教后，先后在锡拉丘兹、芝加哥、密执安、夏威夷、印第安纳、圣巴巴拉、圣克拉拉等大学执教，1970年以后就成为印第安纳大学的著名教授，1984年退休，1985年至今仍受聘为圣克拉拉大学教授.

在他50多年的教学生涯中，主要从事大学数学教学和硕士生、博士生的培养工作.仅以博士生的培养教育方面为例，在芝加哥大学的15年中，他带出了8名博士研究生；而在密执安大学的7年中，带出了6名博士研究生；还在印第安纳大学的13年中，带出了7名博士研究生.他一共带出了23名博士研究生，其中除3人外，其余都毋庸置疑地排在现在美国数学家的最前列.

哈尔莫斯作为一个杰出的数学教育家，还以自己独树一帜的教育哲学、教学方法，以及大量的高等数学方面教材的编著影响和激励了整整一代的美国数学家.他在教学方法上，采用了一种哈尔莫斯式的“摩尔(R. L. Moore)”方法，这是一种改良苏格拉底回答法并且同课堂讨论相结合的新型教学法.受过这种方法训练的学生比其他学生具有更高的数学研究意识和善于提出问题、解决问题的能力.他在贯彻和实施这种新型教学法的过程中，还同他的演讲才能结合起来.他认为“不论是一次讲演还是整个一门课程，不论是一本书还是一篇文章，奥秘既不在于行文华丽也不在于深思熟虑的段落，而在于整个事情的结构和组织.你的讲演或整个课程会成为什么东西，这一点你一定得放在心上.你的目的就是要完成一个任务，把这个任务定下来，然后设计出达到这个目的的整个方法.”哈尔莫斯以这种高度的教学艺术与演讲技术，征服了他的听众和学生.一次他在圣安东尼作数学讲演，听众竟达到1 775人，这是美国有史以来听数学报告人数最多的一次.

哈尔莫斯在数学教学上取得巨大成功的另一个重要因素,则是他对学生的亲切关心和循循善诱.他的学生、数学家萨拉森回忆说:“我在密执安大学时,是个研究生,像许多其他研究生一样,得了初试后的消沉症,…… 我决定旁听哈尔莫斯的泛函分析课.…… 开学后几周,他要求班上每位同学 —— 包括像我这样的旁听生 —— 都得同他在办公室约会一次.这对他可是不小的时间负担.…… 当我在他的询问下,承认已解出了他布置的大部分的思考题时,他对我能从这门课中受益匪浅,表示欣慰和赞扬;无须多言,我能得到这样一位著名教授的赞赏,使我受到极大的鼓舞,一下子就把我从沮丧中救了出来.又过了几星期,他请我去他家吃饭,和我谈论数学.…… 这些对我的早期发展有着不可忽视的影响,他还用相同的方式帮助了包括学生和同事在内的许多年轻的数学家.”

哈尔莫斯的教育哲学,已经被他自己概括成这样的两句名言:“数学的心脏是问题和解”,“学习的唯一方法就是干(即解题)”.而且哈尔莫斯在贯彻这种“干中学”的教育原则时还提出:要在有希望学会的人面前,设置一些困难,叫他去克服,设置一些障碍,让他去超越,这样学习的目的,一定要达到,也一定能达到.

哈尔莫斯不仅享受盖吉恩希门(Guggenheim)会员资格,而且被选为皇家学会会员和匈牙利科学院院士,以及许多学会、协会的会员,并被载入《美国男女科学家》、《世界科学人物传》、《美国当代人物传》等辞典.

哈尔莫斯在美国数学学会理事会服务了30多年,并任过4届二年制委员会执行理事、常务理事,1981年到1982年还曾担任美国数学学会的副主席之职.

哈尔莫斯还是一个充满生活情趣、兴趣相当广泛的人,他喜欢巴赫、海顿、莫扎特的音乐作品,他喜欢业余摄影,他喜欢每天几英里的快速散步锻炼,并已坚持了30多年.

虽然哈尔莫斯现在已经年逾古稀了,他今后还能有什么作为呢?这个问题,他已给我们做出了响亮的回答:“我希望更多地写、更多地教,说不定有一天我还要证明一个定理.我将不断地尝试,这是无疑的.…… 我想当一名数学家,我仍旧是想.”

在本文的撰写过程中,得到了芜湖师范专科学校章炎教授的热情指教,谨至谢忱.

参考资料

[1] Halmos P. R., I Want to be a Mathematician[M]. Springer(1985).

[2] Sarason D. E., Gillman L., P. R. Halmos Selecta Expository Writing

[M]. Springer(1983).
[3] Sarason D. E. ,Friedman N. A. ,P. R. Halmos Selecta Research Cantributions [M]. Springer(1983).

斯卡夫与不动点算法[①]

斯卡夫不动点算法的孕育、诞生和发展,揭示了数学的仿佛有点神秘的特性:一个纯粹想象的杰作,多年以后,竟然在似乎被创始者的高度抽象排除在外的领域里,导致意想不到的实际应用.

自斯卡夫(H. E. Scarf) 开创不动点算法以来,迄今已过四分之一个世纪. 回顾不动点算法的孕育和诞生,课题酝酿的学术时机和切磋磨砺的精英环境真是十分重要.

一、数学博士

斯卡夫 1954 年在美国普林斯顿大学获得数学哲学博士学位,学位论文研究的是微分流形上的扩散过程. 在斯卡夫攻读学位期间,普林斯顿有许多对策论方面的活动,但是斯卡夫原来对于对策论、线性规划和数理经济学,却是一无所知. 当时,戈莫里 (R. Gomory)、沙普利 (L. Shapley)、舒比克 (M. Shubik) 都是他的同窗,他们后来都成为上述领域的世界级专家. 在普林斯顿,他们花很多时间海阔天空地讨论各种问题,就是没有涉及不动点的计算. 斯卡夫回忆说,当时他发现不容易习惯组合拓扑学的方法,很难用组合拓扑学的语言叙述布劳维尔(Brouwer) 不动点定理,更不用说给出一个证明了.

毕业以后,斯卡夫在加州圣莫尼卡的兰德(Rand) 公司数

① 王则柯,史宏超,《自然杂志》第 16 卷(1993 年) 第 2 期.

学部谋得一个职位. 在那里,他向沙普利学习对策论,并且合作撰写了一篇讨论不完整信息下动态对策的论文. 当时,冯·诺依曼(J. von Neumann)、萨维奇(J. Savage)、布莱克韦尔(D. Blackwell) 都是兰德的顾问,丹齐克(G. B. Dantzig)也已经在兰德. 大家知道,在此几年前,丹齐克提出了线性规划问题的单纯形算法,从而推动了线性规划理论的深入发展,并有力地拓展了应用. 正是在兰德,贝尔曼(R. Bellman) 肯定,每一个涉及稀有资源配置的问题,都可表示为一个动态规划的模型;福特(L. Ford) 和福克逊(R. Fulkerson) 则刚刚开始他们关于网络系统最优流动的有影响的工作. 对于一个 24 的初出茅庐的博士,兰德真是一个极好的去处.

二、涉足数理经济学

两位兰德的短期访问学者,对于斯卡夫后来的研究生涯,产生了重要的影响,他们是阿罗(K. Arrow) 和卡林(S. Karlin). 他们对数理经济学中存货问题的研究,引起斯卡夫的很大兴趣. 1956 ~ 1957 年,阿罗和卡林邀请斯卡夫到斯坦福大学与他们合作. 这次富有成效的合作产生了好几篇合作论文. 后来,斯卡夫作为统计学系和行为科学应用数学研究所的成员,继续留在斯坦福,除了其间于 1959 ~ 1960 年作为研究成员短期访问耶鲁大学考尔斯(Cowles) 经济学研究基金会外,一直待到 1963 年他在耶鲁大学谋得永久的教职.

斯卡夫回忆,斯坦福的学术气氛确实激动人心. 有一种感觉,就是在诸如数理生物学、统计推断理论、对策论、数理经济学等各种新奇的领域,数学推理都有潜在的广阔的用武之地. 阿罗已经完成了他关于社会抉择理论的奠基性工作,并且与德布鲁(G. Debreu) 合作,运用凸集理论,在最一般的情况下美妙地阐明了竞争均衡的存在性及其福利性质. 斯卡夫到的时候,阿罗正和宇泽弘文、赫维茨(L. Hurwisz) 一起,研究均衡的稳定性. 想不到这竟成了斯卡夫在经济学理论方面的第一个研究课题.

三、纯交换经济模型

为了下面叙述的方便,有必要介绍一下数理经济学中一般均衡模型的要点. 但是我们只限于纯交换经济这样一种重要的特殊情形. 在这个模型中,不考虑商品的生产,只考虑商品的交换.

设有 n 种商品和 m 个消费者. 这些消费者对这些商品各有不同的偏好,这种偏好用所谓效用函数来描述. 对于第 $i(i=1,2,\cdots,m)$ 个消费者来说,某种商品组合越能满足他的偏好,他相应的效用函数的值就越大. 现在假设他对这 n

种商品已各有一个初始存量：$w_1^i, w_2^i, \cdots, w_n^i$. 我们用一个向量 $\boldsymbol{w}^i=(w_1^i, w_2^i, \cdots, w_n^i)$ 来表达，那么，由于不考虑生产，把这 m 个消费者的初始存量向量加起来就得到这个模型中全部 n 种商品的存量向量：$\boldsymbol{w}=\boldsymbol{w}^1+\boldsymbol{w}^2+\cdots+\boldsymbol{w}^m$. 消费者们将根据各人的偏好在这 n 种商品现有存量的范围内进行商品交换.

既要交换，就得有一个价格. 设第 j 种($j=1,2,\cdots,n$) 商品的价格为 p_j，我们就有了一个价格向量 $\boldsymbol{p}=(p_1,p_2,\cdots,p_n)$(可将 $\boldsymbol{p}$ 规范化为 $p_1+p_2+\cdots+p_n=1$). 于是，第 i 个消费者所拥有的"财富"就用 $\boldsymbol{p}\cdot\boldsymbol{w}^i$ 来衡量(其中・表示向量的内积运算). 他将在支出不超过他现有"财富"的约束下进行商品交换，并且使他的效用函数达到极大. 在适当的条件下，这产生一个需求向量 $\boldsymbol{x}^i$(其第 j 个分量就是他对第 j 种商品的需求量，$j=1,2,\cdots,n$)，满足 $\boldsymbol{p}\cdot\boldsymbol{x}^i=\boldsymbol{p}\cdot\boldsymbol{w}^i$，即他的"需求"同他的"财富"相当. 需求向量 $\boldsymbol{x}^i$ 是价格向量 $\boldsymbol{p}$ 的连续函数，因此我们把它记为 $\boldsymbol{x}^i(\boldsymbol{p})$. 把所有消费者的需求向量相加. 就得到总的市场需求向量 $\boldsymbol{x}(\boldsymbol{p})$. 易知它连续并满足 $\boldsymbol{p}\cdot\boldsymbol{x}(\boldsymbol{p})=\boldsymbol{p}\cdot\boldsymbol{w}$. 市场需求向量 $\boldsymbol{x}(\boldsymbol{p})$ 是消费者的主观要求，它是否能够实现还要看现有商品存量 $\boldsymbol{w}$. 因此 $\boldsymbol{x}(\boldsymbol{p})-\boldsymbol{w}$ 是一个很重要的量，称为市场过需求向量，记为 $f(\boldsymbol{p})$. 由上可知，$f(\boldsymbol{p})$ 满足 $\boldsymbol{p}\cdot f(\boldsymbol{p})=0$，这就是著名的瓦尔拉(Walras) 法则.

当 $f(\boldsymbol{p})$ 的某些分量大于零时，即表示市场对某些商品的需求超过了这些商品的现在存量. 这种需求是无法现实的. 因此我们需要研究这样一类价格向量 $\boldsymbol{p}^*$，它使得 $f(\boldsymbol{p}^*)$ 的所有分量均不大于零，即 $f(\boldsymbol{p}^*)\leqslant 0$. 这时，每种商品都不会供不应求. 这种价格向量称为均衡.

借助布劳维尔不动点定理，均衡的存在性已得到确定. 随后的探讨倾向于使人相信，市场过需求向量作为一个函数，可能还有除连续性和瓦尔拉法则以外的一些性质. 利用这些性质，也许可以得到均衡存在性的另一个证明，它应当比原证多一些有趣的经济学内涵而少一些数学上的要求.

四、尝试与切磋

如果 $\boldsymbol{p}$ 不是均衡，市场供求就不平衡，从而将引起价格变动或调整. 价格调节可以形式化为$\frac{\mathrm{d}p_i}{\mathrm{d}t}=f_i(\boldsymbol{p})$ 这样一组微分方程. 要紧的问题是，从任一非均衡的价格向量出发，方程的解是否收敛到一个均衡.

在数学规划中我们知道，如果把对偶变量解释为价格，单纯形方法就可以看作是一种价格调节机制，而且对于严格凸的规划问题，这个调节过程总是收敛的. 能否循此得到所希望的证明呢？这激起斯卡夫很大兴趣. 然而，这一构想被他自己在 1959 年构造的一组非常简单的不稳定例子否定了. 事实上，除了满足连续性和瓦尔拉法则以外，市场过需求向量基本上是任意的. 人们可以建立这样一些一般均衡模型，在这些模型中，价格调节实际上可以沿着任意预先确定的路线行进.

在 1959 ～ 1960 年访问考尔斯期间，斯卡夫进一步发展了与德布鲁和舒比克的友谊. 当他在哥伦比亚大学作那个不稳定例子的报告时，舒比克就坐在听众席上. 报告之后，他们一起步行去舒的公寓. 舒提出能否将纯交换经济的核和它的均衡的集合联系起来.

这里需要介绍一下什么叫作经济的核. 在一个经济模型中，每个消费者对各种商品的拥有情况，就是社会财富的一种分配. 如前面提到的初始存量向量 $\boldsymbol{w}^1,\boldsymbol{w}^2,\cdots,\boldsymbol{w}^m$，就是一种分配. 使得每个消费者在下述意义下都感到满意的分配可称为“最优的”分配：如果改变这种分配(即进行再分配)，不但不会使每个消费者的效用函数值都增大，而且会使某些消费者的效用函数值减小. 这种“最优的”分配的集合就称为核.

舒比克就此提出了两个问题：(1) 是否纯交换经济的每一个均衡都产生一种在核中的分配？(2) 当消费者的数目趋于无穷时，核是否收敛到均衡集合？第一个问题立即得到解决. 当晚，沙普利在舒比克的公寓里给出了一个肯定的证明. 第二个问题却复杂得多. 1960 年夏天，斯卡夫带着它回到了斯坦福.

他马上遇到了概念上的困难：面对各种不同的偏好，如何为大数量的消费者建造一个模型？他从舒比克那里，也从埃奇沃思(Edgeworth) 那里得到启发，后者在 1881 年对只有两种商品的情形提供了后人称为“埃奇沃思盒” 的简明而深刻的分析. 假设消费者的类型数目固定，在趋向无穷的过程中，每种类型都增加同样的倍数. 在克服了相当多的困难后，并且在所有同类消费者都给出相同的商品组合这一苛刻的条件下，斯卡夫得到了一个核趋向均衡集合的收敛性证明.

1962 年，在普林斯顿大学的一个学术会议上，他报告了上述结果. 在那里，他认识了奥曼(R. Aumann). 通过建立新的模型，奥曼将斯卡夫的结果作了戏剧性的推广. 在奥曼的模型中，消费者的数目具有连续统的势(即同实数一样多)，从而避免了斯卡夫原来采用消费者类型所遇到的困难. 这年春，在驱车从三藩市机场去斯坦福的途中，德布鲁又令人意外地告诉他一个戏剧性的简化. 德布鲁提出非常简单的论证，在对偏好的温和的假设之下，核中的分配将精确地把相同的商品组合分配给每一个同类消费者，从而解除了斯卡夫原来的苛刻条件. 这样，德布鲁对于主要定理提供了一个优美的、几何上引人入胜的证明，取代了斯卡夫原来的绕弯子的推理.

五、算法成为论题

这一切，似乎与斯卡夫后来成名的不动点算法没什么关系. 其实不然.

1963 年当斯卡夫回到耶鲁在经济学系获得永久教席时，他花了一年时间把自己彻底地调整到新的学科经济学上来. 他产生了这样的想法：如果能在传统的假设之下确定核的非空性，那么收敛性的证明将为均衡的存在性提供另一个论证. 他的确设计了一个算法，可以用来寻求包含 3 个消费者的经济的核中的分配. 初步的成功带来乐观的预期和巨大的激励. 他试图将这种做法推广到多个消费者的情形，希望最终能得到计算均衡的有效算法. 因为原来那个用到布劳维尔不动点定理的均衡存在性证明，并不能给出计算均衡的有效算法.

这一工程比开初设想的困难得多. 他确实建立了一个一般性的定理，表明在没有转移效用的情况下，平衡多人对策必有非空的核，但是定理的证明恰恰需要求助于他力图躲开的不动点定理.

美好的环境造就幸运的人. 1964 ～ 1965 学年，奥曼正在耶鲁访问. 一天，当斯卡夫向奥曼抱怨自己所遇到的挫折时，奥曼建议他读一下莱姆基(C. Lemke) 和豪森(J. Howson) 最近的一篇文章. 对于一般的二人非零和对策，这篇文章给出了计算纳什(Nash) 均衡的算法.

六、突破性的论文

下面的精致描述，足以演示莱姆基算法的要义. 设想一座有许多房间的屋子，每间房间恰有两个门. 房间的数目有限，并且其中一个房间有一个门是开向屋子外面的. 在上述条件下，可以判断至少还有另一个房间有朝外开的门，而且这个房间可以借助下面的算法找到：通过已知的向外开的门进入屋子，老是走没有走过的门，一个一个房间走下去. 容易论证，决不会再次走进一个已经进去过的房间；但因房间数目有限，行程必将中止，并且只可能在遇到另一个开向外面的门时中止.

莱姆基的算法具有鲜明的组合特征，而这正是斯卡夫所追求的. 当天晚上，他向奥曼演示了算法，并随后花费好几个星期时间学习编制 Fortran 程序，以完成他计算四人交换经济的核中的第一个算例.

这和计算任意连续映射的不动点的一般算法（布劳维尔不动点定理给出了不动点的存在性，但没有给出算法）还有很大的距离. 斯卡夫的计算程式能逼近纯交换经济的核，从而当消费者的数目很大时，就会逼近均衡. 然而，这个双重极限总是叫人不舒服. 直到 1966 年秋，斯卡夫猛然认识到他的组合引理和求全标本原集的算法，可以直接用来证明布劳维尔不动点定理，用来计算一般连续映射的数值不动点. 1967 年初，斯卡夫完成了那篇题为《逼近连续映射的不动点》的开创性论文.

七、斯派奈引理

1928年，德国数学家斯派奈(E. Sperner)证明过一个通称斯派奈引理的定理. 欧氏空间中 n 个仿射无关的点的凸包，称作一个 $n-1$ 维单形. 二维单形就是三角形，故在二维情形下，该定理可以叙述如下. 如果把一个大三角形按照所谓单纯剖分的要求规则地分成规则相处的许多小三角形，然后往小三角形的每个顶点上随便丢下 0,1,2 三个号码中的一个，那么只要大三角形的底边上没有 2，左侧边上没有 1，右侧边上没有 0，就一定有一个小三角形，它的 3 个顶点所带的号码都不相同. 顶点所带的号码称为顶点的标号. 定理论定存在的那个小三角形，三个顶点分别带有 0,1,2 全部三种标号，称为全标三角形.

大三角形已经单纯剖分成规则相处的许多小三角形，这些小三角形的边都称为单纯剖分的棱. 因为大三角形的底边上没有 2，所以底边上顶点的标号只有 0 和 1 两种. 又因为左侧边上没有 1，右侧边上没有 0，所以底边左端顶点的标号一定是 0，右端顶点的标号一定是 1，从而在底边上一定有一条棱，其左端标号为 0，右端标号为 1. 从这个棱出发，按照遇到一端标号为 0 一端标号为 1 的棱就穿过去的规则向大三角形里面走，并且在穿越时保持标号 0 的顶点在左、标号 1 的顶点在右，那么一定可以在有限步内到达作为数值不动点的全标小三角形.

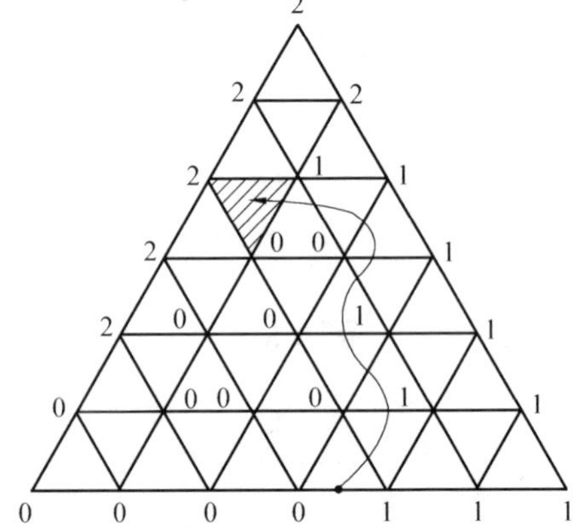

图1　二维情形下的斯派奈引理

在此基础上对维数作归纳，斯派奈引理可推广到高维的情形.

后来重读自己的论文时，斯卡夫奇怪当时竟完全没有意识到他的组合做法与斯派奈引理之间的联系. 本来，两种做法是相通的. 斯卡夫分析这可能出自他先入为主的一种偏见，即认为不会存在寻找斯派奈引理断言的全标单形的构造性方法. 实际上，他自己的算法，或者稍加改进，恰恰是这样的构造性方法.

在数理经济学经济均衡理论中，$n-1$ 维单形上的讨论相应于 n 种商品的纯交换经济模型的讨论. 若 $n=3$，就表示有 3 种商品，p_1，p_2，p_3 分别是这 3 种商品的价格，则价格向量 $\boldsymbol{p}=(p_1,p_2,p_3)$. 设 g 表示该纯交换经济中供不应求的商品价格上升、供大于求的商品价格下降的价格调节机制，则使 $g(\boldsymbol{p}^*)=\boldsymbol{p}^*$ 成立的不动点 $\boldsymbol{p}^*$ 就相应于在供不应求则价格上升、供大于求则价格下降的市场调节之下保持不动的一组价格,它们正好使得市场供求关系取得平衡,所以称为均衡价格.

斯卡夫的不动点算法,给出了计算一般连续映射的不动点的有效算法,也就给出了计算均衡价格的有效算法.

八、算法的成熟和发展

斯卡夫的计算进行得十分完美.1967 年春,在他前往以色列进行学术访问之前,已经得到了若干数值结果.临行前,当时他的研究生汉森(T. Hansen)告诉说,对他的算法作了重大改进,请他提供一些时机来验证新的算法.大约 6 个星期后当他从以色列回来时,汉森已经调通了程序,正在计算维数大得多的不动点问题.

他和汉森都没有想到画一些图来分析他们的算法,所以一直没有意识到他们需要单纯剖分.斯卡夫回忆,不然的话,他的算法与斯派奈引理的关系早应十分清晰.这种疏忽没有持续很久.1968 年 1 月,奥曼写信提请他注意科恩(D. Cohen)一年前在《组合理论杂志》上发表的一篇题为《关于斯派奈引理》的论文.同一期上,还有樊畿的将科恩的结果推广到可定向伪流形的论文.两篇文章已经很接近后来的算法,樊畿并给出了上述那样的屋子、房间和门的论证.同年 4 月,库恩(H. Kuhn)寄来了明确采用单纯剖分的第一个算法的论文预印本.在随后几个月的相互讨论中,他们都清楚了汉森算法的几何结构,清楚了斯卡夫—汉森算法和库恩算法实质相通.

九、斯派奈的传人

1979 年 6 月,在英国南安普顿大学召开的不动点算法的会议上,斯卡夫终于头一回见到了斯派奈教授.在此之前,学界已经把斯卡夫称为不动点算法的父亲,而尊斯派奈为祖父.一老一壮两人,从同一趟列车上下来.犹豫了一会儿之后,斯卡夫断定面前的正是斯派奈教授.两人相互作了自我介绍.他们回顾了斯派奈大约半个世纪以前就已证明的那个引理的一系列后续发展.老人显得非常高兴.

回想那次见面和谈话,斯卡夫觉得仿佛领悟到数学的有点神秘的特性:一个像斯派奈引理那样纯粹想象的杰作,多年以后竟然在似乎被创始者的高度抽象排除在外的领域里,导致意想不到的实际应用.

“看你怎么做！”

——美籍华裔数学家李天岩教授的一番谈[①]

“什么是代数？什么是拓扑？泰勒展式的图像是什么？高斯消去法的几何意义是什么？怎样理解测度概念？……”在蜿蜒盘行于黄山风景区的汽车上，当我请教李天岩教授怎样学习数学，研究数学时，他开口就向我提出了这一系列问题，这出自一个在数学的好几个领域做出开创性贡献的著名数学家之口，我不禁茫然，难道这些问题与他做出的第一流工作有什么内在联系吗？在随后几天的交谈中，答案在我面前越来越清晰，李教授对数学及其他许多方面的深刻见解，使我领略到了一个新的天地. 虽然身在风景秀丽的黄山，可我却陶醉在领悟的快乐之中. 从李教授的片言只语中，我感受到了他那非凡的洞察力、渊博的知识和炽烈的情感，也引起了我的久久深思……

李天岩教授是美籍华裔数学家. 他 1945 年出身于我国湖南，后随父母到了台湾. 中学时李天岩就迷上了数学，毕业后报考了台湾著名的清华大学数学系，一心要在数学领域做出成就. 大学毕业后，按规定服了一年兵役，后以优异成绩进了美国马里兰大学数学系，继续学习数学. 经过 5 年的努力，他攻下了博士学位. 随后辗转犹他、威斯康星、密执安等大学，在短短的几年里便成为密执安州立大学的教授. 他的研究涉及微分方程、动力系统理论和计算数学等众多的领域，他的剖分成就曾

① 苏萌，《自然杂志》第 12 卷（1989 年）第 6 期.

在本刊作过介绍[1,2]. 他被认为是当今很有影响的一位数学家.

1987 年暑期,李天岩教授应邀回国参加国家教委在长春举办的全国"数学研究生暑期教学中心"的讲学活动①. 结束了二十来天的讲学活动后,他去黄山作短暂的休息,我有幸陪同前往. 记得刚见面,李教授就直言不讳地说:"国内青年人中聪明的很多,但不少人的路子走得不对." 此话引起了我想了解他思想的强烈愿望,因为这是在课堂上所得不到的.

在与李天岩教授相处的一周里,我向他请教了许多. 李教授说话既幽默又直率,他对数学的学习、教学、研究等方面的真知灼见,使我获益匪浅. 于是便产生了一种愿望,想把李教授的这些见解整理成文,让莘莘学子同享这领悟的快乐.

一、"数学是能够具体'谈'出来的"

数学以它的抽象精深而著称. 当你在学习数学时,怎样去理解它呢? 从整个理论到具体的每个概念、定理和方法. 李教授说:"学习一门理论,不论这门理论多么抽象,多么复杂,都要尽量从简单、具体、直观出发,要努力提出别人所没有发现的一面,并尝试用自己的语言讲出它的意义何在. 例如在学习泰勒展式时,你有没有去考虑它的图像是什么? 对高斯消去法怎样从几何意义上去理解? 还有测度这个概念,如果从概率的角度去理解,就很具体、直观. 对大学几年中所学的每门数学课程中的概念和定理都应尝试这样去理解,这些都是书本上所没有的. 什么是代数? 什么拓扑? 我不要你背定义,这个谁都会,关键在于对诸如此类的基本概念,自己怎样用尽量普通的语言说出其实质. 学数学脑子里要有实际的事物,不能只顾去追求所谓高深的理论,这样往往会被玄虚的数学语言所迷惑而看不到它的真正思想. 最基本的往往是最有用的,要理解透彻也是最难的." 李教授的这番话也使我想起了诺贝尔奖获得者、物理学家李政道的话:"物理学最基本的原理就那么几条,其他的都是这几条枝叶. …… 最重要的东西往往是最简单的." 可见第一流学者对理解的看法是一致的. 我们在理解一个复杂的问题时,要注意从总体上把握住其思想,尽量分析出其简单的具有普遍性的道理. 数学思想最重要的特征就是其简单性与统一性. 任何一个复杂的问题都是由几条最基本的原理决定的,并且通过一系列简单的过程组合而成. 基本的原理是简单而容易理解的,因为它初等,最具有普遍性,而且与其他领域、分支的相互作用最广泛,影响面也最大. 理解的过程,就要从复杂的现象中看出其简单的本质. 因此往往最重要的是最简单的.

---

① 这个中心是由数学大师陈省身倡导的,1987 年由吉林大学主办.

李教授非常反对僵化的学习方式.尽管不应死记硬背已尽人皆知,但目前国内不少青年学生的学习方式在本质上与此没有多大不同,非常落后,作为清华大学的毕业生,李天岩曾深受中国传统教育的影响,他通过自己的亲身体验,深有感触地说:“我在大学四年级时候,选的都是研究所的所谓‘高深数学’,当时学业平均好像是93.5分.但毕业后,服完一年兵役,四年所学几乎全部忘光.到了美国以后才知道,那种凭记忆强调这一步为什么、那一步为什么的逻辑和死钻难题的学习方式和教学方式都是极端错误的.”听了这番话,我有茅塞顿开之感.现在,我们周围有很多人正在走这样的路.学习时,注重的往往是想学到一些知识,学到一些技术上的特别方法,以为了解了知识的逻辑结构就能掌握这些知识,学到了其中的技巧就能有所创造.毫无疑问,数学中的技巧和逻辑结构是必须熟知的,这对于考试也许足够了;但对于真正掌握,则仅是最起码的要求.不去了解它们的意义、精神和价值,不注重提出自己的见解,虽然可以学到很多能得到好考分的知识,但并不能真正掌握和运用所学的理论,更不用说有所创造了.

关于教学,怎样做教师,李教授认为:“教书是为了传授理解,教师在教学时要把自己的理解教授给学生,并指导学生怎样去求得理解而不是照搬课本.”李教授曾饶有兴趣地和我谈到他怎样启发自己还在小学读书的儿子去理解拓扑思想.他拿一个橡皮筋在手上摆弄成各种形状,然后问儿子这些形状有什么共同点,有什么不同点.他认真地说:“怎样把这个概念教给我的儿子,使他能听懂,对我也是一个挑战.”

李教授指导研究生时也不把过多的时间花在具体的细节上.他要求他们在汇报学习情况或研究工作时,能用最简单的语言讲出所学内容或自己论文的主要思想.他说:“我不要听什么ε,δ之类的逻辑推理,那些逻辑推理没有人有耐心听,根本谈不下去!我要知道你到底在搞什么,具体讲出来,无法具体讲出来,你就没有搞懂.”他还认为,只有通过自己去理解,才会领略到学习、研究数学的快乐.

李教授本人还经常在一些面向大学生的普及型数学杂志上写文章介绍自己的科研成果.他说:“把自己的研究写到高中生都能看懂的地步,对我永远是最大的挑战.”

在谈到怎样从事数学研究时,李教授表达了这样的观点:“最重要的仍然是对数学的理解,你不能为研究而研究.为了写论文而四处找题目是做不出好工作的.关键在于不断思考.在理解的基础上,你会发现天底下到处都是题目.数学研究就是要把自己的理解写下来.为了达到更好的理解,要经常相互‘谈’数学,讨论,切磋,彼此交换对数学的理解,你与真正弄懂的人谈5分钟,胜过你读5天或5星期的书!有机会要经常参加一些学术会议,目的不仅是为了听报告,更重要的是利用这个机会进行接触、交谈.因此会议组织者应考虑为代表们相互接触提供足够的方便.”李教授自己的工作就是他这个观点的最好说明.早在读博士期间,他就通过对拓扑学中一条最基本的定理——布劳威尔不动点定理的理解,为计算数学当今一个重要的研究专题——同伦方法,做出了开拓性的贡献.另外他对动力系统的混沌理论所做的奠基性工作同样反映了他的上述思想.“当然,对个人来说,要多涉猎一些学科,要有广博的知识,”李教授还强调说,“重要的是掌握其思想,不要陷于具体的细节中,这样才有利于相互间的沟通.”

李教授关于学习、传授和研究数学的观点,其核心就在于理解、领悟.学习是自己去思考,去理解,并接受别人的真知灼见;教学在于传授自己的理解以及教会别人怎样去理解,研究则建立在理解基础之上.为了达到理解,最好的方法就是“谈”数学.正如李教授所说:“谈数学是学习、研究数学的最好方法,对数学的最起码的了解是能够具体‘谈’出来的.”

二、“要做有意义的工作!”

当今世界上,数学文献多如牛毛,发表的论文不计其数.如此众多的成果中,并不是每个都有意义、都有价值.那么什么才算是有意义的工作?怎样选择有意义的研究课题?自然是我想请教李教授的问题.“什么是有意义的工作往往是不容易判别的,特别是所谓‘理论数学’.但不管是学生还是教授,都要努力培养判断题目意义的能力,题目的意义和题目的‘难易’本身没有太大的关联.看上去是‘初等’的问题,其意义却很大,真正解决它是很困难的.”

针对当前数学研究,尤其是应用数学研究脱离实际的倾向,他说:“我个人认为,所谓‘应用数学’研究当走的路是:面对自然界一些实际的问题,首先设法解决它,然后把解决的方法理论化,希望能涵括一般类似的问题.在遇到用已建立的理论无法解决的问题时,要设法推广已有的理论.不能总是在做些‘莫名其妙’的‘一般化’抽象工作和无实质性变化的‘组合性’工作.”

对计算数学这门实用性很强的分支,他认为:“计算数学要研究实用的算法,要到计算机上去检验工作的意义,不能只是纸上谈兵.这种现象国内国外都存在.目前,国家正在大力发展经济,财力紧迫,在这种状况下更应强调工作的现实意义.”李教授的上述意见也代表了许多有识之士的共同看法.现在,国家教委已决定把高校的计算数学专业更名为计算数学及其应用软件专业,这个专业将增加应用方面的课程.这无疑是决心改革原有状况所迈出的重要一步.

三、“要培养好做学问的精神！”

像所有成功的科学家一样，李天岩走过了一条艰难的成长之路. 若不是他亲口所说，我简直不敢相信，眼前这位身体结实、精力充沛、反应敏捷的壮年人，竟曾几次濒临死亡. 他诙谐地称自己是“体无完肤”. 是什么力量使他战胜了病害，恢复了健康？他说自己是幸运的，几次生病都赶上了医学的最新发展. 固然，日新月异的医疗技术为治疗各种疾病提供了条件；但我感到，在很大程度上是他本人坚强的意志驱走了死神. 与疾病的斗争体现了他顽强的毅力和百折不挠的精神，这是一个优秀科学家所必须具备的品质. 他对个人的能力深信不疑，正如他针对国内某些年轻人一再抱怨“环境不好，条件差，没有机会”时所说：不论情况怎样，关键在于自己的努力. 用他常说的一句话就是，“看你怎么做！”这短短的几个字，溶进了多少成功者的心血和汗水，包含了多么深刻的哲理啊！

李教授告诫青年人要目光远大，要立志做出第一流的工作，不要急功近利，把时间花在一些意义不大的工作上. 他相信很多人只要路子走得对，肯下功夫，是能够做出第一流工作的.

在对待做学问的态度上，李天岩还非常强调要有主见，看问题要实事求是，对任何事物要通过自己的了解去判断，不能道听途说，盲目跟从. 例如，他在与国内一些年轻人的交谈中，发现有一种现象：如果国外某个人写了一篇综合性评论文章或任什么系主任之类的职务，就认为他了不起，是某某领域的权威. “往往并不是这样，”李天岩说，“评价一个人要看他做了些什么工作. 像这类综合性文章一般人都能写. 我的学生也写过在刊物上发表. 系主任首先应是一个组织管理者，不代表他的学术水平.”他还认为，在邀请国外学者讲学时，要选择一些真正做出优秀工作的第一流学者来，不能盲目认为国外来的都高明. 李教授的这些看法可谓切中时弊.

四、“我从里到外都是中国人！”

作为一个炎黄子孙，李天岩教授对祖国怀有深厚的感情，他非常关心祖国的前途，关心国内的建设. 近年来，他曾先后到过北京、上海、江苏、广东、陕西、吉林、浙江和福建等地讲学. 每到一处，他都满腔热忱地把自己的研究工作和经验体会给大家讲授. 他还与国内的同行们保持着密切的联系，并指导国内去的研究生. 李天岩教授正值创造的黄金时代，时间尤其宝贵. 他专程回国讲学，必须丢开手头的研究工作，花时间准备并来回奔波，对他个人而言是一个不小的损失.但当邀请他回国讲学时,他毫不犹豫地答应了.人们从他的讲授中,不仅学到了新的知识、经验,更体会到了他那百折不挠的奋发精神和热爱祖国的赤子之心.

耳闻目睹,李教授亲身感受到祖国在改革中前进的步伐.他坚信只要继续走改革开放的路,中国就会在不远的将来迅速赶上发达国家.同时,他也痛心地看到在改革开放后,出现了少数崇洋媚外,有损中国人尊严的丑恶现象.在长春讲学的最后10分钟,李天岩的发言震撼了在座众多青年人的心:"我虽然是所谓的'美籍华人',但是我拿美国护照只是图个方便,从里到外,我无法认同自己是个'美国人'.自从国内对外开放后,在国外不管是华人、洋人,都对国内所取得的许多艰苦卓绝的成就产生了无比的敬意.但是没想到,在以后的几年中,少数访问学者和留学生在美国的所作所为,令国外对中国人的敬意有所下降.我深切理解,对大多数出国人员来说,出国在经济上是个大好机会,可乘机捞它一票.回国后,什么彩电,这个机、那个机,全有了.中国人是穷,但穷要穷得有骨气!拿我来说,我就是这一辈子不看彩电,也不会跟在洋鬼子屁股后面.我在美国大学里,从来不去向系主任求些什么,通常是他们来求我.我有一年回国,在国内某大学停留时,正好遇到另一位在美国没有多大名气的洋教授,没想到我们所受的待遇大不相同.多数人都抢着围绕在'洋人'四周.这令我为自己的同胞感到痛心!我希望在座诸位,不管以后走到哪里,不妨把我今天所讲记在心里.不管现在或将来,应以作为一个炎黄子孙感到自豪……"这番肺腑之言引来了满堂掌声.从这些经历中,从这些话语里,人们看到了海外赤子一颗火热的心.

致谢　李天岩教授的谈话及通信提供了主要素材,他本人审阅了全文.中山大学王则柯教授、清华大学肖树铁教授及北京大学张芷芬教授都提出了很有益的意见.没有他们的鼓励与帮助就没有本文.在此表示衷心的感谢.

参考资料

[1] 井中,《自然杂志》,8,7(1985)532.
[2] 梁美灵,《自然杂志》,9,2(1986)139.

犊不畏虎的创造论哲理

—— 应用数学家轶事数则[①]

这是几位数学家的小故事.这些故事都发生在距离成功只有一步之遥的时候,因而值得玩味.

一、玩游戏功败垂成

四年级小学生去玩"抢营"的游戏.游戏在云杉蔽日的山坡展开,争夺的标志是守方竖立的一面橙蓝二色旗.以二色旗为中心,有一个半径30米的禁区.守方队员埋伏在禁区外面保护二色旗.除非追击攻方队员,他们不得在禁区滞留.攻方队员若被守方将士触及,就"阵亡"出局.只要有一个攻方队员在规定时间内躲过守方的截击而触及二色旗,就宣布攻方胜利.否则,就守方得分.

那是70年前的事了,这个班只有十几个学生.大战以后,百废待兴.坐在一个教室里的,既有九岁十岁的适龄儿童,又有十四五岁的半大孩子.班长就是一个深孚众望的十五岁的大孩子.这个小学,出门就是松林.本故事的主角A君,当时只有9岁,课间休息的十分钟,也不忘冲过去跃在班长的背上撒泼亲热一番.班长就像一个大哥哥,爱心普施亲如手足的弟妹.

这么一帮有大有小的孩子玩这样一种"准军事"游戏,哪

① 木其,《自然杂志》第14卷(1991年)第10期.

有小弟弟出头之日？小 A 虽然也在攻方，天然就不是守方防范的中心．他也就悠然自得，把自己放在当摆设的位置，静静地走着一条冷门的路径．

忽然一抬头，小 A 看到二色旗就在自己跟前的白桦树下，周围是不成障碍的灌木和草地．真是得来全不费功夫，小 A 不禁朝二色旗跑过去．

眼看再有四五步就到了，却冷不防发现守卫二色旗的班长从右侧远处狂奔过来．看着平素足可赖以亲热的班长冲着自己咆哮而来，小 A 的心头一怔，仿佛小鸡遇到老鹰，急忙掉头逃跑．不用说，二色旗依然屹立，守方大难不死．

回家的路上，班长问小 A：为什么眼看旗子到手却要转身逃跑？小 A 无言以对．他当时的反应只是不要被班长抓住，却忘记了触及二色旗就是最后的胜利．攻方功败垂成．

从此，这次游戏的教训深深留在 A 君的心灵里．

二、置条件平添英史

学过非线性数学规划理论或方法的人，都知道库恩－塔克条件．这个条件的发表，恰好是 40 年前的事．

规划论用处之广，现已不言而喻．但是最早把数学规划推上迫切需要发展的位置的，却是战争．特别是第二次世界大战．战后，塔克(A. W. Tucker) 教授带领 B 君和库恩(H. W. Kuhn) 研究数学规划的基本理论．不久，他们就得到了这个条件，这个条件具体说来如下．

对一般的约束非线性规划问题

$$\min f(x)$$
$$\text{s.t. } g_i(x) \leqslant 0 (i=1,2,\cdots,m)$$
$$h_j(x)=0 (j=1,2,\cdots,l)$$

设函数 $f(x)$，$g_i(x)$ 和 $h_j(x)$ 都是一阶可微函数，$\bar{x}$ 是一可行解．如果梯度 $\nabla g_i(\bar{x}) (i \in I=\{i \mid g_i(\bar{x})=0 (1 \leqslant i \leqslant m)\})$ 与 $\nabla h_j(\bar{x}) (j=1,2,\cdots,l)$ 线性无关，那么 $\bar{x}$ 是一个局部极小点的必要条件为：存在 $u_1, u_2, \cdots, u_m$ 和 $v_1, v_2, \cdots, v_l$，满足

$$\nabla f(\bar{x})+\sum_{i=1}^{m} u_i \nabla g_i(\bar{x})+\sum_{j=1}^{l} v_j \nabla h_j(\bar{x})=0$$
$$u_i g_i(\bar{x})=0, u_i \geqslant 0 (i=1,2,\cdots,m)$$

塔克和库恩建议写一篇论文，发表上述条件，B 君却不同意．原来，在普林斯顿(Princeton) 这个地方，学者们颇有“语不惊人誓不休”的传统：大学者不写小论文．B 君觉得，当把非线性规划问题的数学表达写下来以后，只要你懂得拉格朗日乘子，上述条件就自然出现了．这一步并不是什么了不起的工作，不值得

为此写一篇大论文.学过高等数学的人可以判断,单就条件本身而言,B君的话不无道理.

既然B君不愿下水,塔克和库恩就只好两人完成那篇论文.

1951年,这篇著名的论文发表.的确,从非线性规划的数学表达到上述条件,并不是困难的工作.但是,这篇论文首次从数学上准确地刻画了非线性规划问题,用行话说,就是首次弄清了数学模型,而上述条件,也就指明了进一步研究的方向.从此,非线性规划的数学理论和实用方法迅速成熟起来,被人们概称为库恩－塔克理论.上述条件,一再表现为有关理论和方法的出发点和归宿,所以也被人们称为库恩－塔克条件.

熟悉那段历史的人,都觉得非线性规划的上述条件和有关理论,本应冠以3位学者的名字.是的,他们至今仍不时谈论这个故事.但是,人们可以叹惜B君当时的犹豫,却再也不会改变科学文献的历史.

三、单形法先立后论

20世纪末叶,世界进入计算机时代.要问计算机对付得最多的科学计算问题是什么,线性规划问题的求解可算一个.有资料说,当今世上经济效益最大的科学计算方法,就是线性规划问题的单纯形算法.

单纯形算法是但齐(G.B.Dantzig)在1947年提出来的,但齐的算法,源于他的第二次世界大战中为美国空军服务的工作经验.在发表他的算法时,但齐并不是胸有成竹的,相反,他有两个不放心,一是他的算法必要的数学论证,理论还不完备.也就是说,他告诉人们怎样去做,但讲不清为什么这样做就是好.另一是他不知道他的算法在实际计算时是否有效.

大约一年以后,空军告诉但齐,他的算法对所有试验过的线性规划问题都算得很快,很好.但齐喜出望外.30年后他回顾当时的感受时说:“我确实未曾料到结果会这么了不起!”

关于但齐的单纯形算法,还有一个有趣的故事.当年,但齐作为一个新人,在美国计量经济学会的会议上演讲他的理论和方法,听众中有霍特林(H.Hotelling)、柯普曼(T.Koopmans)、冯·诺依曼(J.von Neumann)这样一些大人物.讲演以后,会议主席照例请大家发问.冷场一阵以后,大块头的著名经济学家霍特林举手发言.他站起来,带着人们熟悉的微笑,毫不客气地说:

“可是,我们大家都知道,世界是非线性的.”说完,就庄严地坐了下来.

但齐正不知如何回答这位大人物的质疑,冯·诺依曼举起了手:“主席先生,如果演讲人不介意的话,我将乐于代他回答这个问题.”但齐当然同意.冯·诺依曼对大家说:

“报告人把他的题目叫作线性规划,非常认真地叙述了他的公理.如果你有什么应用问题是满足这些公理的,你可以采用他的方法.如果你没有这样的应用问题,那当然不必勉强.”

深刻的科学拓扑学思辨!

四、D剖分再添一例

1991年的《运筹数学》(Math. Oper. Res)杂志上,发表了党创寅关于他的D剖分的论文.

空间的单纯剖分,是不动点计算的单纯方法的基础.假如要把一个立方体割成几个四面体,最简单的办法是先对角斜切两半,再每半切成3个四面体.这样,立方体分成了6个四面体.由此发展起空间的K剖分.

在单纯方法中,每个四面体要计算一次.因此,四面体越少,算法效率就越高.

有没有办法让四面体数目小一点呢?有的.早在差不多20年前,库恩就重新提出过把一个立方体切成5个四面体的方案:上下两面的对角线错开,上斜线东北、西南两角劈去2个四面体,下斜线东南、西北两角劈去2个四面体,当中还剩下一个大四面体(图1).

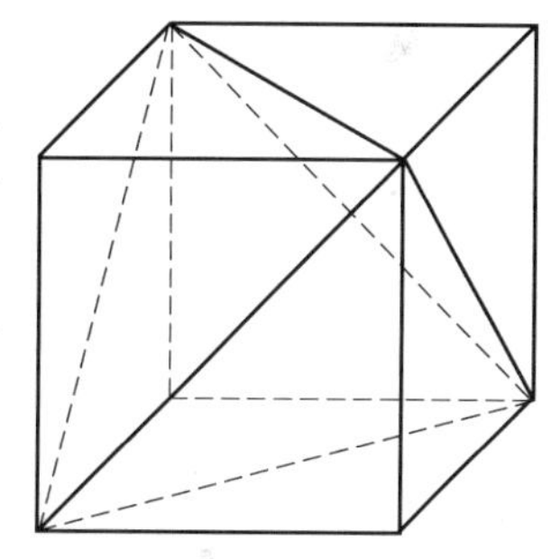

图1 库恩的剖分

库恩方案的好处是四面体数目小,缺点是表述比较困难.既然有计算机,慢一点快一点并不是了不起的事,何必为这一点速度增加许多麻烦!许多人这样想,也就满足于K剖分.

党创寅在陈开周教授的指导下研究单纯方法.他想:不将立方体先劈成两半,当然会麻烦一些,但既然库恩剖分的四面体数目小,一定会有好处.两年下来,他成功地把库恩方案推广到高维空间,并称之为空间的D剖分,那是1986年.重要的是,从低维到高维,麻烦没有增加多少,好处却增加得更快.

D剖分很快得到学界确认,先是在国内,尔后在国际.1991年,荷兰梯伯大学经济学研究中心授予它的研究生党创寅带荣誉的哲学博士学位.

在此以前,不动点计算的单纯方法在理论上已经沉寂了好几年.D剖分的提出,带来了一个小小的推动,以致大名鼎鼎的托特(M. J. Todd)教授也要为D剖分发表论文.

这些小故事,都发生在距离成功不远的地方,它们不是大故事.大故事应当是看准目标,辛勤探索和耕耘的历程本身.愿读者在欣赏这些小故事时,不要忘记它们前面应有的大故事.

马丁·加德纳

——一位把数学变成画卷的艺术大师[①]

岁月是一道坚固的屏障，它轻而易举地隔离了种种的凄凉和不幸. 不知怎么搞的，突然想起了《清明上河图》的原创者、画家张择端. 在这位画家逝世一千年以后，每天仍有几万人排着长队，手里拿着预约券，鱼贯而入地观看他的杰作的复制品. 再过一千年，它是否依然存在，那就不得而知了.

马丁·加德纳(Martin Gardner，1914年10月21日—2010年5月22日)也许就是另一个张择端，他有着非凡的能耐，居然能把深奥难解、枯燥乏味的数学改造成了一幅长长的画卷.

不妨引用一段别人的赞词来作为本文的开场白：

搜遍全球，
再也找不出第二个人，
能用这么轻松有趣的方式，
讲清楚如此艰深曲折的，
数学和逻辑问题.

一、数学加德纳

加德纳的一生中，发生了两次世界大战，他本身也曾在枪林弹雨中过日子，经受住了血与火的考验，阅历非常丰富.

---

① 作者谈祥柏.

出生在美国俄克拉荷马州塔尔萨市(Tulsa)的加德纳,1936年毕业于芝加哥大学哲学系,1941年应征入伍,在美国海军中充当随军记者,先后到过菲律宾、东南亚、印度、土耳其与中东、近东等许多国家和地区.

记者的生涯对加德纳的一生起了无与伦比的作用.首先,修炼成正果,炼好了他的一支笔,为日后发表的千百篇文章和几十部书打下了牢不可破的基础,娓娓动听的故事与"蒙太奇"式的创作手法使他能紧紧抓住读者之心,具备了畅销书作者的一些必要素养.

其次,尤为重要的是,他亲身经历并体验、领悟到了数学的神奇作用:扭转战局,反败为胜.

日本人在惨烈的太平洋战争的几个重大战役中,都由于他们的密码被破译而吃了大亏.1942年6月4日,中途岛海战,日本惨败,一天之内就损失了赤城、加贺、苍龙、飞龙四艘航空母舰,使偷袭珍珠港所取得的海、空军事优势代为乌有,形式顿时逆转.1943年4月,美国军方破译了一份日本联合舰队司令长官山本五十六海军大将视察前线的计划.于是,4月18日上午7时25分,美国P－38战斗机群18架出动袭击,整个事情就像预先排练过的演出一样.结果,山本座机被击落在布根维尔岛的热带丛林深处,他的尸体被烧焦.日本的战争机器从此失去了最优秀的战略家.许多军事专家认为,密码破译所取得的成就足以使第二次世界大战缩短了一年[1-3].

自然,这一切的背后都是数学在起作用.

"寒天喝冰水,滴滴在心头",加德纳终于在出生入死的军旅生活中体验到法国大皇帝拿破仑一世的名言了:

数学的进步与完善同国家的兴旺发达紧密地联系在一起.

二、伯乐与千里马

诗仙李太白看到囚车里的犯人郭子仪将要押赴刑场处决,不禁动了恻隐之心,为他说情,逃脱了斩首之厄.后来,郭子仪平定了安史之乱,收复东西两京,被封为汾阳王,再造了大唐江山.

中、外、古、今类似的例子实在太多了,无非都说出了一个颠扑不破的真理:

世有伯乐,然后有千里马.

作为自由撰稿人的加德纳,一时心血来潮,偶然写了一篇很有趣的关于折纸述的文章《曲伸自如的多边形》,投给高级科普杂志《科学美国人》(Scientific American),其时在1956年12月.

折纸术同剪纸一样,最早都起源于中国,后来由"遣唐使"先后传入日本,变成他们的国粹,视为宝贵的非物质文化遗产.

《科学美国人》主编皮尔(Gerard Piel)先生看到此文以后深感兴趣,他问加德纳:"你是否有足够的材料能供《科学美国人》月刊每期登出一篇?"加德纳回答说"行",两人一言为定、拍板成交.这样也就改变了加德纳的生活轨迹.从此以后,他为这家杂志一直工作到退休[4].

事实上,皮尔在当时的决策并非出于一时冲动,而是经过深思熟虑的.1956年,由纽曼(James R. Newman)主编的四大卷《数学世界》(The World of Mathematics)成为西方世界的超级畅销书,皮尔看到了数学科普的商机,决定创办"数学游戏"(Mathematical Game)专栏.

专栏于1957年1月正式开张,加德纳几乎每月一篇,连续不断地写了二十多年.其数量相当于《红楼梦》(即曹雪芹原著、高鹗续作的一百二十回本《石头记》)正文的四倍,数学文章能写到这样的程度,可以说是"空前绝后"了.该专栏受到广泛欢迎,成为《科学美国人》的最有特色的招牌菜,杂志的印数也扶摇直上,取得了良好的经济与社会效益,在很大的程度上改变了人们的成见,认为数学枯燥乏味,只是自然科学的奴仆和工具.

加德纳退休之后并未完全封笔,每年还是偶尔写上一两篇.不过专栏还是改了名(改为Metamagical Thema,是Mathematical Game的重组词),他的第一位继任人是普利策奖获得者、大名鼎鼎的物理学家霍夫施塔特(Douglas Hofstadt),名著《GEB—— 一条永恒的金带》的作者.他在接任时说了一句诚惶诚恐的话:"马丁·加德纳是无可替代的."在他的主持下,专栏也曾发表过许多很有价值的文章,但总体看来却是在走下坡路,光景大不如前了.霍氏卸任后,专栏再度改名,但每况愈下.

加德纳所写的专栏文章后来经过整理、修订与补充,出了十几本单行本.另外,他又写了十几本书.这些书中比较著名的有:《啊哈,灵机一动》《啊哈,原来如此》《数学嘉年华会》《表里不一的宇宙》《矩阵博士的魔法数》《意料之外的绞刑》《轮盘·生命游戏及其他》《最后的消遣》等等,其中有许多被译成了中、日、德、法、俄、意等各种文字出版.

加德纳的作品使人开窍,读他的书真的是一种享受.他轻易不肯落笔,文风又诡异多变.作为哲学家的加德纳时刻牢记怀特海(A. N. Whitehead)的名言:"这是一个可靠的规律,当数学或哲学著作的作者以模糊、深奥的言辞写作时,他十之八九是在故弄玄虚、胡说八道."

白居易的诗文,连老妪都能理解.法国大数学家拉格朗日(Joseph L. Lagrange)认为,一个数学家,只有当他走出去,对他在街上碰到的第一个人清楚地解释自己的工作时,他才能算是一个真正的数学家、一位传道者.

加德纳正是终其一生奉行着这些原则的,难怪他被认为是20世纪的三位科普大师之一,与阿西莫夫(Isaac Asimov)、萨根(Carl Sagan)同享盛名.

三、三十六计，机关算尽，新招迭出，长盛不衰

前后持续二十几年的“数学游戏”专栏，居然成为一棵常青树，令人大跌眼镜. 有人专门研究这个问题，经过纵横对比，反复推敲，终于挖掘出以下几点，现在扼要写出来，供大家参考.

(1) 把数学妖魔化. 请大家特别注意，这绝对不是贬低数学，反而是一种抬举. 超级畅销书《哈利·波特》获得空前成功，是足以说明问题的. 那本书里就有一所魔法学校，读过的人全都知道，此处就不必多费笔墨了. 加德纳从小就是一位超级魔术家，在他的作品里，多处提到过 Pallbearer，你不妨去查一下辞典，就不难查出它的意思是：抬棺材的人，执绋者，或者是餐馆里撤盆子的人，但加德纳身怀绝技，比他们还厉害. 许多搞伪科学的人看到加德纳都敬若神明，生怕他露一手，来揭穿他们的骗局. 通灵人盖勒(Uri Geller) 曾在美国招摇撞骗，风头十足. 后来被加德纳指出，他的所谓心灵感应，意念致动，装神弄鬼…… 统统都不过是一些魔术.

“数字情种”爱尔特希(Paul Erdös) 说过：“数学家就是能把一杯咖啡变成一种学说的人.”当然，能达到这种境界的人少而又少.

《科学美国人》杂志曾经有个老规矩，每年登出一篇专栏文章，介绍“不可思议的矩阵博士”，后来把这些文章收集起来，出了一部《矩阵博士的魔法数》.

(2) 充满异国情调的文章. 加德纳对东方文明情有独钟，尤其对中国的“十三经之首”的《易经》有很深入的研究. 西方人一般把《易经》称为“Book of Change”，但加德纳却称之为“I Ching”(详见《科学美国人》1974 年 1 月号第 108 页起)，连发音都是中国式的. 此外，他对七巧板、九连环、华容道、六子联芳、梵塔、纵横图等等，都曾作过详细报道，在美国学术界掀起了一股“中国热”.

(3) 加德纳的文章不仅迷住了普通群众，连科学家与军方人士都很喜欢看. 由于受到高层次读者的欢迎，他就站稳脚跟，立于不败之地了.

当年，他有一篇专栏文章述及一种公开密钥，但又是千年难破的密码的结构，即所谓 RSA 密码与单向陷门函数(Trapdoor Function)，就曾引起数论、保密通讯以及计算机科学界的广泛关注.

他的其他高、新、尖文章还有：混沌、分形、动力系统、细胞自动机与生命游戏等.

(4) 不失时机，抓住热点. 20 世纪 60 年代，美国各大学的校园里，师生们曾对角谷猜想(又名 3N+1 猜想或冰雹猜想) 非常痴迷，当时冷战方酣，有人甚至怀疑是苏联克格勃搞诡计，企图干扰美国的高等教育. 加德纳自然不会放过这样的上好机会，连忙写文章加以评判，至今余波未息.

(5) 同艺术的结合. 诺贝尔物理学奖获得者李政道说过:“科学和艺术是不能分割的,艺术和科学事实上是一个硬币的两面. 它们源于人类活动最高尚的部分,都追求着深刻性、普遍性和永恒性[5].”

紧跟宇宙节律、生生不息的加德纳,自然不会放过艺术. 他的专栏文章里重点描绘了荷兰画家埃舍尔(M. Escher) 的作品,图文并茂地刊出,以供广大读者欣赏.

埃舍尔的作品中充满着数学上的美感,无论男女老幼、凡夫俗子都能从中获得极大的乐趣. 他的技艺非常高超,不少作品能同时满足平移、旋转、镜像对称、滑动反射四种运算法则,令人叹为观止.

加德纳在《科学美国人》的"数学游戏"专栏上曾刊出过的《天使与魔鬼》插图,吸引了大批读者的眼球,它被用来表现法国大数学家庞加莱(H. Poincaré) 的非欧几里得双曲几何空间. 如果你是这个空间的居民,从中心向圆周的边缘行走,那么你将永远到不了它的边界. 这个世界尽管有界,却又是无限的,其实,这正是许多数学家与天文学家对宇宙的看法.

加德纳似乎有着特别灵敏的艺术嗅觉,敢于闯入一些长期以来被人忽视的榛莽未辟地带. 例如,他发现韩裔美国人金(Scott Kim) 的硬笔书法中,蕴藏着特异的、丰富的对称美,当即不假思索地毅然作了报道. 正是由于他的大力揄扬,使此人在美国一举成名. 随之在日后举行的、大大小小的数学文化节上,成为理所当然的到会嘉宾.

四、纷至沓来的荣誉

美国朝野上下,政、商、学各界,历来比较重视数理人才,科学作家亦不例外. 阿西莫夫、伽莫夫(G. Gamow) 等人都在美国干出了他们一生中最重要的事业. 德国法西斯的“反犹太主义”引发了一股难民潮,阿廷(E. Artin)、柯朗(R. Courant)、西格尔(C. Siegel)、冯·卡门(T. von Kármán)、冯·诺依曼(J. von Neumann)、外尔(H. Weyl) 等数学家逃亡美国. 美国有关当局成立了“安置外国学者紧急委员会”,得到了洛克菲勒基金会的资助,他们为原子弹的研制、大炮的自动瞄准,提高雷达的效能都做出了巨大的贡献. 第二次世界大战结束后,美国社会充分认识到数学、物理对战争胜利和社会进步的作用,移民潮仍在继续进行,终于使美国成为无可争辩的世界数学中心[4].

对国外移民尚且如此热情接纳,更何况是土生土长的“自己人”呢. 加德纳以其卓越的成绩获得了社会的承认,他逐渐成为一个家喻户晓的人物,其肖像曾在《时代》(Time) 杂志及《新闻周刊》(Newsweek) 上刊出. 尽管他从未在大学里担任过任何教职,但许多大数学家一听到他的名字都肃然起敬,称赞他是迄今最伟大的数学传播专家.

他曾多次获奖,如美国物理学会所授的科学作者奖,钢铁基金会的年度科学奖等,名目繁多,难以一一列举.

在美国工业与应用数学年会上,他获得了数学传播奖.颁奖时还特别提到他的书籍与文章使广大青少年喜爱数学,所起的作用与影响之深远无可估量.除此之外,还提到他反对伪科学的作品.原来,他还是反对伪科学的一位斗士.

最大的、标志性的奖项无疑是他在1987年获得美国数学会斯蒂尔奖中的论述奖.这个奖项非同小可,因为它是美国数学界所授的最高荣誉.所有获奖者都是20世纪最伟大的数学家.30年来,加德纳是获奖者中唯一没有受过正规高等数学教育的非专业数学工作者.不吃这行饭,却能干得如此出色,真是前所未有!

1982年8月4日,国际天文联合会小行星中心新命名了一批小行星,其中第2587号小行星被冠上了他的姓名.

五、严于律己,宽以待人

同一般人的看法相反,数学是个感情丰富的主题.数学家们受到难以描述的创作热情的驱使,其力量之大,较诸迫使音乐家作曲、画家绘画的力量决无逊色.当然,数学家、作曲家、画家,同任何人一样,也会屈从于同样的弱点和缺陷:爱、恨、上瘾、嫉妒、指责,追求名誉和金钱.

加德纳不信任何宗教,然而他是有江湖气的文化独行侠,是一个现代版的"圣徒".

虽然头戴桂冠,满身花环,他的骨子里依然是个"草根".他所认识的人,三教九流,无所不有,上至达官贵人,下及贩夫走卒.他总是不亢不卑,一视同仁.

他经常自己掏腰包,给解答出趣题者发奖金.积少成多,集腋成裘,开销相当可观.

他热爱孩子,喜欢和他们在一起讲故事,做游戏,表演魔术,解"九连环",走"华容道",解释《爱丽丝漫游奇境记》,他本身就是一个高水平的儿童文学家、童话作家.

他很讲究江湖义气,为纽约市的一位街头卖艺者写了推荐信,使之成为哈佛大学的研究生.

他学风正派,严于律已,宽以待人.一些专栏文章发表之后往往收到大量读者来信,指出缺点和商榷意见.加德纳总是虚心听取,决不文过饰非,甚至坦率地承认自己犯了很可笑、很幼稚的低级错误,表示真心诚意的感谢.名人最怕认错,甚至死不认账,这已是中、外学术界的膏肓之疾,加德纳能反其道而行之,真是十分难得.

六、神交千里,未见一面

加德纳成名之后,世界上许多名牌大学赠予他名誉博士学位,但他始终未在任何学校里担任过教职,没有收过弟子或门徒,无人可以继承他的衣钵.

然而,他所开创的事业仍然非常朝气蓬勃、兴旺发达、后继有人.许多发达国家与发展中国家都相继涌现了一大批优秀的数学科普作家,其中比较著名的就有美国的"果戈尔博士"(Dr. Googol)—— 匹克奥弗(Clifford A. Pickover),女作家帕帕斯(Theoni Pappas)、英国的斯图尔特(Ian Stewart),日本的那野比古[6]、岸田孝一、上田克之等.名列"金砖四国"的巴西和印度也在急起直追,形势喜人.

笔者在医学院教授数学长达40年之久,由于历史原因及学员、学生的文化水平,授课内容有微积分、线性代数、解析几何、立体几何、平面几何、三角、代数,甚至最粗浅的算术,几乎无所不有.如此漫长的教学战线倒是很有好处,迫使我寻找最有趣与最通俗易懂的办法去搞好教学.这样一来,就很快发现了加德纳的传世杰作 ——《科学美国人》上的专栏文章.

由于学校图书馆中收藏的期刊残缺不全,于是便四处寻找,跑遍了复旦、同济、交大等校,尤其是跑马厅钟楼下的上海图书馆原址.由于当时还没有复印机,就边看边抄,咀嚼消化,直到彻底掌握.20世纪80年代,外出参加学术会议的机会较多,而且会期较长,从而得以利用会议间隙在北京、天津、沈阳、长春、哈尔滨、西安、兰州、南京、杭州等地自费复印了资料,收集齐全了加德纳趣味数学的全部文章.大功告成,感到了一种难以形容的愉悦.

不幸的是,这些辛苦得来的抄录手稿与复印件在老家仓促动迁搬家时,于混乱中大部分丢失,幸存者只有十之一、二,实在是太遗憾了.

改革开放之后,中、美两国之间的学术、文化交流逐渐密切起来,笔者又翻译出版了加德纳的著作《矩阵博士的魔法数》,同学生唐方女士合作翻译了《数学加德纳》,从而很自然地与加德纳先生建立了彼此之间的联系.

艺术贵在求变,即使是名家,也不能全部照搬.我的心中只有一个原则,那就是,以造化为师,而不是以人为师.明末清初时大画家石涛和尚的名言:"学我者生,似我者死",一直是笔者奉为圭臬、身体力行的座右铭.

既然把数学视为艺术,研究时自然不拘一格,犹似郑板桥的"六分半书",非草非篆,非行非楷[7].自然数特异性质的研究可以说是笔者的一个着力点、一个强项.迄今已取得一些令人瞩目的成果,例如:爱丁顿精细结构常数,物理顽童费恩曼伪密码的解释,7的整除性判别法[8],自然数王国里的"稀土元素集团”[9],发人深省的“毋忘我数”(Forget－Me－Not)等等,笔者曾向加德纳先生通报了这些成果,他听到以后,显得十分开心.

加德纳先生热情邀请笔者参加2000年世纪之交在美国亚特兰大市召开的世界趣味数学大会,并在会上作重点发言.可惜因故而未能成行,使笔者“向高手过招”[10]的愿望落空,不仅失去了与加德纳畅谈叙旧的机会,也丢失了与各国同行相互切磋、取长补短的良机,这不仅是笔者的终生遗憾,恐怕也是我国科普工作与数学传播的不小损失了.

参考资料

[1] Kahn D. The Codebreakers[M]. New York:MacMillian,1967.

[2] 辛格 S. 密码故事——人类智力的另类较量[M]. 朱小蓬,林金钟 译. 海口:海南出版社,2001.

[3] Gardner M. Codes,Ciphers and Secret Writing[M]. New York:Simon and Schuster,Inc ,1969.(日译本)岸田孝一,上田克之 等. 暗号で遊ぶ本. 東京都千代田区:自然社,昭和五十七年(1982).

[4] 张奠宙. 20世纪数学经纬[M]. 上海:华东师范大学出版社,2002.

[5] 那野比古. 愉快な数学の本[M]. 東京:こう書房,昭和五十七年(1982).

[6] 周积寅. 明清中国画大师研究丛书·郑板桥卷[M]. 长春:吉林美术出版社,1996.

[7] 谈祥柏. 万古长空,一朝风月——关于7的整除性[J]. 自然杂志,2006,28(2):110－113.

[8] 谈祥柏. 乐在其中的数学[M]. 北京:科学出版社,2005.

[9] 华罗庚文集[M]. 北京:科学出版社,2009.

编辑手记

本套书是上海《自然杂志》的资深编辑朱惠霖先生将历年发表于其中的数学科普文章的汇集本.

《自然杂志》是笔者非常喜爱的一本杂志，最早接触到它是在 20 世纪 80 年代初. 笔者还在读高中，在报刊门市部偶然买到一本. 上课时在课桌下偷偷阅读，记得那一期有篇是张奠宙教授写的介绍托姆的突变理论的文章，其中那个关于狗的行为描述的模型引起了笔者极大的兴趣. 至今想起来还历历在目，特别是惊叹于数学在描述自然现象时的能力之强. 在后来笔者养犬十年的过程中观察发现，许多细节还是很富有解释力的.

当年在《自然杂志》上写稿的既有居庙堂之高的院士、教授，如陈省身先生写的微分几何，谷超豪先生写的偏微分方程，张景中先生写的几何作图问题等，也有处江湖之远的小人物，比如笔者给《自然杂志》投稿时只是上海华东师范大学数学系应用数学助教班的一名学员而已.

介绍一下本套书的作者朱惠霖先生，他既是数学家，又是数学教育家，曾出版数学著作多部.

如:《虚数的故事》(美) 纳欣著，朱惠霖译，上海教育出版社，2008.

《蚁迹寻踪及其他数学探索(通俗数学名著译丛)》(美) 戴维·盖尔编著，朱惠霖译，上海教育出版社，2001.

《数学桥:对高等数学的一次观赏之旅》斯蒂芬·弗莱彻·休森著，朱惠霖校(注释，解说词)，邹建成，杨志辉，刘喜波等译，上海科技教育出版社，2010.

他还写过大量的科普文章,如:

篇名	作者	刊物	日期
《埃歇尔的〈圆的极限 Ⅲ〉》	朱惠霖	自然杂志	1982-08-29
《"公开密码"的破译》	朱惠霖	自然杂志	1983-01-31
《微积分学的衰落——离散数学的兴起》	安东尼·罗尔斯顿;朱惠霖	世界科学	1983-10-28
《单叶函数系数的上界估计》	李江帆;朱惠霖	自然杂志	1983-10-28
《莫德尔猜想解决了》	Gina Kolata;朱惠霖	世界科学	1984-01-31
《一个古老猜想的意外证明》	Gina Kolata;朱惠霖	世界科学	1985-11-27
《从哈代的出租车号码到椭圆曲线公钥密码》	朱惠霖	科学	1996-03-25
《找零钱的数学》	朱惠霖	科学	1996-09-25
《墨菲法则趣谈》	朱惠霖	科学	1996-11-25
《找零钱的数学》	朱惠霖	数学通讯	1998-04-10
《关于"跳槽"的数学模型》	朱惠霖	数学通讯	1998-06-10
《扫雷高手的百万大奖之梦》	朱惠霖	科学	2001-07-25

其中《单叶函数系数的上界估计》是一个研究简讯.他们将比勃巴赫猜想的系数估计在前人工作的基础之上又改进了一步.这当然很困难.朱先生1982年毕业于复旦大学,比勃巴赫猜想在中国的研究者大多集中于此.前不久复旦旧书店的老板还专门卖了一批任福尧老先生的藏书给笔者,其中以复分析方面居多.这一重大猜想后来在1985年由美国数学家德·布·兰吉斯完美的解决了.

数学科普对于现代社会很重要,因为要在高度现代化的社会中生存,不了解数学,更进一步不了解近代数学是不行的,那么究竟应该了解多少?了解到什么程度呢?在网上有一个网友恶搞的小文章.

民科自测卷(纯数学卷)

注:此份试卷主要用于自测对数学基础知识的熟悉程度.如果自测者分数不达标,则原则上可认为其尚不具备任何研究数学的基本能

力，是民科的可能性比较大，从而建议其放弃数学研究．测试达标为 60 分，满分 100 分．测试应闭卷完成．

Part 1，初等部分(20 分)

(1) 设有一个底面半径为 r，高为 a 的球缺．现有一个垂直于其底面的平面将其分成两部分，这个平面与球缺底面圆心的距离为 h．请用二重积分求出球缺被平面所截较小那块图形的体积(3 分)．

(2) 已知 Zeta 函数 $\zeta(s)=\sum_{n=1}^{\infty}\frac{1}{n}$．请问双曲余切函数 coth 的泰勒展开式系数和 $\zeta(2n)$ 有什么关系？其中 n 是正整数(3 分)．

(3) 求 n 阶 Hilbert 矩阵 $\boldsymbol{H}$ 的行列式，其中 $H_{i,j}=\frac{1}{i+j-1}$(4 分)．

(4) 叙述拓扑空间紧与序列紧的定义，在什么条件下这两者等价？并给出一个在不满足此条件下两者并不等价的例子(3 分)．

(5) 对实数 t，求极限 $\lim\limits_{A\to\infty}\int_{-A}^{A}\left(\frac{\sin x}{x}\right)^{2}\mathrm{e}^{\mathrm{i}tx}\,\mathrm{d}x$(3 分)．

(6) 阶为 pq，p^2q，p^2q^2 的群能否成为单群，证明你的结论(4 分)．

Part 2，基础部分(40 分)

(1) 叙述 Sobolev 嵌入定理，并给出证明(5 分)．

(2) 李代数 $so(3)$ 和 $su(2)$ 之间有什么关系？证明你的结论(5 分)．

(3) 亏格为 2 的曲面被称为双环面，其可以看作是两个环面的连通和．请计算双环面 $T^1\#T^1$ 除去两点的同调群(5 分)．

(4) 证明对于半单环 R，我们有 $R\cong Mat_{n_1}(\Delta_1)\times\cdots\times Mat_{n_k}(\Delta_k)$，其中 Δ_k 是除环(5 分)．

(5) 证明 Dedekind 环是 UFD 当且仅当它是 PID(5 分)．

(6) 给出概复结构和复结构的定义，并给出例子说明有概复结构的流形不一定有复结构(5 分)．

(7) 给定光滑曲面 M 上的一点 P，假设以 P 为中心，r 为半径的测地圆周长为 $C(r)$．求曲面在点 P 的高斯曲率 $K(P)$(5 分)．

(8) 证明 n 维向量空间 V 的正交群 $O(V)$ 的每一个元素都可以看作不超过 n 个反射变换的积(5 分)．

Part 3，提高部分(40 分)

(1) 我们已知椭圆(长半轴为 a，短半轴为 b)的周长公式不能用初等函数表示．请证明这一点(12 分)．

(2)47 维球面 S^{47} 上存在多少组不同的向量场，使得其为点态线性独立的？证明你的结论(13 分)．

(3) 证明：多项式环上的有限生成投射模都是自由模(15 分).

此文章据说是一位女性朋友写的，在微信圈中广为流传. 在笔者混迹其中的几个数学圈中，许多很有功力的中年数学工作者都表示无能为力，也有的只是在自己所擅长的专业分支上能解出一道半道. 所以可见数学分支众多，且每一分支都不容易，要做个鸟瞰式的人物几乎不可能. 所以还是爱因斯坦有远见，他认为如果他要搞数学一定会在某一个分支的一个问题上耗费终生，而不会像在物理学中那样有一个对全局决定性的贡献.

数学普及是不易的. 著名数学家项武义先生曾在一次访谈中指出：

> 不管是中国也好，美国也好，关于普度众生的应用数学，是一大堆不懂数学的人要搞数学教育，而懂数学的人拒绝去做这个. 也许其原因是此事其实也不简单. 基础数学你要懂得更深一步都很难，吃力不讨好，所以不做. 现在全世界现况就跟金融风暴一样，苦海无边. 数学教育目前在全世界不仅没有普度众生，反而是苦海无边. 我跟张海潮[①]都觉得不忍卒睹，却无能为力，人太少了. 你跟搞数学教育的讲，他们根本不听也不懂，反而说："你伤害到我的利益，你知道吗？ 你给我滚远点." 你跟数学家讲，像陈先生[②]反对我做这事，就跟我说："武义，你完全浪费青春." 而且他一定讲："这事情是纯政治的，纯政治的事，你去搞它干嘛？ 你的才能应该好好拿来做数学的研究." 这还是为了我好. 有些数学家，他如果不去做这些基础的数学，其实要让他做数学教育是不行的，因为他没有懂透彻，他以偏概全地说："这种东西我还不懂吗？ 这是没什么道理的东西！" 他不懂才讲没道理，这就是现况！ 还有一个笑话，现在给我总的感觉，因为基础数学没人下功夫，数学研究跟基础数学脱节了，脱节久了，数学研究必然趋于枯萎，因为离根太远的东西是长不好的. 譬如说做弦理论(string theory)，弦理论老天一定不用的嘛，因为老天爷没懂嘛，我们生活的空间世界是精而简的，他竟然说："要他来指挥老天爷，精简的地方，我不要做，我一定要去做十维卷起来的东西，这十维是什么东西都搞不清楚，这种数学越来越烦，有点像当年托勒密的周转圆(epicycles). 我去复旦，和忻元龙[③]边喝咖啡边聊，他说："你是一个比较奇怪的数学家，前沿的数

① 张海潮，交通大学应用数学系教授.

② 陈省身.

③ 忻元龙，复旦大学教授.

学跟基础的数学是连起来的,但大部分的数学家不把它们连起来."

许多数学教科书并不能代替科普书,因为它们写的过于抽象.项武义先生讲了一个《群论》的例子.《群论》那一章定义了什么叫群,定义了什么叫群的同构(isomorphic).然后呢,证明了三个定理,第一个:G 跟 G 是同构的;第二个:若 G_1 跟 G_2 是同构的,则 G_2 跟 G_1 也是同构的;第三个:若 G_1 跟 G_2 是同构的,G_2 跟 G_3 是同构的,则 G_1 跟 G_3 是同构的.完了,整个就结束了,《群论》全教完了.

说实话,在现在这个功利至上的社会,端出这么一大套东西是不切实际的.但是我们坚持:诗和远方是留给有梦想的人的精神食粮,眼前的苟且是留给芸芸众生的麻醉剂.

刘培杰
2018 年 10 月 25 日
于哈工大

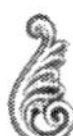

刘培杰数学工作室
已出版(即将出版)图书目录——高等数学

书　　名	出版时间	定　价	编号
距离几何分析导引	2015－02	68.00	446
大学几何学	2017－01	78.00	688
关于曲面的一般研究	2016－11	48.00	690
近世纯粹几何学初论	2017－01	58.00	711
拓扑学与几何学基础讲义	2017－04	58.00	756
物理学中的几何方法	2017－06	88.00	767
几何学简史	2017－08	28.00	833

书　　名	出版时间	定　价	编号
复变函数引论	2013－10	68.00	269
伸缩变换与抛物旋转	2015－01	38.00	449
无穷分析引论(上)	2013－04	88.00	247
无穷分析引论(下)	2013－04	98.00	245
数学分析	2014－04	28.00	338
数学分析中的一个新方法及其应用	2013－01	38.00	231
数学分析例选:通过范例学技巧	2013－01	88.00	243
高等代数例选:通过范例学技巧	2015－06	88.00	475
基础数论例选:通过范例学技巧	2018－09	58.00	978
三角级数论(上册)(陈建功)	2013－01	38.00	232
三角级数论(下册)(陈建功)	2013－01	48.00	233
三角级数论(哈代)	2013－06	48.00	254
三角级数	2015－07	28.00	263
超越数	2011－03	18.00	109
三角和方法	2011－03	18.00	112
随机过程(Ⅰ)	2014－01	78.00	224
随机过程(Ⅱ)	2014－01	68.00	235
算术探索	2011－12	158.00	148
组合数学	2012－04	28.00	178
组合数学浅谈	2012－03	28.00	159
丢番图方程引论	2012－03	48.00	172
拉普拉斯变换及其应用	2015－02	38.00	447
高等代数.上	2016－01	38.00	548
高等代数.下	2016－01	38.00	549
高等代数教程	2016－01	58.00	579
数学解析教程.上卷.1	2016－01	58.00	546
数学解析教程.上卷.2	2016－01	38.00	553
数学解析教程.下卷.1	2017－04	48.00	781
数学解析教程.下卷.2	2017－06	48.00	782
函数构造论.上	2016－01	38.00	554
函数构造论.中	2017－06	48.00	555
函数构造论.下	2016－09	48.00	680
函数逼近论(上)	2019－02	98.00	1014
概周期函数	2016－01	48.00	572
变叙的项的极限分布律	2016－01	18.00	573
整函数	2012－08	18.00	161
近代拓扑学研究	2013－04	38.00	239
多项式和无理数	2008－01	68.00	22

刘培杰数学工作室
已出版(即将出版)图书目录——高等数学

书　名	出版时间	定　价	编号
模糊数据统计学	2008－03	48.00	31
模糊分析学与特殊泛函空间	2013－01	68.00	241
常微分方程	2016－01	58.00	586
平稳随机函数导论	2016－03	48.00	587
量子力学原理.上	2016－01	38.00	588
图与矩阵	2014－08	40.00	644
钢丝绳原理:第二版	2017－01	78.00	745
代数拓扑和微分拓扑简史	2017－06	68.00	791
半序空间泛函分析.上	2018－06	48.00	924
半序空间泛函分析.下	2018－06	68.00	925
概率分布的部分识别	2018－07	68.00	929
Cartan 型单模李超代数的上同调及极大子代数	2018－07	38.00	932
纯数学与应用数学若干问题研究	2019－03	98.00	1017

书　名	出版时间	定　价	编号
受控理论与解析不等式	2012－05	78.00	165
不等式的分拆降维降幂方法与可读证明	2016－01	68.00	591

书　名	出版时间	定　价	编号
实变函数论	2012－06	78.00	181
复变函数论	2015－08	38.00	504
非光滑优化及其变分分析	2014－01	48.00	230
疏散的马尔科夫链	2014－01	58.00	266
马尔科夫过程论基础	2015－01	28.00	433
初等微分拓扑学	2012－07	18.00	182
方程式论	2011－03	38.00	105
Galois 理论	2011－03	18.00	107
古典数学难题与伽罗瓦理论	2012－11	58.00	223
伽罗华与群论	2014－01	28.00	290
代数方程的根式解及伽罗瓦理论	2011－03	28.00	108
代数方程的根式解及伽罗瓦理论(第二版)	2015－01	28.00	423
线性偏微分方程讲义	2011－03	18.00	110
几类微分方程数值方法的研究	2015－05	38.00	485
N 体问题的周期解	2011－03	28.00	111
代数方程式论	2011－05	18.00	121
线性代数与几何:英文	2016－06	58.00	578
动力系统的不变量与函数方程	2011－07	48.00	137
基于短语评价的翻译知识获取	2012－02	48.00	168
应用随机过程	2012－04	48.00	187
概率论导引	2012－04	18.00	179
矩阵论(上)	2013－06	58.00	250
矩阵论(下)	2013－06	48.00	251
对称锥互补问题的内点法:理论分析与算法实现	2014－08	68.00	368
抽象代数:方法导引	2013－06	38.00	257
集论	2016－01	48.00	576
多项式理论研究综述	2016－01	38.00	577
函数论	2014－11	78.00	395
反问题的计算方法及应用	2011－11	28.00	147
数阵及其应用	2012－02	28.00	164
绝对值方程—折边与组合图形的解析研究	2012－07	48.00	186
代数函数论(上)	2015－07	38.00	494
代数函数论(下)	2015－07	38.00	495

刘培杰数学工作室
已出版(即将出版)图书目录——高等数学

书　　名	出版时间	定　价	编号
偏微分方程论:法文	2015—10	48.00	533
时标动力学方程的指数型二分性与周期解	2016—04	48.00	606
重刚体绕不动点运动方程的积分法	2016—05	68.00	608
水轮机水力稳定性	2016—05	48.00	620
Lévy 噪音驱动的传染病模型的动力学行为	2016—05	48.00	667
铣加工动力学系统稳定性研究的数学方法	2016—11	28.00	710
时滞系统:Lyapunov 泛函和矩阵	2017—05	68.00	784
粒子图像测速仪实用指南:第二版	2017—08	78.00	790
数域的上同调	2017—08	98.00	799
图的正交因子分解(英文)	2018—01	38.00	881
点云模型的优化配准方法研究	2018—07	58.00	927
锥形波入射粗糙表面反散射问题理论与算法	2018—03	68.00	936
广义逆的理论与计算	2018—07	58.00	973
不定方程及其应用	2018—12	58.00	998
几类椭圆型偏微分方程高效数值算法研究	2018—08	48.00	1025
吴振奎高等数学解题真经(概率统计卷)	2012—01	38.00	149
吴振奎高等数学解题真经(微积分卷)	2012—01	68.00	150
吴振奎高等数学解题真经(线性代数卷)	2012—01	58.00	151
高等数学解题全攻略(上卷)	2013—06	58.00	252
高等数学解题全攻略(下卷)	2013—06	58.00	253
高等数学复习纲要	2014—01	18.00	384
超越吉米多维奇.数列的极限	2009—11	48.00	58
超越普里瓦洛夫.留数卷	2015—01	28.00	437
超越普里瓦洛夫.无穷乘积与它对解析函数的应用卷	2015—05	28.00	477
超越普里瓦洛夫.积分卷	2015—06	18.00	481
超越普里瓦洛夫.基础知识卷	2015—06	28.00	482
超越普里瓦洛夫.数项级数卷	2015—07	38.00	489
超越普里瓦洛夫.微分、解析函数、导数卷	2018—01	48.00	852
统计学专业英语	2007—03	28.00	16
统计学专业英语(第二版)	2012—07	48.00	176
统计学专业英语(第三版)	2015—04	68.00	465
代换分析:英文	2015—07	38.00	499
历届美国大学生数学竞赛试题集.第一卷(1938—1949)	2015—01	28.00	397
历届美国大学生数学竞赛试题集.第二卷(1950—1959)	2015—01	28.00	398
历届美国大学生数学竞赛试题集.第三卷(1960—1969)	2015—01	28.00	399
历届美国大学生数学竞赛试题集.第四卷(1970—1979)	2015—01	18.00	400
历届美国大学生数学竞赛试题集.第五卷(1980—1989)	2015—01	28.00	401
历届美国大学生数学竞赛试题集.第六卷(1990—1999)	2015—01	28.00	402
历届美国大学生数学竞赛试题集.第七卷(2000—2009)	2015—08	18.00	403
历届美国大学生数学竞赛试题集.第八卷(2010—2012)	2015—01	18.00	404
超越普特南试题:大学数学竞赛中的方法与技巧	2017—04	98.00	758
历届国际大学生数学竞赛试题集(1994—2010)	2012—01	28.00	143
全国大学生数学夏令营数学竞赛试题及解答	2007—03	28.00	15
全国大学生数学竞赛辅导教程	2012—07	28.00	189
全国大学生数学竞赛复习全书(第 2 版)	2017—05	58.00	787

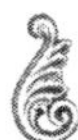 刘培杰数学工作室 已出版(即将出版)图书目录——高等数学 

书　　名	出版时间	定　价	编号
历届美国大学生数学竞赛试题集	2009－03	88.00	43
前苏联大学生数学奥林匹克竞赛题解(上编)	2012－04	28.00	169
前苏联大学生数学奥林匹克竞赛题解(下编)	2012－04	38.00	170
大学生数学竞赛讲义	2014－09	28.00	371
大学生数学竞赛教程——高等数学(基础篇、提高篇)	2018－09	128.00	968
普林斯顿大学数学竞赛	2016－06	38.00	669

书　　名	出版时间	定　价	编号
初等数论难题集(第一卷)	2009－05	68.00	44
初等数论难题集(第二卷)(上、下)	2011－02	128.00	82,83
数论概貌	2011－03	18.00	93
代数数论(第二版)	2013－08	58.00	94
代数多项式	2014－06	38.00	289
初等数论的知识与问题	2011－02	28.00	95
超越数论基础	2011－03	28.00	96
数论初等教程	2011－03	28.00	97
数论基础	2011－03	18.00	98
数论基础与维诺格拉多夫	2014－03	18.00	292
解析数论基础	2012－08	28.00	216
解析数论基础(第二版)	2014－01	48.00	287
解析数论问题集(第二版)(原版引进)	2014－05	88.00	343
解析数论问题集(第二版)(中译本)	2016－04	88.00	607
解析数论基础(潘承洞,潘承彪著)	2016－07	98.00	673
解析数论导引	2016－07	58.00	674
数论入门	2011－03	38.00	99
代数数论入门	2015－03	38.00	448
数论开篇	2012－07	28.00	194
解析数论引论	2011－03	48.00	100
Barban Davenport Halberstam 均值和	2009－01	40.00	33
基础数论	2011－03	28.00	101
初等数论 100 例	2011－05	18.00	122
初等数论经典例题	2012－07	18.00	204
最新世界各国数学奥林匹克中的初等数论试题(上、下)	2012－01	138.00	144,145
初等数论(Ⅰ)	2012－01	18.00	156
初等数论(Ⅱ)	2012－01	18.00	157
初等数论(Ⅲ)	2012－01	28.00	158
平面几何与数论中未解决的新老问题	2013－01	68.00	229
代数数论简史	2014－11	28.00	408
代数数论	2015－09	88.00	532
代数、数论及分析习题集	2016－11	98.00	695
数论导引提要及习题解答	2016－01	48.00	559
素数定理的初等证明.第 2 版	2016－09	48.00	686
数论中的模函数与狄利克雷级数(第二版)	2017－11	78.00	837
数论:数学导引	2018－01	68.00	849
域论	2018－04	68.00	884
代数数论(冯克勤　编著)	2018－04	68.00	885
范式大代数	2019－02	98.00	1016

刘培杰数学工作室

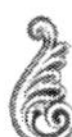

已出版(即将出版)图书目录——高等数学

书　　名	出版时间	定　价	编号
新编 640 个世界著名数学智力趣题	2014-01	88.00	242
500 个最新世界著名数学智力趣题	2008-06	48.00	3
400 个最新世界著名数学最值问题	2008-09	48.00	36
500 个世界著名数学征解问题	2009-06	48.00	52
400 个中国最佳初等数学征解老问题	2010-01	48.00	60
500 个俄罗斯数学经典老题	2011-01	28.00	81
1000 个国外中学物理好题	2012-04	48.00	174
300 个日本高考数学题	2012-05	38.00	142
700 个早期日本高考数学试题	2017-02	88.00	752
500 个前苏联早期高考数学试题及解答	2012-05	28.00	185
546 个早期俄罗斯大学生数学竞赛题	2014-03	38.00	285
548 个来自美苏的数学好问题	2014-11	28.00	396
20 所苏联著名大学早期入学试题	2015-02	18.00	452
161 道德国工科大学生必做的微分方程习题	2015-05	28.00	469
500 个德国工科大学生必做的高数习题	2015-06	28.00	478
360 个数学竞赛问题	2016-08	58.00	677
德国讲义日本考题.微积分卷	2015-04	48.00	456
德国讲义日本考题.微分方程卷	2015-04	38.00	457
二十世纪中叶中、英、美、日、法、俄高考数学试题精选	2017-06	38.00	783

书　　名	出版时间	定　价	编号
博弈论精粹	2008-03	58.00	30
博弈论精粹.第二版(精装)	2015-01	88.00	461
数学 我爱你	2008-01	28.00	20
精神的圣徒　别样的人生——60 位中国数学家成长的历程	2008-09	48.00	39
数学史概论	2009-06	78.00	50
数学史概论(精装)	2013-03	158.00	272
数学史选讲	2016-01	48.00	544
斐波那契数列	2010-02	28.00	65
数学拼盘和斐波那契魔方	2010-07	38.00	72
斐波那契数列欣赏	2011-01	28.00	160
数学的创造	2011-02	48.00	85
数学美与创造力	2016-01	48.00	595
数海拾贝	2016-01	48.00	590
数学中的美	2011-02	38.00	84
数论中的美学	2014-12	38.00	351
数学王者　科学巨人——高斯	2015-01	28.00	428
振兴祖国数学的圆梦之旅:中国初等数学研究史话	2015-06	98.00	490
二十世纪中国数学史料研究	2015-10	48.00	536
数字谜、数阵图与棋盘覆盖	2016-01	58.00	298
时间的形状	2016-01	38.00	556
数学发现的艺术:数学探索中的合情推理	2016-07	58.00	671
活跃在数学中的参数	2016-07	48.00	675

刘培杰数学工作室
已出版(即将出版)图书目录——高等数学

书　　名	出版时间	定　价	编号
格点和面积	2012－07	18.00	191
射影几何趣谈	2012－04	28.00	175
斯潘纳尔引理——从一道加拿大数学奥林匹克试题谈起	2014－01	28.00	228
李普希兹条件——从几道近年高考数学试题谈起	2012－10	18.00	221
拉格朗日中值定理——从一道北京高考试题的解法谈起	2015－10	18.00	197
闵科夫斯基定理——从一道清华大学自主招生试题谈起	2014－01	28.00	198
哈尔测度——从一道冬令营试题的背景谈起	2012－08	28.00	202
切比雪夫逼近问题——从一道中国台北数学奥林匹克试题谈起	2013－04	38.00	238
伯恩斯坦多项式与贝齐尔曲面——从一道全国高中数学联赛试题谈起	2013－03	38.00	236
卡塔兰猜想——从一道普特南竞赛试题谈起	2013－06	18.00	256
麦卡锡函数和阿克曼函数——从一道前南斯拉夫数学奥林匹克试题谈起	2012－08	18.00	201
贝蒂定理与拉姆贝克莫斯尔定理——从一个拣石子游戏谈起	2012－08	18.00	217
皮亚诺曲线和豪斯道夫分球定理——从无限集谈起	2012－08	18.00	211
平面凸图形与凸多面体	2012－10	28.00	218
斯坦因豪斯问题——从一道二十五省市自治区中学数学竞赛试题谈起	2012－07	18.00	196
纽结理论中的亚历山大多项式与琼斯多项式——从一道北京市高一数学竞赛试题谈起	2012－07	28.00	195
原则与策略——从波利亚"解题表"谈起	2013－04	38.00	244
转化与化归——从三大尺规作图不能问题谈起	2012－08	28.00	214
代数几何中的贝祖定理(第一版)——从一道 IMO 试题的解法谈起	2013－08	18.00	193
成功连贯理论与约当块理论——从一道比利时数学竞赛试题谈起	2012－04	18.00	180
素数判定与大数分解	2014－08	18.00	199
置换多项式及其应用	2012－10	18.00	220
椭圆函数与模函数——从一道美国加州大学洛杉矶分校(UCLA)博士资格考题谈起	2012－10	28.00	219
差分方程的拉格朗日方法——从一道 2011 年全国高考理科试题的解法谈起	2012－08	28.00	200
力学在几何中的一些应用	2013－01	38.00	240
高斯散度定理、斯托克斯定理和平面格林定理——从一道国际大学生数学竞赛试题谈起	即将出版		
康托洛维奇不等式——从一道全国高中联赛试题谈起	2013－03	28.00	337
西格尔引理——从一道第 18 届 IMO 试题的解法谈起	即将出版		
罗斯定理——从一道前苏联数学竞赛试题谈起	即将出版		
拉克斯定理和阿廷定理——从一道 IMO 试题的解法谈起	2014－01	58.00	246
毕卡大定理——从一道美国大学数学竞赛试题谈起	2014－07	18.00	350
贝齐尔曲线——从一道全国高中联赛试题谈起	即将出版		
拉格朗日乘子定理——从一道 2005 年全国高中联赛试题的高等数学解法谈起	2015－05	28.00	480
雅可比定理——从一道日本数学奥林匹克试题谈起	2013－04	48.00	249
李天岩一约克定理——从一道波兰数学竞赛试题谈起	2014－06	28.00	349
整系数多项式因式分解的一般方法——从克朗耐克算法谈起	即将出版		

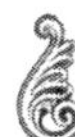

刘培杰数学工作室
已出版(即将出版)图书目录——高等数学

书　　名	出版时间	定　价	编号
布劳维不动点定理——从一道前苏联数学奥林匹克试题谈起	2014－01	38.00	273
伯恩赛德定理——从一道英国数学奥林匹克试题谈起	即将出版		
布查特－莫斯特定理——从一道上海市初中竞赛试题谈起	即将出版		
数论中的同余数问题——从一道普特南竞赛试题谈起	即将出版		
范·德蒙行列式——从一道美国数学奥林匹克试题谈起	即将出版		
中国剩余定理:总数法构建中国历史年表	2015－01	28.00	430
牛顿程序与方程求根——从一道全国高考试题解法谈起	即将出版		
库默尔定理——从一道 IMO 预选试题谈起	即将出版		
卢丁定理——从一道冬令营试题的解法谈起	即将出版		
沃斯滕霍姆定理——从一道 IMO 预选试题谈起	即将出版		
卡尔松不等式——从一道莫斯科数学奥林匹克试题谈起	即将出版		
信息论中的香农熵——从一道近年高考压轴题谈起	即将出版		
约当不等式——从一道希望杯竞赛试题谈起	即将出版		
拉比诺维奇定理	即将出版		
刘维尔定理——从一道《美国数学月刊》征解问题的解法谈起	即将出版		
卡塔兰恒等式与级数求和——从一道 IMO 试题的解法谈起	即将出版		
勒让德猜想与素数分布——从一道爱尔兰竞赛试题谈起	即将出版		
天平称重与信息论——从一道基辅市数学奥林匹克试题谈起	即将出版		
哈密尔顿－凯莱定理:从一道高中数学联赛试题的解法谈起	2014－09	18.00	376
艾思特曼定理——从一道 CMO 试题的解法谈起	即将出版		
一个爱尔特希问题——从一道西德数学奥林匹克试题谈起	即将出版		
有限群中的爱丁格尔问题——从一道北京市初中二年级数学竞赛试题谈起	即将出版		
贝克码与编码理论——从一道全国高中联赛试题谈起	即将出版		
帕斯卡三角形	2014－03	18.00	294
蒲丰投针问题——从 2009 年清华大学的一道自主招生试题谈起	2014－01	38.00	295
斯图姆定理——从一道“华约”自主招生试题的解法谈起	2014－01	18.00	296
许瓦兹引理——从一道加利福尼亚大学伯克利分校数学系博士生试题谈起	2014－08	18.00	297
拉姆塞定理——从王诗宬院士的一个问题谈起	2016－04	48.00	299
坐标法	2013－12	28.00	332
数论三角形	2014－04	38.00	341
毕克定理	2014－07	18.00	352
数林掠影	2014－09	48.00	389
我们周围的概率	2014－10	38.00	390
凸函数最值定理:从一道华约自主招生题的解法谈起	2014－10	28.00	391
易学与数学奥林匹克	2014－10	38.00	392
生物数学趣谈	2015－01	18.00	409
反演	2015－01	28.00	420
因式分解与圆锥曲线	2015－01	18.00	426
轨迹	2015－01	28.00	427
面积原理:从常庚哲命的一道 CMO 试题的积分解法谈起	2015－01	48.00	431
形形色色的不动点定理:从一道 28 届 IMO 试题谈起	2015－01	38.00	439
柯西函数方程:从一道上海交大自主招生的试题谈起	2015－02	28.00	440

刘培杰数学工作室

已出版(即将出版)图书目录——高等数学

书　　名	出版时间	定　价	编号
三角恒等式	2015－02	28.00	442
无理性判定:从一道 2014 年“北约”自主招生试题谈起	2015－01	38.00	443
数学归纳法	2015－03	18.00	451
极端原理与解题	2015－04	28.00	464
法雷级数	2014－08	18.00	367
摆线族	2015－01	38.00	438
函数方程及其解法	2015－05	38.00	470
含参数的方程和不等式	2012－09	28.00	213
希尔伯特第十问题	2016－01	38.00	543
无穷小量的求和	2016－01	28.00	545
切比雪夫多项式:从一道清华大学金秋营试题谈起	2016－01	38.00	583
泽肯多夫定理	2016－03	38.00	599
代数等式证题法	2016－01	28.00	600
三角等式证题法	2016－01	28.00	601
吴大任教授藏书中的一个因式分解公式:从一道美国数学邀请赛试题的解法谈起	2016－06	28.00	656
易卦——类万物的数学模型	2017－08	68.00	838
“不可思议”的数与数系可持续发展	2018－01	38.00	878
最短线	2018－01	38.00	879
从毕达哥拉斯到怀尔斯	2007－10	48.00	9
从迪利克雷到维斯卡尔迪	2008－01	48.00	21
从哥德巴赫到陈景润	2008－05	98.00	35
从庞加莱到佩雷尔曼	2011－08	138.00	136
从费马到怀尔斯——费马大定理的历史	2013－10	198.00	Ⅰ
从庞加莱到佩雷尔曼——庞加莱猜想的历史	2013－10	298.00	Ⅱ
从切比雪夫到爱尔特希(上)——素数定理的初等证明	2013－07	48.00	Ⅲ
从切比雪夫到爱尔特希(下)——素数定理 100 年	2012－12	98.00	Ⅲ
从高斯到盖尔方特——二次域的高斯猜想	2013－10	198.00	Ⅳ
从库默尔到朗兰兹——朗兰兹猜想的历史	2014－01	98.00	Ⅴ
从比勃巴赫到德布朗斯——比勃巴赫猜想的历史	2014－02	298.00	Ⅵ
从麦比乌斯到陈省身——麦比乌斯变换与麦比乌斯带	2014－02	298.00	Ⅶ
从布尔到豪斯道夫——布尔方程与格论漫谈	2013－10	198.00	Ⅷ
从开普勒到阿诺德——三体问题的历史	2014－05	298.00	Ⅸ
从华林到华罗庚——华林问题的历史	2013－10	298.00	Ⅹ
数学物理大百科全书.第 1 卷	2016－01	418.00	508
数学物理大百科全书.第 2 卷	2016－01	408.00	509
数学物理大百科全书.第 3 卷	2016－01	396.00	510
数学物理大百科全书.第 4 卷	2016－01	408.00	511
数学物理大百科全书.第 5 卷	2016－01	368.00	512
朱德祥代数与几何讲义.第 1 卷	2017－01	38.00	697
朱德祥代数与几何讲义.第 2 卷	2017－01	28.00	698
朱德祥代数与几何讲义.第 3 卷	2017－01	28.00	699

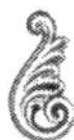

刘培杰数学工作室
已出版(即将出版)图书目录——高等数学

书　名	出版时间	定　价	编号
闵嗣鹤文集	2011－03	98.00	102
吴从炘数学活动三十年(1951～1980)	2010－07	99.00	32
吴从炘数学活动又三十年(1981～2010)	2015－07	98.00	491
斯米尔诺夫高等数学.第一卷	2018－03	88.00	770
斯米尔诺夫高等数学.第二卷.第一分册	2018－03	68.00	771
斯米尔诺夫高等数学.第二卷.第二分册	2018－03	68.00	772
斯米尔诺夫高等数学.第二卷.第三分册	2018－03	48.00	773
斯米尔诺夫高等数学.第三卷.第一分册	2018－03	58.00	774
斯米尔诺夫高等数学.第三卷.第二分册	2018－03	58.00	775
斯米尔诺夫高等数学.第三卷.第三分册	2018－03	68.00	776
斯米尔诺夫高等数学.第四卷.第一分册	2018－03	48.00	777
斯米尔诺夫高等数学.第四卷.第二分册	2018－03	88.00	778
斯米尔诺夫高等数学.第五卷.第一分册	2018－03	58.00	779
斯米尔诺夫高等数学.第五卷.第二分册	2018－03	68.00	780
zeta 函数,q-zeta 函数,相伴级数与积分	2015－08	88.00	513
微分形式:理论与练习	2015－08	58.00	514
离散与微分包含的逼近和优化	2015－08	58.00	515
艾伦·图灵:他的工作与影响	2016－01	98.00	560
测度理论概率导论,第 2 版	2016－01	88.00	561
带有潜在故障恢复系统的半马尔柯夫模型控制	2016－01	98.00	562
数学分析原理	2016－01	88.00	563
随机偏微分方程的有效动力学	2016－01	88.00	564
图的谱半径	2016－01	58.00	565
量子机器学习中数据挖掘的量子计算方法	2016－01	98.00	566
量子物理的非常规方法	2016－01	118.00	567
运输过程的统一非局部理论:广义波尔兹曼物理动力学,第 2 版	2016－01	198.00	568
量子力学与经典力学之间的联系在原子、分子及电动力学系统建模中的应用	2016－01	58.00	569
算术域:第 3 版	2017－08	158.00	820
算术域	2018－01	158.00	821
高等数学竞赛:1962—1991 年的米洛克斯·史怀哲竞赛	2018－01	128.00	822
用数学奥林匹克精神解决数论问题	2018－01	108.00	823
代数几何(德语)	2018－04	68.00	824
丢番图逼近论	2018－01	78.00	825
代数几何学基础教程	2018－01	98.00	826
解析数论入门课程	2018－01	78.00	827
数论中的丢番图问题	2018－01	78.00	829
数论(梦幻之旅):第五届中日数论研讨会演讲集	2018－01	68.00	830
数论新应用	2018－01	68.00	831
数论	2018－01	78.00	832
测度与积分	2019－04	68.00	1059
卡塔兰数入门	2019－05	68.00	1060

刘培杰数学工作室

已出版(即将出版)图书目录——高等数学

书　名	出版时间	定　价	编号
湍流十讲	2018－04	108.00	886
无穷维李代数:第 3 版	2018－04	98.00	887
等值、不变量和对称性:英文	2018－04	78.00	888
解析数论	2018－09	78.00	889
《数学原理》的演化:伯特兰·罗素撰写第二版时的手稿与笔记	2018－04	108.00	890
哈密尔顿数学论文集(第 4 卷):几何学、分析学、天文学、概率和有限差分等	即将出版		891
数学王子——高斯	2018－01	48.00	858
坎坷奇星——阿贝尔	2018－01	48.00	859
闪烁奇星——伽罗瓦	2018－01	58.00	860
无穷统帅——康托尔	2018－01	48.00	861
科学公主——柯瓦列夫斯卡娅	2018－01	48.00	862
抽象代数之母——埃米·诺特	2018－01	48.00	863
电脑先驱——图灵	2018－01	58.00	864
昔日神童——维纳	2018－01	48.00	865
数坛怪侠——爱尔特希	2018－01	68.00	866
当代世界中的数学.数学思想与数学基础	2019－01	38.00	892
当代世界中的数学.数学问题	2019－01	38.00	893
当代世界中的数学.应用数学与数学应用	2019－01	38.00	894
当代世界中的数学.数学王国的新疆域(一)	2019－01	38.00	895
当代世界中的数学.数学王国的新疆域(二)	2019－01	38.00	896
当代世界中的数学.数林撷英(一)	2019－01	38.00	897
当代世界中的数学.数林撷英(二)	2019－01	48.00	898
当代世界中的数学.数学之路	2019－01	38.00	899
偏微分方程全局吸引子的特性:英文	2018－09	108.00	979
整函数与下调和函数:英文	2018－09	118.00	980
幂等分析:英文	2018－09	118.00	981
李群,离散子群与不变量理论:英文	2018－09	108.00	982
动力系统与统计力学:英文	2018－09	118.00	983
表示论与动力系统:英文	2018－09	118.00	984

联系地址:哈尔滨市南岗区复华四道街 10 号　哈尔滨工业大学出版社刘培杰数学工作室

网　　址:http://lpj.hit.edu.cn/

邮　　编:150006

联系电话:0451－86281378　　13904613167

E-mail:lpj1378@163.com